森のバランス

植物と土壌の相互作用

森のバランス

植物と土壌の相互作用

森林立地学会編

東海大学出版部

**Mass balance of elements in the forest ecosystems:
Interactions between plant and soil**

Edited by the Japanese Society of Forest Environment
Tokai University Press, 2012
Printed in Japan
ISBN978-4-486-01933-6

刊行のことば

　このたび森林立地学会の創立50周年記念事業として,「森のバランス ―植物と土壌の相互作用―」を刊行致しました.

　森林立地学は,森林土壌を中心とした森林の環境と植生およびそれらの相互作用を対象とした学問分野です.本学会は,1959年にその前身である森林立地懇話会として発足しました.当時は,戦中戦後の過剰伐採によって荒廃した森林の生産力増強のための調査・研究を担ってきた大学や試験場等の研究者や現場の技術者,行政官等が知見を共有するための場が求められていました.本学会の創成期には,時代の要請を受けて森林土壌研究が大きく進展しました.その後,酸性雨や温暖化の森林生態系への影響評価など,将来にわたる森林の健全性の維持や多面的機能の持続的発揮に関わる研究分野として重要な役割を担ってきました.森林土壌は森林の成立基盤であり,森林の営みが森林土壌を醸成し森林環境を形成していくことから,森林立地学の研究は,環境と森林の相互作用に対する分析的・総合的な視点に立脚しています.

　近年,急激な地球温暖化が進み,異常気象が多発するようになって,森林をとりまく社会状況は本学会の創立当時とは大きく変化しました.森林に対する国民の期待も木材の供給から環境や生物多様性の保全へと移ってきています.異常気象の多発は,地球規模での水循環のバランスが崩れていることを端的に表しています.国民の森林に対する期待の変化は,水循環や物質循環において重要な役割を果たしている森林の急激な減少・劣化が,我々の生活環境の悪化の一因となっていることに対する社会的な認識が高まっていることを反映しています.

　森林立地学会では,これまでも周年事業として記念出版を行ってまいりました.最近の創立40周年記念事業では,森林調査の手引き書として「森林立地調査法」を1999年に出版し,多くの読者のご支持を得て2010年にはその改訂版が出版されています.本学会は,創立50周年を迎えるにあたり,森林立地学の中心的課題である森林と環境との相互作用に関するこれまでの知見を,森林生態系の物質循環という切り口からとりまとめた「森のバランス ―植物と土壌の相互作用―」の出版を企画しました.森林の多様な機能は,森林の営みと環境との相互作用の過程で発揮されており,森林の価値が再評価されているこのような時に,本書の刊行は時宜を得たものと思います.

本書は，森林と環境，人間活動との関わりについて概説する第Ⅰ部から，森林の営みの中での有機物の動きやそれを規定する環境条件（第Ⅱ部），森林生態系における個々の元素の動態（第Ⅲ部）の三部構成になっており，森林生態系のバランスの全体像からその構成単位へと次第に詳細な，専門的な内容が理解いただけるように工夫しています．いずれもそれぞれの分野の第一線で活躍されている研究者に執筆いただいており，それぞれの分野の位置づけや研究の視点，明らかになっていること，明らかになっていないこと，明らかにしたいことが書き込まれています．さまざまな関心を持たれている読者の皆様の疑問にお答えできる一冊に仕上がっているものと思っております．本書が，森林の価値に対する社会的な認識をよりいっそう高め，将来の森林研究を担う学生諸君に何かしらの学問的刺激を与えることで，世界の森林の保全に貢献できることを願っています．

　最後になりますが，お忙しい中，多くの方に執筆いただき，編集委員会の方々には大変な時間と労力を使って膨大な編集作業を担っていただきました．また，東海大学出版会の稲　英史氏には，企画から出版まで辛抱強くお付き合いいただきました．本書の出版に関わっていただいた皆様に，心より感謝申し上げます．

　2012年4月

森林立地学会　会長　丹下　健

目　次

刊行のことば　v

第Ⅰ部　森林と環境　1

第1章　地球温暖化　　　　　　　　　　　　　　　　　　　丹下　健　2
1．地球温暖化の原因　2
2．地球温暖化の影響　5
3．森林の地球温暖化防止機能　5

第2章　酸性雨と大気汚染　　　　　　　　　　　　　　　　高橋正通　11
1．酸性雨問題の歴史と森林衰退　11
2．酸性雨と森林の物質循環　12
3．雨の酸性度を決める物質　13
4．酸性雨の観測態勢とわが国の現状　16
5．生態系への影響　17
6．最後に　19

第3章　生物多様性　　　　　　　　　　　　　　　　　　　金子信博　21
1．生物多様性とは　21
2．森林の地上部と地下部の生物多様性　22
3．生物多様性とその意義　23
4．生物多様性の異常　24
5．立地条件と生物多様性　25
6．森林施業と生物多様性の変化　26

第4章　森林減少　　　　　　　　　　　　　　　　佐藤　保・清野嘉之　28
1．森林を取り巻く世界の状況　28
2．「森林」と「森林減少」の定義　29
3．森林減少はなぜ起きるのか　30
4．森林減少が与える影響　31
5．REDD—森林減少および劣化による排出量削減への取り組み　35

第5章　森林火災　　　　　　　　　　　　　　　　松浦陽次郎・森下智陽　39
1．森林火災　39
2．北方林の森林火災　40
3．熱帯林の火災　41

第6章　林地における土壌侵食　　　　　　　　　　　　　　三浦　覚　49
1．林地における激烈な侵食　49

2．山地の侵食速度　54
　　3．土壌侵食とヒノキ林，路網，シカ　55
　　4．今後の課題と新たな研究手法　58
　　5．おわりに，回復に要する時間　59

　第7章　人工林の資源利用　　　　　　　　　　　戸田浩人　64
　　1．施業とは　64
　　2．人工林の保育　65
　　3．人工林の成長と養分還元　69
　　4．人工林の土壌と公益的機能　72

　第8章　物質循環からみた里山の現状と課題　　　徳地直子　75
　　1．里山の定義と現状　75
　　2．現在の里山の景観と窒素収支　79
　　3．物質収支から考える里山管理　86

　第9章　都市林と緑化地　　　　　　　　　　　　高橋輝昌　88
　　1．求められる「自然らしさ」と「人との共存」　88
　　2．「自然らしさ」は「自立性」　89
　　3．都市環境の影響　91
　　4．都市緑地土壌の特徴　93
　　5．都市に循環系をつくる試み　94
　　6．緑化による環境負荷　97

　第10章　森・川・海　　　　　　　　　　　　　戸田浩人　100
　　1．森川海をめぐる物質　100
　　2．陸域の風化物質の海洋への移動　104
　　3．渓流から河川への物質動態　105
　　4．河川からの流入物質と河口・沿岸域の生物生産　107

第II部　森林の有機物動態　111

　第11章　森林の分布と環境　　　　　　　　　　松浦陽次郎　112
　　1．はじめに　112
　　2．気候と植生　112
　　3．世界の森林と分布環境　113
　　4．世界の土壌と分布　117
　　5．日本の森林と土壌　119
　　6．森林の分布と環境を研究するために　121

　第12章　土壌のでき方と性質　　　　　　　高橋正通・小林政広　125
　　1．はじめに　125
　　2．土壌の発達と土壌生成因子　125

3．土壌化学性　130
　　4．土壌物理性　133
　　5．植生の遷移にともなう土壌の発達　136

　第13章　森林の生産　　　　　　　　　　　　　　　　　　　　　　丹下　健　140
　　1．光合成と呼吸　140
　　2．蒸散　144
　　3．物質生産　149
　　4．根の成長と機能　157

　第14章　リター　　　　　　　　　　　　　　　　　　　　　　　　米田　健　162
　　1．はじめに　162
　　2．リターの量　163
　　3．リターの質　165
　　4．環境におけるリターの機能　168
　　5．木質リターと森林動態　170

　第15章　分解者　　　　　　　　　　　　　　　　　　　　　　　　菱　拓雄　174
　　1．はじめに　174
　　2．分解者を機能群に分ける有用性　174
　　3．微生物の機能群　175
　　4．土壌動物の機能群　176
　　5．分解過程や土壌環境に応じた分解者機能群構造　179
　　6．分解者機能群が分解系に与える影響　180
　　7．腐植食物網　182

　第16章　分　解　　　　　　　　　　　　　　　　　　　　　　　　大園享司　187
　　1．分解のプロセス　187
　　2．分解速度　187
　　3．分解を律速する要因　189
　　4．有機化合物の分解パターン　191
　　5．養分物質の動態　193
　　6．有機物分解と養分物質の相互作用　194

　第17章　腐植の蓄積　　　　　　　　　　　　　　　　　　　　　　鳥居厚志　197
　　1．腐植とは　197
　　2．土壌生成初期における腐植の集積　200
　　3．植生の違いが腐植の質に反映　202

第Ⅲ部　森林生態系における物質循環　205

　第18章　森の物質循環　　　　　　　　　　　　　　　　　　　　　徳地直子　206
　　1．物質循環研究の意義　206

2．森林生態系における物質循環研究　　206
　　3．物質循環測定のための森林集水域　　208
　　4．代表的な森林生態系の物質の循環パターン　　210

第19章　水の循環　　　　　　　　　　　　　　　　　　　浅野友子　212
　　1．森林生態系での物質の循環をつかさどる水　　212
　　2．プロットスケール　　214
　　3．斜面スケール　　215
　　4．流域スケール　　216
　　5．まとめ　　217

第20章　炭素の循環　　　　　　　　　　　　　　　　　　上村真由子　220
　　1．炭素循環のパターン　　220
　　2．光合成　　220
　　3．独立栄養呼吸　　221
　　4．枯死・脱落　　221
　　5．従属栄養呼吸　　222
　　6．純一次生産量　　223
　　7．生態系純生産量　　223
　　8．メタン吸収　　225

第21章　窒素の循環　　　　　　　　　　　　　　　　　　福島慶太郎　227
　　1．はじめに　　227
　　2．窒素の内部循環　　227
　　3．窒素の外部循環　　230
　　4．森林生態系に加わる撹乱が窒素循環に与える影響　　232

第22章　リンの循環　　　　　　　　　　　　　　　　　　井手淳一郎　236
　　1．資源としてのリン　　236
　　2．森林生態系におけるリン循環　　236
　　3．森林生態系外からのリンの供給　　239
　　4．風化によるリンの供給　　239
　　5．森林生態系からのリンの流出　　240

第23章　ミネラルの循環　　　　　　　　　　　　　　　　浦川梨恵子　244
　　1．はじめに　　244
　　2．ミネラルの循環様式　　244
　　3．土壌中でのミネラルの動態—陽イオン交換反応　　245
　　4．ミネラルの動態特性　　248

第24章　イオウの循環　　　　　　　　　　　　　　　　　谷川東子　250
　　1．人為起源のイオウ発生量と大気からのイオウ沈着量の変遷　　250
　　2．森林生態系におけるイオウ循環　　250
　　3．森林土壌中のイオウ化合物の形態　　252

4．森林土壌におけるイオウ化合物含有率と断面分布　252
　5．森林土壌のイオウ現存量　254
　6．土壌によるイオウ蓄積機構とその意義　254
　7．イオウ沈着量の変化に対する森林土壌の反応　255

第25章　重金属の循環　　　　　　　　　　　　　　竹中千里　259
　1．植物にとって重金属とは　259
　2．土壌中重金属の起源と存在形態　261
　3．樹木中の重金属の存在と動態　264
　4．過剰な重金属元素に対する植物の応答と利用　265

第26章　物質収支　　　　　　　　　　　　　　　　馬場光久　269
　1．その評価の目的と意義　269
　2．物質収支の測定　269
　3．H^+収支　272

第27章　ストイキオメトリー　　　　　　　　　　　廣部　宗　276
　1．ストイキオメトリーとは　276
　2．森林生態系の植物・土壌にみられるストイキオメトリー　277
　3．ストイキオメトリーと森林生態系の物質循環　280

第28章　物質循環研究の今後の展開　　　　徳地直子・大手信人　283
　1．内部循環系の駆動力　283
　2．物質相互の関係　284
　3．撹乱とその影響　284
　4．生態系のつながりと境界領域　285

付録　287

あとがき　289

索引　291

装丁　中野達彦

第Ⅰ部

森林と環境

　森林生態系の物質循環は生態系の現状を理解し，将来を予測できる強力なツールである．第Ⅰ部では，地球の温暖化，大気汚染，熱帯林の減少など地球規模の環境変化や，里山や人工林の利用，都市緑地など身近な環境を具体例にとり，森林環境の変化や森林利用が生態系のバランスにどのように影響しているかを解説する．

第1章

地球温暖化

丹下 健

　温室効果ガスである二酸化炭素，メタン，亜酸化窒素濃度の上昇の原因は，石炭や石油などの化石燃料の大量消費に加え，熱帯林の減少も大きな要因とされている．温暖化による環境の急激な変化は，それに対応できない植物の衰退・絶滅や移入種の繁茂，病虫害被害の拡大などによって森林生態系にも影響が懸念されている．一方，樹木のバイオマスは，二酸化炭素が有機物として固定されたものなので，森林は二酸化炭素の吸収源としての機能が期待されている．森林の地球温暖化防止機能を発揮させるためには，森林減少や劣化を抑制し，再生可能な木質資源を有効に利用する取り組みが重要である．

1．地球温暖化の原因

　太陽光は短波長のため大気に含まれる水蒸気や二酸化炭素などによって吸収されないが，太陽光を受けて暖まった地表面から放射される赤外線は大気中の水蒸気や二酸化炭素等に吸収されて大気を暖める．この大気の働きは温室効果とよばれ，地球を温暖な気候に保ってきた（図1-1）．ところが人間活動にともなって二酸化炭素等の温室効果ガスの発生量が増加した結果，大気中のそれらガスの濃度が上昇している．近年の地球の温暖化（図1-2）は温室効果ガスの濃度上昇が原因であるとされている．地球温暖化は，温室効果ガス濃度の上昇とは無関係で長期的な気候変動の一部であるという見方もあるが，温室効果ガス濃度の上昇を加味することによって近年の気温上昇をより説明できることから，温暖化と大気中の温室効果ガス濃度の上昇との因果関係を支持する考え方が主流である．地球温暖化の進行にともない，海水面の上昇や降雨パターンの変化，生物多様性の低下，疫病の流行などが人類への広範囲な影響として危惧されており，世界共通の問題となっている．

　以下，主に気候変動に関する政府間パネル（IPCC）の報告書[1,2]に基づいて，

Global warming; Tange, Takeshi

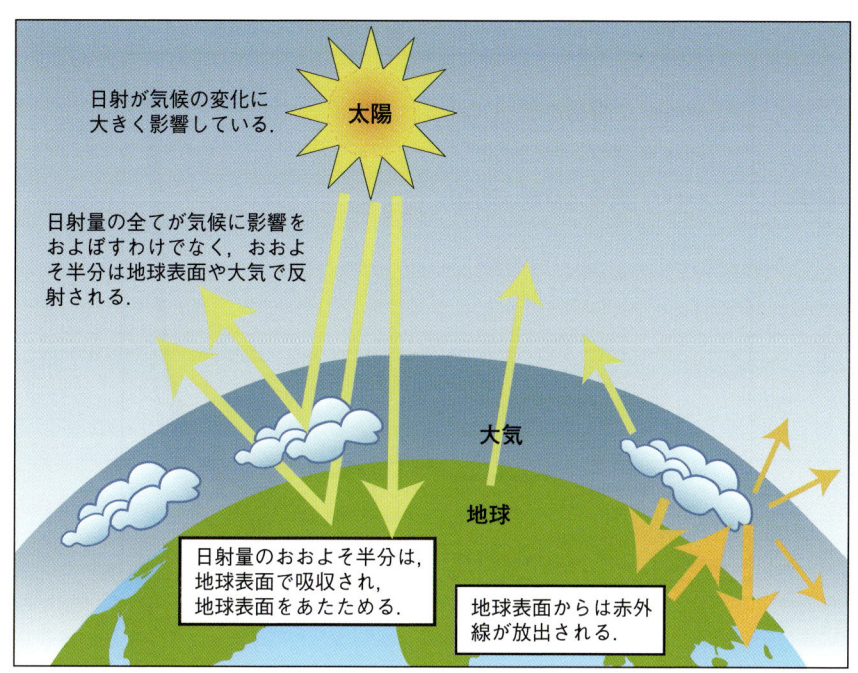

図1-1　地球における温室効果．（IPCC[2] FAQ1.3 Figure1より改変）

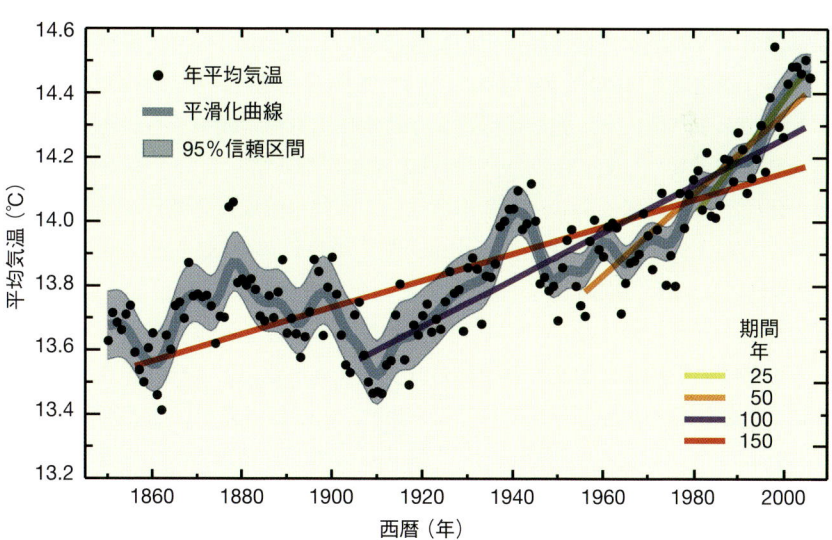

図1-2　1800年代から現在に至る地球の温度上昇平均気温の変化．（IPCC[2] FAQ3.1 Figure1より改変）

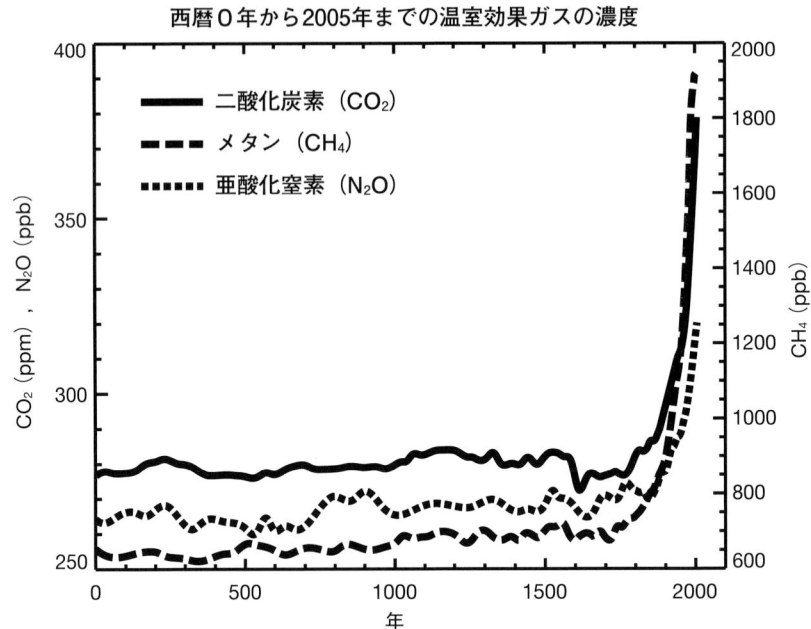

図1-3 約2000年間における大気中温室効果ガス濃度の変化．(IPCC[2]FAQ2.1 Figure1より改変)

温室効果ガスの現状や地球温暖化の影響について説明していく．温室効果ガスには，二酸化炭素(CO_2)のほかにメタン(CH_4)，亜酸化窒素(N_2O)，各種フロン類がある（図1-3）．先に述べたように水蒸気も温室効果をもつが，国連気候変動枠組条約（UNFCCC）では削減の対象になっていない．温室効果ガスの主体は二酸化炭素であり，産業革命以来，大気中濃度は急激に上昇し，2005年時点での大気中の二酸化炭素濃度は，産業革命以前の280 ppm から379 ppmに上昇している．1995年から2005年の平均年上昇率は1.9 ppm/年ととくに最近の濃度上昇が急激になっている．二酸化炭素の濃度上昇は石炭や石油などの化石燃料の大量消費に加え，熱帯林の減少も大きな要因とされている．メタンは産業革命以前から2005年までに，715 ppb から1,774 ppb に，また亜酸化窒素は270 ppb から319 ppb に上昇した．二酸化炭素の温室効果ガスの影響度を1としたときの相対値（地球温暖化効果係数）は，メタンが23，亜酸化窒素が296であるため，気温上昇への寄与率は，二酸化炭素が63％に対してメタンが18％，亜酸化窒素が6％と濃度の割に大きい．冷媒や溶剤などとして使用されるフロ

ン類は，オゾン層の破壊原因として注目された．その後オゾン層を破壊しにくいフロン類が開発されて使用されているが，フロン類はいずれも地球温暖化効果係数が数千から数万のオーダーと大きい特徴をもつ．フロン類（クロロフルオロカーボン（CFC），フルオロカーボン（FC），ハイドロクロロフルオロカーボン（HCFC），ハイドロフルオロカーボン（HFC））はすべての種類を合わせて2005年時点で1 ppb 程度であるが，気温上昇への寄与率は13%と相対的に大きい．

2. 地球温暖化の影響

地球温暖化は，単に気温が上昇するだけではない．海水温の上昇による海水の対流の変化などを介して雲の発生が変化し，さまざまな地域における水循環や降水パターンが変化することが予測されている．IPCCの報告書では，熱帯降雨林や熱帯季節林，乾燥地での降水量の減少，高緯度地域での降水量の増加が予測されている．気温上昇についても地域差があり，北方林での気温上昇が大きいことが予測されている．気温上昇は，微生物や昆虫の分布域を北上させ，新たな侵入生物に対する抵抗性や天敵をもたない森林における病虫害の大発生が危惧されている．また，北方林では，低温や積雪に適応した更新によって個体群を維持している種がある．積雪の減少は上流域の森林への直接的な影響だけではなく，融雪による春から夏にかけての水分供給量を減少させ，それに依存する下流域の植生にも影響を与える．また降水量の減少は，森林火災の発生リスクを高めることにより森林生態系の撹乱の頻度を高める．以上のように地球温暖化の森林生態系への影響は，地域によって異なる可能性が高いが，気象条件の急激な変化は，それに対応できない植物の衰退・絶滅や移入種の繁茂，病虫害被害の拡大などによって少なからずいずれの森林生態系にも影響を与えることになる．

3. 森林の地球温暖化防止機能

もっとも影響力の大きい温室効果ガスである二酸化炭素の人間活動にともなう排出は，石油や石炭，天然ガス，石灰岩（コンクリートの原料）などの化石資源の燃焼にともなう排出と農地等への土地利用変化による森林の減少，とくに熱帯林の減少によるものである（図1-4）．化石資源の燃焼による年排出量は，1990年代の6.4 GtC yr^{-1}から2000年～2005年の平均7.2 GtC yr^{-1}に増加している．

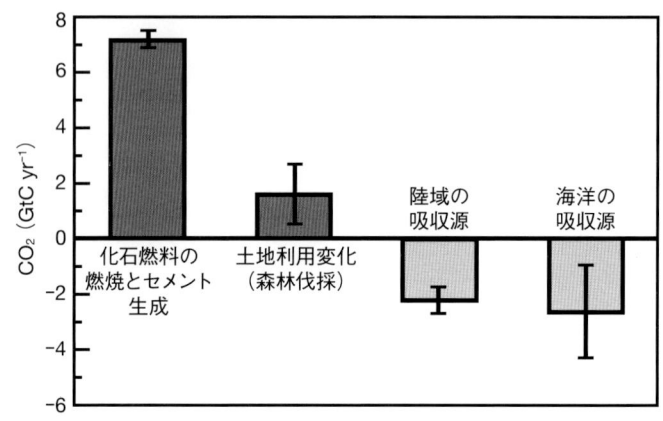

図1-4 二酸化炭素（CO_2）の排出量と吸収量とその原因．（IPCC[2] FAQ7.1 Figure1より改変）

一方，森林減少による排出量は1990年代の平均値として1.6 GtC yr^{-1}に達している．つまり，人間活動によって大気中に排出される二酸化炭素のおよそ2割が，森林減少にともなって排出される．

森林は，主に樹木の光合成によって大気中の二酸化炭素を吸収し，有機物として固定する．固定された二酸化炭素のおよそ半分は樹木の呼吸によって再び大気中に排出される．残りが成長に使われ，樹体を構成する有機物として貯留される．森林のバイオマスのほとんどは樹木である．樹体を構成した有機物の一部は，枯葉や枯枝，枯死根，枯死木などの枯死有機物として土壌に供給され，堆積有機物や土壌有機物（腐植）として貯留される．

森林面積は4,160万 km^{2}であり，陸地面積に占める割合は28%である．森林に貯留されている炭素量1,240 GtC は陸上植生による炭素貯留量の56%を占め，大気中の二酸化炭素量760 GtC の1.6倍に相当する．森林の炭素貯留量の57%は土壌有機物（704 GtC）として貯留されている．土壌有機物は，微生物による分解を受け，その一部は二酸化炭素として大気中に放出されている．その減少分を，森林を構成する樹木から枯死有機物が供給されることによって補われ，大きな炭素貯留量が維持されている．植物体の炭素貯留量に限ってみると，森林の炭素貯留量は陸上植生の炭素貯留量の82%を占めており，他の植生と比較して植物体のバイオマスが非常に大きいという特徴がある．単位面積あたりの炭素貯留量は，熱帯林では植物体の194 tC ha^{-1}に対して土壌有機物は122 tC ha^{-1}と低く，一方北方林では，植物体の42 tC ha^{-1}に対して土壌有機物は247 tC ha^{-1}

と非常に高い．一般的に気温が高く植物の成長期間が長い低緯度地域では植物体に，気温が低く土壌有機物の分解速度が低い高緯度地域では土壌により多くの炭素が貯留されている．

　植物体のバイオマスは，大気中の二酸化炭素が有機物として固定されたものであるので，燃やして二酸化炭素が発生しても，化石資源のように大気中の二酸化炭素濃度を上昇させないという特徴がある．このことが，木材がカーボンニュートラルといわれる理由である．しかし，土地利用の変化により，たとえば，森林が伐採され農地などに変換されると，樹木が光合成によって炭素を固定しなくなるだけではなく樹体に貯留されていた二酸化炭素が大気中に放出されることになる．さらに土壌有機物の分解による炭素貯留量の減少を補っていた樹木からの枯死有機物の供給が途絶えることにより，土壌の炭素貯留量も減少することになる．土壌有機物の分解速度は，温度上昇によって指数関数的に増大することから，裸地化し地表が日射を直接受けることによって土壌温度が上昇すると土壌の炭素貯留量は急激に減少する可能性がある．土壌有機物には，分解しやすいものから分解しにくいものまでさまざま含まれている．熱帯林に比べて北方林の土壌有機物は，易分解性の有機物が多いことが知られており，温暖化にともなう土壌有機物の減少が急激に進む可能性が指摘されている[3]．

　森林の純一次生産量（＝総生産量－呼吸量）は32.6 GtC yr^{-1}で，陸上植物の純一次生産量の52％を占める．森林の純一次生産量の67％は熱帯林によるものである．純一次生産量は，森林バイオマスの増加と枯死脱落量（枯葉や枯枝，枯死根，枯死木など），昆虫などによる被食量の和に相当する．森林バイオマスの増加による炭素貯留量の増加は，1990～2007年の平均で2.4±0.4 GtC yr^{-1}と推定されている[4]．熱帯林を中心とした森林減少による炭素放出がなければ，森林の炭素貯留量の増加は4 GtC yr^{-1}程度となり，化石資源の燃焼による炭素放出の半分以上を吸収できることを示している．森林の吸収源としての機能は，森林減少による低下に加えて，温暖化にともなって予測される気候変動，とくに熱帯地域での降水量の減少・乾燥化により低下することが示唆されている．森林減少，劣化を抑制することで温暖化の進行を抑制し，森林の吸収源としての機能を維持することが重要である．

　大気二酸化炭素濃度の上昇を抑制するためには，化石資源の燃焼量を減ずることが第一である．木材は，再生産可能であり，消費しても大気二酸化炭素濃度を上昇させないため，化石資源の代替資源として燃料や建築資材などに活用

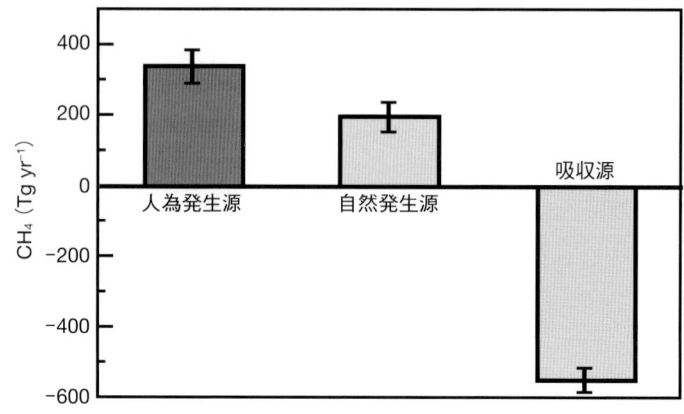

図1-5 メタン（CH_4）の排出量と吸収量とその要因．（IPCC[2] FAQ7.1 Figure1より改変）

することは，化石資源の使用削減に貢献する．さらに，木造建築や紙などの木材製品の寿命を永くし，都市における炭素貯留量を多くすることも大気二酸化炭素濃度の上昇を抑制する方法として有効である．

メタンは年間600 $TgCH_4$排出されているが，その約30％は自然起源のものであり，約70％が人間活動に由来するものである（図1-5）．自然界では湿地のような嫌気的な土壌条件での生成が大半を占めている．人間活動によるものは，化石燃料の燃焼と家畜として飼育されている牛などの反芻動物からの発生量が主要なものである．発生したメタンの大半は対流圏と成層圏で分解される．好気的環境にある森林土壌はメタンを吸収分解し，排出量の5％程度のメタンがメタン酸化菌によって分解されている．土壌孔隙が多く通気性が高い土壌ほどメタンの分解速度が高いこと，土壌によるメタンの分解は現在の推定値よりも多い可能性があることなどが指摘されている[5,6]（第Ⅲ部第20章）．

亜酸化窒素は，脱窒や硝化の過程で生成される．脱窒は地下水位が高く，嫌気的な土壌条件の場所で脱窒菌の作用による反応である．一方，硝化はほとんどの好気的な土壌で認められる窒素の無機化に関わる過程である．自然起源の亜酸化窒素9.6 $TgN\ yr^{-1}$に対して人間活動起源は8.1 $TgN\ yr^{-1}$と推定されている（図1-6）．自然起源の約2/3と人間活動起源の約1/2は，森林や農地の土壌からの発生量で占められている．C:N比が小さく硝化がおう盛な土壌で亜酸化窒素の発生速度が大きい傾向があることが報告されている[7]．また，アカシアなどの窒素固定をするマメ科樹木の人工林では亜酸化窒素の発生量が多いことも報

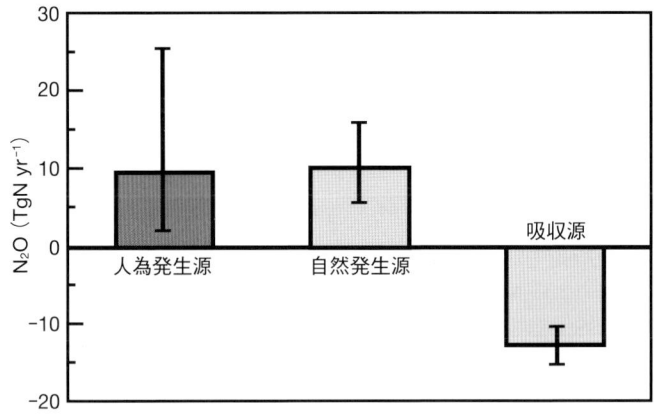

図1-6 亜酸化窒素（N_2O）の排出量と吸収量とその要因．（IPCC[2] FAQ7.1 Figure1より改変）

告されており[8,9]，土壌への窒素供給が亜酸化窒素の発生速度に影響を与える．さらに，石油や石炭などの化石燃料の燃焼の増加によって，窒素酸化物の森林への負荷が増大しており，亜酸化窒素の発生にも影響を与えるものと考えられる（第Ⅲ部第21章）．

引用文献

1) IPCC(2001): Houghton JT et al. (eds.). Climate Change 2001: The Scientific Basis. Cambridge University Press, Cambridge, http://www.grida.no/climate/ipcc_tar/wg1/index.htm
2) IPCC(2007): Solomon S et al. (eds.) Working Group I Report "The Physical Science Basis および Parry ML et al. (eds) Working Group II Report "Impacts, Adaptation and Vulnerability" Working Group II, The Fourth Assessment Report of the Intergovernmental Panel on Climate Change, 2007, Cambridge, United Kingdom and New York, NY, USA, http://www.ipcc.ch/publications_and_data/publications_and_data_reports.shtml
3) Ishizuka et al. (2006) High potential for increase in CO_2 flux from forest soil surface due to global warming in cooler areas of Japan. Ann. For. Sci. 63, 537-546
4) Pan et al. (2011) A large and persistent carbon sink in the world's forests. Science 333, 988-993
5) Ishizuka et al. (2009) Methane uptake rates in Japanese forest soils depend on the oxidation ability of topsoil, with a new estimate for global methane uptake in temperate forest. Biogeochemistry 92, 281-295
6) Morishita et al. (2007) Methane uptake and nitrous oxide emission in Japanese forest soils and their relationship to soil and vegetation types. Soil Science and

Plant Nutrition 53, 678-691
7) Nishina et al. (2009) Relationship between N_2O and NO emission potentials and soil properties in Japanese forest soils. Soil Science and Plant Nutrition 55, 203-214
8) Konda et al. (2008) Spatial structures of N_2O, CO_2, and CH_4 fluxes from *Acacia mangium* plantation soils during a relatively dry season in Indonesia. Soil Biology and Biochemistry 40, 3021-3030
9) Arai et al. (2008) Potential N_2O emissions from leguminous tree plantation soils in the humid tropics. Global Biogeochemical Cycles 22, GB2028, doi: 10.1029/2007GB002965

参考文献

Dixon et al. (1994) Carbon pools and flux of global forest ecosystems. Science 263, 185-190
木村真人・波多野隆介 (2005) 土壌圏と地球温暖化. 名古屋大学出版会
国立環境研究所地球環境研究センター (2009) ココが知りたい地球温暖化. 成山堂書店
近藤洋輝 (2009) 地球温暖化予測の最前線―科学的知見とその背景・意義. 成山堂書店
気象庁，地球温暖化ウェブページ：http://www.data.kishou.go.jp/climate/cpdinfo/index_temp.html

第2章

酸性雨と大気汚染

高橋正通

　酸性雨（酸性降下物）は，大気汚染物質に含まれる硫黄や窒素の化合物が雨に溶け酸性となったものである．かつて欧米の大規模な森林衰退は酸性雨が原因といわれたが，オゾン，窒素過剰，気候変動などに由来する各種ストレスが複合的に作用した結果と考えられている．ただし，酸性雨や大気汚染による汚染物質の流入は，生態系の物質循環システム全体を撹乱しバランスを崩す原因となっていることに変わりはない．さらに大気汚染物質は長距離を運ばれるので，都市から遠く離れた広範囲の森林生態系にも慢性的かつ長期的な影響をおよぼす可能性がある．

1．酸性雨問題の歴史と森林衰退

　酸性雨（酸性降下物）は，工場や自動車などから排出された大気汚染物質に含まれる硫黄や窒素の化合物が雨に溶け酸性となったものである．かつて欧米で観測された大規模な森林衰退は酸性雨が原因といわれた．しかし，現在は酸性雨や大気汚染による環境の酸性化だけでなく，オゾン，窒素過剰，気候変動などに由来する各種ストレスも複合的に作用した結果と考えられている．ただし，酸性雨や大気汚染物質は樹木の成長に影響をおよぼすだけでなく，土壌や渓流水，湖沼への影響を通して生態系の物質循環システム全体を変化させる．さらに大気汚染物質は大気循環により長距離を運ばれ，発生源から離れた広範囲の森林生態系に慢性的かつ長期的な影響をおよぼすことが特徴である．

1）酸性雨問題の顕在化

　酸性雨とは，鉱工業など人間活動によって生成された硫黄酸化物や窒素酸化物などの大気汚染物質が降水に溶け込み酸性となった雨である．大気中の二酸化炭素は雨に溶けるので，汚染されていない雨でも pH は5.6程度の酸性を示す

Acid rain and air pollution; Takahashi, Masamichi

が，大気汚染物質が加わると酸性度が強くなり，pH 3 を下回ることがある．大気汚染物質の起源は石炭や石油など化石燃料によるものが多いので，二酸化炭素による地球温暖化と根は同じ問題といえる．

酸性雨は産業革命以降に先進工業国で発生し，わが国でも明治後期から栃木県足尾銅山などで大気汚染による健康被害や植生衰退がみられた（第Ⅰ部6章参照）．1960～70年代の高度成長期になると，京浜や中京などの工業地帯で大気汚染が深刻になり「公害」として社会問題となった．1980年代には欧米で発生した大規模な森林衰退や湖沼の酸性化が報じられ，酸性雨とよばれるようになった[1,2]．広範囲にわたる影響を解明するため，大気化学，森林生態学，湖沼学，土壌学，都市工学など幅広い研究者が関わった．

酸性雨問題を解決するため，科学者が単なる科学的興味を超えて，行政や政治に対応を働きかけるようになった．その結果，国境を越え拡散する大気汚染に対し，ヨーロッパでは多国間協議がはじまり，1979年に長距離越境大気汚染条約の締結に発展した．これは科学者が自ら政策決定に参加し，成功した例として高く評価されている[3]．

2）森林衰退の原因

森林衰退の原因として，酸性雨による直接被害とともに土壌の酸性化にともなうアルミニウム溶出や養分バランスの変化が樹木を衰退させたとの仮説が初期には提示された[4]．その後の研究から，雨の酸性化のみが衰退の原因ではないと現在は考えられている．雨や土壌の酸性化は樹木にストレスを与えるが，大気汚染によるオゾン濃度の上昇や地球温暖化にともなう乾燥化なども重大なストレス要因であり，それにより弱った樹体に病虫害が発生するなど，複合的な原因により広範囲の森林が衰退するに至ったと分析されている[2]．そのため，酸性雨と森林衰退との関係を単純に論ずるのは適切ではない．

2．酸性雨と森林の物質循環

1）物質循環への影響

酸性雨問題に関する研究は森林の物質循環研究を大きく前進させた．森林では樹木が土壌から養分を吸収して成長し，リターフォールにより養分を再び土壌に戻すことにより物質循環が成立している．これを森林の内部循環（自己施肥）とよび，森林生態系の大きな特徴となっている．しかし，酸性雨の研究か

ら明らかとなったことは，人間活動により都市で発生した硫黄や窒素の酸化物が風にのって森林に運ばれ，森林の内部循環を攪乱している事実である．すなわち，雨が森林と土壌を通過し渓流水に流出する外部循環過程で，酸性雨が樹木の成長や養分吸収速度を変化させ，土壌物質を溶かし，その結果，渓流や湖の水質まで変えてしまう．現代の森林の物質循環はもはや内部循環だけで成り立っているわけではなく，遠く離れた都市や工業地帯と大気を通してつながっていることを意味している（図2-1）．

2）湿性沈着と乾性沈着

大気汚染物質は二酸化硫黄（SO_2）を主体とした硫黄酸化物（SOx），二酸化窒素（NO_2）を主体とした窒素酸化物（NOx），炭化水素や重金属類が含まれている．これらの成分が雨に取り込まれ，硝酸や硫酸を含んだ雨となる．雪やあられ，霧も含むので酸性雨は酸性降下物ともよばれる．一方，ガスまたは微粒子状（エアロゾル）のものを乾性降下物という．湿性降下物や乾性降下物が地上に達することを沈着というので，地上の観測は湿性沈着，乾性沈着ともよばれる．また生態系に沈着することを負荷ともいい，沈着量は負荷量ともよばれる．

湿性沈着量は雨に含まれる物質の濃度と雨量との積で求められる．一方，乾性沈着量は大気のガスや微粒子濃度と地上にある物体の空気抵抗によって決まる．乾性沈着量の測定例は少ないが，モデルによる推定では乾性沈着量は湿性沈着量に匹敵しているといわれる[5]．日本各地の沈着量を図2-2に示した．小笠原や利尻などの遠隔地を除いて広く大気汚染物質や酸性雨の影響を受けていることがわかる．

3．雨の酸性度を決める物質

雨を酸性にする主要な成分は硫酸と硝酸である．一方，大気汚染物質のうちアンモニアやカルシウムは酸を中和するアルカリ成分である．それらのバランスで雨の酸性度（pH）が決まる．

1）硫黄酸化物（SOx）

二酸化硫黄（SO_2）は石炭石油の燃焼や金属精製などで大量に排出される大気汚染の主要なガス成分である．水に溶けると硫酸（H_2SO_4）となり雨を酸性

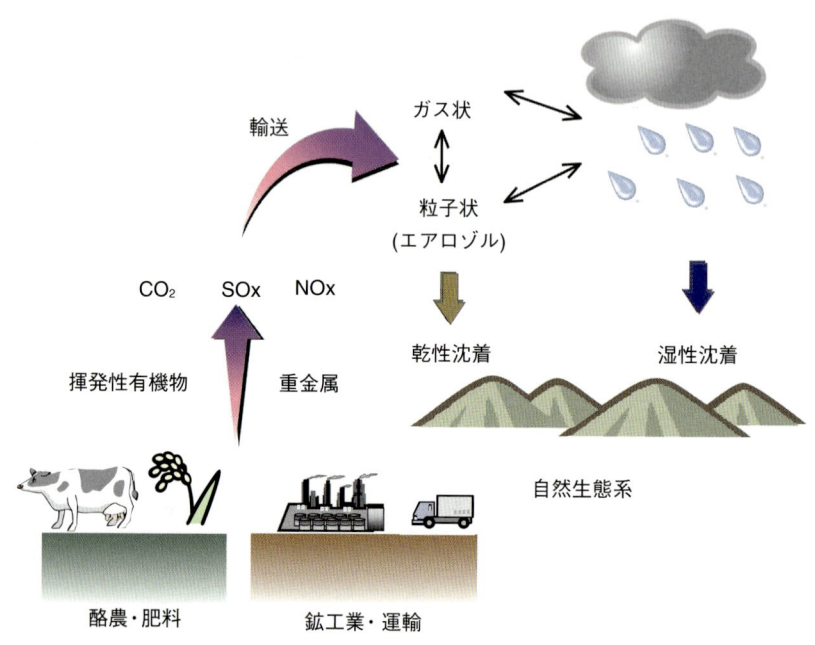

図2-1　大気汚染物質の発生と輸送，酸性雨の生成と沈着．

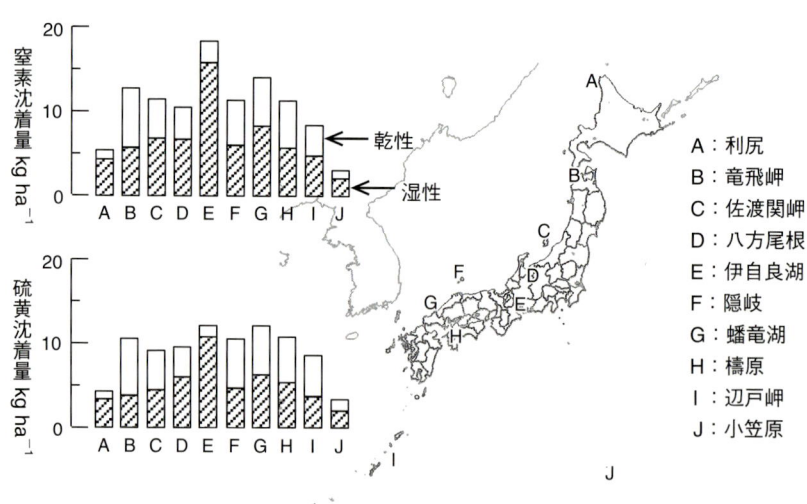

図2-2　東アジア酸性雨モニタリングネットワークセンターの日本サイトにおける年間の湿性沈着と乾性沈着量．（環境省[5]より作図）

にする．先進国を中心に世界的に排出規制が強化され，その排出量はかつてより大幅に減少したが，新興国や発展途上国の工業化が著しい東アジアでは増加傾向にある．

　日本は海に囲まれており，人為起源の硫酸の他に，海水に由来する硫酸成分も雨に多く含まれる．海水由来の硫酸を区別するため，降水のNaをすべて海洋由来と仮定することにより，非海塩由来の硫酸（nss-SO$_4$, nssはnon sea saltの略）が計算できる．また火山国である日本は火山ガスによる影響もしばしば観測される．硫黄の動態の詳細については第Ⅲ部24章を参照してほしい．

2）窒素酸化物（NOx）

　硫黄と並ぶ大気汚染物質は窒素酸化物（NOx）である．NOxは一酸化窒素（NO）や二酸化窒素（NO$_2$）などの総称であり，雨に溶存すると硝酸（HNO$_3$）になる．NOxは化石燃料に由来するものと，エンジンなど高温・高圧の燃焼時に空気が反応してできるものがあり，自動車は主な発生源である．NOxの除去は技術的に難しく改善が進まなかったが，先進国の自動車排ガス規制の強化などで近年大幅に改善されてきた．ただし世界的には排出量は横ばいの状態が続いている．

3）アンモニア

　アンモニアの発生は燃焼だけでなく窒素肥料や家畜の糞尿にも由来するので，農村部も発生源となっている．アンモニアは酸性雨を中和する効果はあるが，土壌にはいると硝化作用により硝酸に変化するので，生態系を酸性化する物質である．硝酸とアンモニアなど窒素については第Ⅲ部21章を参照にしてほしい．

4）カルシウム

　カルシウムは海塩，土ぼこり，アスファルトの粉じん，黄砂などに由来する．硫酸と同様，海塩成分を区別するため計算により非海塩性カルシウム（nss-Ca）が計算できる．春先に飛来する黄砂はカルシウムを含むので，中国大陸上空の酸性化物質を中和し，日本の酸性雨を緩和している[6]．

5）水素イオン

　水素イオン（H$^+$）をプロトンともよぶ．pHはプロトン濃度であり，pH=

$-\log(H^+)$ と定義される．雨のpHが1低下すると，水素イオン濃度は10倍になる．

6）その他の成分

ナトリウムや塩素は酸性雨と無関係なので大気汚染の研究者の関心は低い．しかし，台風時には海塩の飛来により樹木が落葉したりする塩害が報告されており，森林にとっては注意すべき成分である．

4．酸性雨の観測態勢とわが国の現状

1）観測態勢

酸性雨の観測は1990年代にもっとも活発に行われた．都市域および離島などの遠隔地は環境省が主体に[5]，森林域は林野庁が主体[7]に全国をカバーし，2001年には東アジア酸性雨モニタリングネットワーク（EANET）が組織された．EANETは日本の環境省が中心となり国連環境計画のもと稼働しており，現在ロシアからインドネシアにまたがる13カ国が参加し，乾性・湿性沈着量のモニタリング網を展開している．観測データはEANETのホームページ上で公開されている（http://www.eanet.cc/jpn/）．

2）日本の降水の現状

環境省の1983～2002年間の降水モニタリング[8]によると降水の年平均pHは4.20～6.25の範囲にあり，全国平均値は4.77であった（図2-3）．湿性沈着のイオン成分では，非海塩性硫酸濃度の年平均値は16.4 μmol L^{-1}であり1999年まで年々低下傾向がみられた．しかし2000年に三宅島が噴火したところ，各地の硫酸濃度は急激に上昇し，火山が日本の大気成分におよぼす影響の大きさを示した．硝酸濃度は長期間安定しており，観測期間平均は14.6 μmol L^{-1}であった．一方，酸を中和する成分としてはカルシウムよりアンモニウムイオンの寄与が大きく，全国平均値でNH$_4^+$は18.5 μmol L^{-1}，nss-Ca^{2+}は6.6 μmol L^{-1}であった．森林域では林野庁による梅雨期の全国一斉調査が行われ，大気汚染物質が森林域まで拡散・移流している状態が把握された[7]．

3）長距離越境汚染

大気汚染物質は大気循環により長距離を輸送されるので，偏西風による大陸

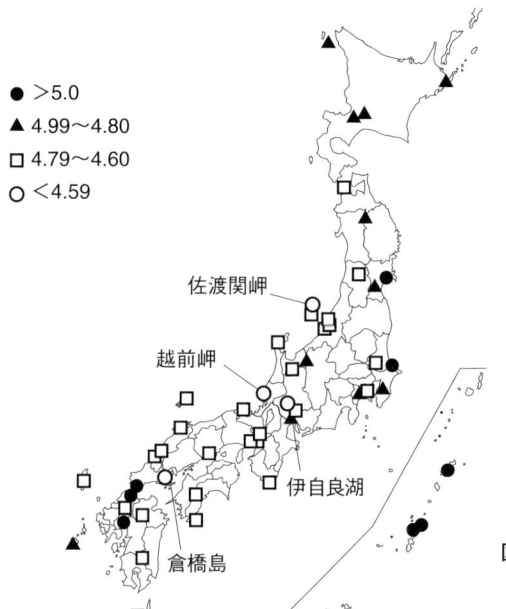

図2-3　環境省の観測による1983～2003年の降水平均pHの分布. pH 4.59以下の観測地の地名を記載. (酸性雨対策検討会[8]より作図)

からの越境汚染の影響が心配されている．中国では急速な経済発展にともない，1980年から2003年の間に中国のNOxの年間排出量は3.8 Mtから14.5 Mtへ3.8倍，SO_2の排出量は14.9から36.6 Mtへ2.5倍に増加した[9]．気象モデルによる解析からは中国大陸の大気汚染が越境し日本へ輸送される過程が明らかになった．酸性物質の沈着量についても非海塩性 SO_4^{2-} の32～66％，NO_3^- の35～61％が越境汚染によるものと推定され[5]，その影響は西日本や冬季の日本海側で大きい．

5．生態系への影響

1）土壌への影響

欧米では土壌pHの低下や塩基の溶脱，アルミニウムの溶出が報告されている[4]．わが国も長年酸性沈着が続いたと思われるが，全国のモニタリングからは顕著な土壌の酸性化は認められていない[8]．これは火山灰の影響を受けた日本の土壌は酸緩衝能が高く酸性化しにくいためであり（図2-4），火山灰に由来する黒色土や黒ボク土が分布する地域（東日本や九州南部など）は酸性化しにくい．一方，火山の分布が少ない中部，近畿，四国などでは酸緩衝能が弱く，

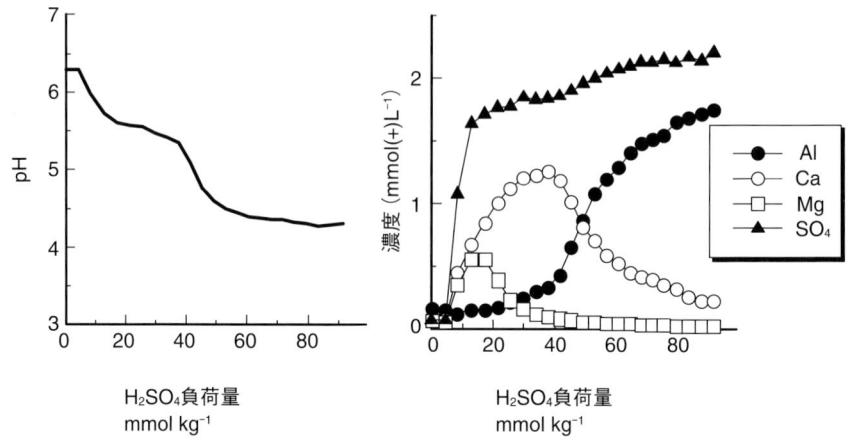

図2-4 土壌に硫酸を流した場合の土壌 pH の変化と溶出するイオンの変化．適潤性黒色土の例．

土壌 pH も低い．そのため酸感受性の高い土壌が分布している[11]．

2）樹木におよぼす影響

　樹木の衰退や枯死は各地で報告され，酸性雨や大気汚染，オゾン等の影響かどうかがしばしば議論されてきたが，確証は得られず，反論する意見も多い．一方，多くの実験や調査からは，土壌の酸性化，高濃度大気汚染やオゾンが樹木に与える影響が確認されている．たとえば土壌の酸性化によるアルミニウムイオン濃度の上昇が樹木細根や樹体の成長を抑制したり[12,13]，オゾンによる光合成の阻害[13]，酸性霧による樹体成分の溶出[14]，樹木衰退地の土壌や葉の養分アンバランス[15]などが報告されている．ただし，林野庁や環境省によるモニタリングでは広範囲におよぶ森林の衰退兆候はいまだ確認されていない[10]．

3）生態系・流域レベル

　土壌や渓流水も含めた森林生態系全体への影響を解析するため，環境省は大気，植生，陸水にわたる総合的な調査地を北海道俱多楽湖，埼玉県鎌北湖，岐阜県伊自良湖，島根県蟠竜湖，鹿児島県鰻池の5カ所に設けている．この中で明瞭な変化がみられたのは伊自良湖である．岐阜県南部の小さなダム湖である伊自良湖は，湖の表層水と土壌が継続して酸性化している[16,17]．伊自良湖は，

中京工業地帯の大気が流れ込む位置にあり，プロトンや硫黄，窒素の沈着量は全国のトップレベルである[5]（図2-2，図2-3）．また火山灰の影響が少ない酸感受性の高い土壌であるため，酸性雨の影響が顕在化したのではないかと注目されている．

　日本の硫黄の排出量は大幅に低下し生態系への沈着量は少ない．一方，窒素沈着量はあまり変化していない．窒素は植物の成長を促進させる施肥効果もあるが，過剰に沈着した窒素は土壌から溶脱し地下水や渓流水を汚染する現象（窒素飽和）が欧米で報告されていた．日本では欧米より窒素沈着量が多く，関東平野でも平野を取り囲む山地における渓流水の硝酸濃度が高いことが報告されている[18]．伊自良湖と同様，関東平野周辺の水系の酸性化や富栄養化の進行など森林のもつ公益的多面的機能の低下が懸念されている．

　また生態系の窒素レベルの上昇は生物種多様性へ影響することも報告されている．窒素沈着は種多様性を低下させるとの報告が多い．

6．最後に

　大気汚染物質の拡散影響は地球規模で確認される問題である．酸性雨からはじまった問題は物質循環だけでなく，地球温暖化，種多様性にもつながる生態系や環境の問題となっている．とくに窒素の流入量の増加の長期的慢性的な影響は生態系の食物連鎖や養分条件，種多様性など生態系構造にも影響をおよぼす課題を含んでいる．

引用文献

1) 石弘之（1992）酸性雨．岩波新書
2) 畠山史郎（2002）酸性雨―誰が森林を傷めているのか？　日本評論社
3) Lawton JH (2007) Ecology, politics and policy. Journal of Applied Ecology 44, 465-474
4) Ulrich B et al. (1980). Chemical changes due to acid precipitation in a loess-derived soil in central Europe. Soil Science 130, 193-199
5) 環境省（2009）酸性雨長期モニタリング報告書（平成15～19年度）
6) Terada H, et al. (2002) Trend of acid rain and neutralization by yellow sand in east Asia? a numerical study. Atmospheric Environment, 36, 503-509
7) 高橋正通ら（2006）日本の森林域における梅雨期の降水成分―1990年代における降水成分の全国分布と年変動―．森林総合研究所研究報告 4 (No. 394), 1-37
8) 酸性雨対策検討会（2004）酸性雨対策調査総合とりまとめ報告書．財団法人日本環境衛生センター酸性雨研究センター

9) Ohara T et al. (2007) An Asian emission inventory of anthropogenic emission sources for the period 1980-2020, Atmospheric Chemistry and Physics 7, 4419-4444
10) 高橋正通ら（2006）樹木の樹冠形状モニタリングによる1990年代の我が国の森林の衰退・被害状況．FORMATH 5, 169-177
11) 吉永秀一郎ら（1994）国土数値情報を用いた酸性雨に対する感受性分布図の作成．日本土壌肥料学雑誌 65, 565-568
12) Hirano Y et al. (2007) Root parameters of forest trees as sensitive indicators of acidifying pollutants: a review of research of Japanese forest trees. Journal of Forest Research 12, 134-142
13) Izuta T (1998) Ecophysiological responses of Japanese forest tree species to ozone, simulated acid rain and soil acidification. Journal of Plant Research 111, 479-480
14) Igawa M et al., (2002) Acid fog removes calcium and boron from fir tree: One of the possible causes of forest decline. Journal of Forest Research 7, 213-215
15) 谷川東子ら（2009）奥日光の森林衰退地域の樹木生葉と土壌の養分特性―他の亜高山地域との比較から―．環境科学会誌 22, 401-414
16) Yamada T et al. (2007) Long-term trends in surface water quality of five lakes in Japan. Water, Air, & Soil Pollution: Focus 7, 259-266
17) Nakahara O et al. (2009) Soil and stream water acidification in a forested catchment in central Japan. Biogeochemistry 97, 141-158
18) 伊藤優子ら（2004）関東・中部地方の森林流域における渓流水中のNO_3^-濃度の分布．日本林学会誌 86, 275-278

第3章

生物多様性

金子信博

　2010年に名古屋で生物多様性条約の第10回締約国会議が開かれた．生物多様性の保全は世界的な課題となっている．ここでは生物多様性の意味についてまず考えてみる．続いて，森林における地上部と地下部の生物多様性を概説し，生物多様性とその意義について述べる．さらに植生の衰退など生物多様性の異常，有機物層の違いにみられる立地条件と生物多様性，そして最後に，森林施業と生物多様性の変化について解説する．

1．生物多様性とは

　地球上に生命が誕生して以来，生物は途切れることなく生命をつないできた．その歴史の中で，1種類の生物だけが地球を覆うのではなく，進化の結果異なる数多くの種類の生物が誕生し，さまざまな場所に暮らすようになった．生物多様性はその地球の歴史を反映した生態系の姿である．生物多様性はわかりにくい概念であるが，自然の生物のさまざまな階層における多様性をすべて含んでいる．それらは，遺伝子，個体群，群集，生態系，ランドスケープといった階層それぞれの多様性である．たとえば，同じ種であっても，分布が遠く離れていると，近くの同種の個体よりも遺伝的にはずいぶん違った個体が生活していることもある．また，同じ場所で生活している種内でも，クローン生物でないかぎり細かくみると遺伝的特徴には違いがある．1つの場所で生物を調べると，色や形の異なるさまざまな種の生物が暮らしていることがわかる．私たちのまわりには微生物から，目に見える大きさの動物や植物まで種が異なる生きものがあふれている．また，生物は孤立して生活しているのではなく，これらは食う-食われる，の関係や，有機物の分解を介した栄養塩の循環といった機能を通じて生態系を構成している．

　私たちに身近で，もっともサイズの大きな生物は樹木である．樹木が集まっ

Biodiversity; Kaneko, Nobuhiro

て森となるが，森だけでなく草原や川，池といった異なる生息場所が集まってランドスケープ（景観）を構成している．ランドスケープはその中にさまざまな生息場所をもち，隣のランドスケープとは構成が違っている．地球全体で考えると，気候条件が似ている場所にはよく似たバイオーム（生物群系）がみられるが，実際には気候や地史の影響を反映して，互いに異なった種がそのバイオームを構成している．

　森林は，一般にその地域でもっとも生物多様性の高い生態系である．日本で森林の生物多様性を考えるとき，林分単位で考えると理解しやすいだろう．林分とは立地条件が一様で，過去の取り扱いが同じ単位の森林である．すなわち，過去の撹乱から一斉に回復した天然林や，ひとまとまりの伐採−更新の過程にある森林である．これらは将来，人による管理を行う際に，再び1つの林分単位として取り扱われるだろう．日本では長い時間にわたって人による森林の利用がなされてきた．日本の森林は1回の利用の面積が小さく，環境条件も場所によって細かく異なる．したがって，狭い範囲を単位とするモザイクをなしている．さまざまなモザイクが集合することが，森林全体の安定性につながっている．

　森林は，単に生物多様性が高い生態系というだけではない．森林生態系は，生態系機能をもった実体である．単に多様な生物，生物の多様性の大小を問題にするのではなく，私たちにとって利用可能な生態系機能をどうとらえたらよいだろうか？　生物多様性を保全するためには森林伐採，造林などのアクションと多様性，機能の関係とを整理して，森林管理を考える必要がある．

2．森林の地上部と地下部の生物多様性

　樹木は生態系の基盤をなす生物である．すなわち，その存在は微気象を変え，動物に餌と住み家を提供する．林床の植物の光や栄養条件を左右している．さらに，土壌から栄養塩を吸収し，落葉・落枝として還元する．このとき，立地条件が同じであっても樹種によって物質循環の速度や内容が変化する．

　地上部と地下部の生物群集を比較すると，地下部に意外に多くの生物が生息していることに気づく．樹木の体の約半分は根の形で土壌中にある．落葉や落枝は地表面に堆積し，地下では根も枯死するので，森林の落葉・落枝のような枯死した有機物（デトリタス）はほとんど地表から地下にかけて存在する．一般に地下部の動物現存量は，地上部より多く，少なく見積もって等倍[1]，多い場合は5から10倍程度である[2]．微生物の現存量の比較データはないが，土壌

有機物の数パーセントが微生物バイオマスである．したがって，地下部は地上部に比べて遙かに多くの動物と微生物が生息している．生物多様性を正確に地上部と地下部で比較した例はないが，土壌では，微生物から脊椎動物まで陸上生物のほとんどすべてがみつかっており，ワムシやソコミジンコなどの水生生物も生息している．また，地上部にはみられないミミズやモグラといった土壌に特殊化した動物もいる．したがって，森林における土壌生物の現存量，生物多様性は極めて大きい．

地上部と地下部の生物の相互作用の理解は，森林という系を理解するために欠かせない[3]．たとえば，森林の生産力は，土壌動物のバイオマスをふやし，このことが，地表で餌をとるトリの個体数をふやしているという研究例がある[4]．この相互作用は土壌の肥沃度の違いによって対照的な様子をみせる（詳しくは第Ⅱ部15章）．気候変動や環境の富栄養化のような地球環境の変動は，地上部と地下部の相互作用を通して森林の変化をもたらすと考えられるので[5]，地上部だけでなく，地下部も含めた生態学的研究が必要である．

3．生物多様性とその意義

草原では，構成する草本植物の種数を操作して，一次生産や分解速度といった生態系が有する機能を評価する野外実験が多数行われてきた．その結果，植物の種数の増加により生態系の機能が高くなることが確認された[6]．なぜ，多様な群落ほど機能が高いのだろうか？　光合成における光利用や，根による栄養塩の利用は，葉群の高さや配置，根の形や深さが異なる種の集合のほうがそれぞれの資源の利用効率が高い．これを相補性効果仮説という．一方，マメ科植物のようにその土壌で成長の制限となっている窒素を固定する能力のある植物は，種数を多くするとメンバーに含まれるケースが多くなるだろう（サンプリング効果仮説）．この場合は，多様性が高いことよりも能力の高い種を含む効果により，一見機能が高まっているようにみえる．相補性とサンプリング効果を分離する実験が行われた結果，サンプリング効果を排除して評価しても，多様性が増すことで機能が高まることが確認された．ただし，種数の増加につれて機能がどこまでも高まるというわけではなく，1種類に比べて5から10種類程度まで増加するが，それ以上種数をふやしても機能の増加はない．

森林で樹種の数と機能との関係が確認された例は少ないが，落葉の分解に関しては多くの研究例がある[7]．落葉の分解速度は，単独の種のリターバッグよ

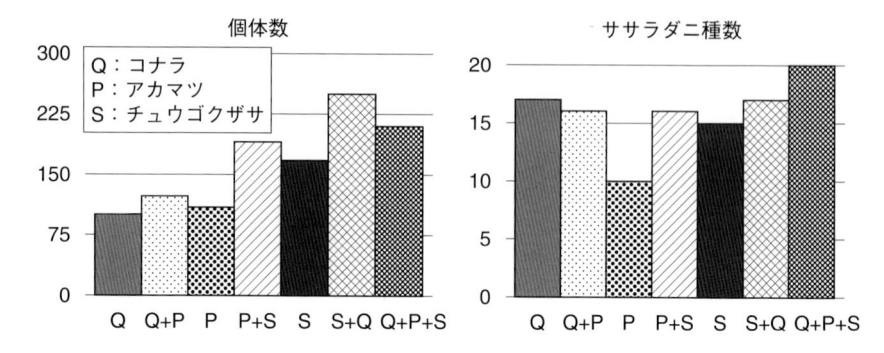

図3-1 3種類の落葉を混交した場合の，土壌動物個体数とササラダニ種数の反応．2種類の落葉の平均値よりも，混交した場合により多くの多様な土壌動物が定着している（相乗効果）．(Salamanca et al.[8]; Kaneko and Salamanca[9]を改変)

りも混合リターで分解が速くなる[8]．この理由としては，いくつかの説が考えられている．1) 栄養塩の乏しいリターに，栄養塩の豊富なリターから栄養塩が補給されて速くなる．2) 分解者の活動が，落葉層の構造の複雑さによって盛んになる．などである．実際，落葉の種数をふやすと，小型節足動物[9]（図3-1），大型土壌動物[10]の活動が盛んになることが確認されており，生物多様性が他の生物の活動に影響して機能が高まることがわかる．

人工林の造成では，主として1種類の樹木を育成することが行われてきた．人工林は管理が容易ではあるが，天然林に比べて気象害や病虫害を受けやすい．複層林も一般に，上木と下木を同じ樹種で構成することを目標としている．天然林のように複数の樹種からなる人工林を造成すると，多様性の効果によって機能が高くなるだろうか？　今後の研究が必要であろう．

4．生物多様性の異常

森林ではしばしば，食葉性昆虫の大発生が起こる．食害は時に物質循環速度を大きく変える．たとえば，ドイツのトウヒ林では，1年で$2.3\,kg\,ha^{-1}$の窒素がマツケムシ幼虫による摂食で土壌に供給された．また，マツノザイセンチュウ病のように，樹木が一斉，広域に枯死することがある．森林の安定性と立地条件との関係に関しては十分なデータがないが，木材生産を持続的に行うことは，生態系サービスの持続的な利用と両立する．もし，生物多様性の確保が環境と森林との関係の安定性につながるとしたら，生物多様性を保全することの

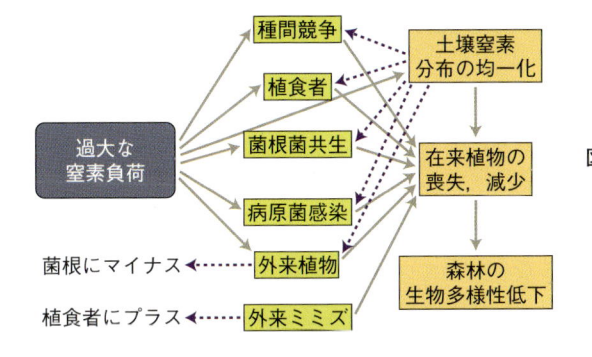

図3-2　森林への過大な窒素負荷が生物間相互作用を通して森林生態系に与える影響．実線：過大な窒素負荷の影響，点線：森林内の土壌窒素分布均一化の影響（Gilliam[11]を改変）

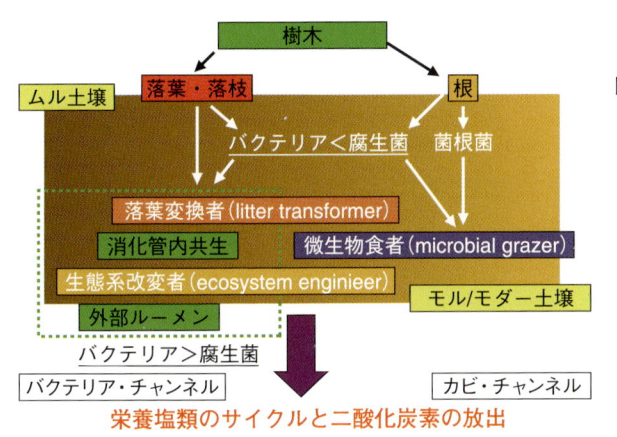

図3-3　森林の分解系における土壌動物の役割．図の左側はムル土壌で，落葉変換者や生態系改変者とよばれる大型の土壌動物が微生物と共生関係のもとに生活しており，主にバクテリアが活躍する．図の右側はモル／モダー土壌で，小型節足動物などの微生物食者がカビを食べる系となる．（金子[14]を改変）

積極的な意味となる．

　大気経由の窒素負荷は，地球環境問題の1つとして重視されている[5]（第Ⅰ部第2章参照）．農地や草地のような環境では窒素肥料の負荷により，好窒素性の種が優占し，草本種の多様性が減少することが知られている[11]．北欧では，窒素負荷の量に対応して森林の下層植生の変化が生じている[12]（図3-2）．一方，大気中の二酸化炭素の増加は，窒素負荷による多様性減少を緩和する効果があるかもしれない[13]．

5．立地条件と生物多様性

　天然林では立地と樹種の分布に対応がある．植物のそれぞれの種は，環境条件に対して固有の反応を示すので，環境が連続的に変化する場合，種の分布も連続的に変化する．ムルやモル，モダーといった土壌腐植型の違いは土壌の立

地条件を反映しており(第Ⅱ部17章参照),腐植型はそこに生息する土壌生物群集の違いをもたらしている[14](図3-3).すなわち,ムル型腐植では大型土壌動物,とくにミミズのような生態系改変者(エンジニア)や等脚類,ヤスデなどの落葉変換者が多く,落葉分解速度が速く,落葉は分解されつつ土壌に混入していく.一方,モル,モダーといった土壌では大型土壌動物が少なく,落葉があまり粉砕されない.有機物層が発達し,そのなかにダニやトビムシといった微生物食の小型節足動物が多数生息している[15].このような土壌生態系の生物群集の違いを考えると,窒素の負荷や二酸化炭素濃度の上昇に対する森林植物の多様性の反応は,立地条件で異なることが予想される.

有機物の分解速度は,温度や降水量といった環境条件がもっとも大きく影響している.次に,温度や降水量が同じ環境条件の中では,樹種の違いなどに起因する落葉の質の違いが分解者の働きを通じて有機物分解速度に影響している[16].しかし,実際には微生物と土壌動物の多様性が植物の栄養塩利用に影響しているので,樹種と地下部の生物の相互作用によって分解速度が決まっているといえる.今後,気候変動だけでなく,窒素降下物の影響についても立地条件との関係で明らかにする必要がある.

6. 森林施業と生物多様性の変化

皆伐は,森林に生息する生物の環境を大きく変えてしまう.皆伐とその後の広葉樹林の再生過程における節足動物やキノコの変化を茨城県北茨城市小川学術参考保護林で調べた研究では,多様性の変動が3つのパターンに分けられることが示されている[17].チョウ,ハチ,カミキリムシのように皆伐による撹乱によって増加する分類群,高齢林ほど多くなるキノコやキノコ食のダニ類,そして,皆伐があまり影響しない分類群である.第三のグループには,ガ,ササラダニ,トビムシ,地表性甲虫やアリが含まれている.このように二次遷移では,土壌環境の変動が地上に比べて少ないため,土壌性の生物が比較的安定していることがわかる.

森林施業によって樹木以外の生物が影響を受け,多様性が変化するのは仕方がない.伐採などの撹乱からの更新段階が様々な林分がモザイク状に分布することで,その地域からある生物が絶滅するリスクを小さくできる.また,土壌生物への影響は通常の森林施業ではさほど大きくない.一方,森林施業が土壌の流亡を引き起こすような場合には,森林の再生そのものが難しくなる.

引用文献

1) Fierer N, Grandy AS, Six J, Paul EA (2009) Searching for unifying principles in soil ecology. Soil Biology and Biochemistry 41, 2249-2256
2) 金子信博（2008）生物多様性の交差点―表層土壌が育む生物群集とその知られざる働き―. ペドロジスト 52, 47-50
3) Wardle DA, Bardgett RD, Klironomos JN, Setala H, van der Puttern WH, Wall DH (2004) Ecological linkages between aboveground and belowground biota. Science 304, 1629-1633
4) Seagle SW, Sturtevant BR (2005) Forest productivity predicts invertebrate biomass and ovenbird (*Seiurus aurocapillus*) reproduction in Appalachian landscapes. Ecology 86, 1531-1539
5) Tylianakis JM, Didham RK, Bascompte J, Wardle DA (2008) Global change and species interactions in terrestrial ecosystems. Ecology Letters 11, 1351-1363
6) Hooper DU et al. (2005) Effects of biodiversity on ecosystem functioning: a consensus of current knowledge. Ecol. Monogr. 75, 3-35
7) Hattenschwiler S, Tiunov AV, Scheu S (2005) Biodiversity and litter decomposition in terrestrial ecosystems. Annu. Rev. Ecol. Evol. Syst. 36, 191-218
8) Salamanca EF, Kaneko N, Katagairi S (1998) Effects of leaf litter mixtures on the decomposition of *Quercus serrata* and *Pinus densiflora* using field and laboratory microcosm methods. Ecological Engineering 10, 53-73
9) Kaneko N, Salamanca EF (1999) Mixed leaf litter effects on decomposition rates and soil microarthropod communities in an oak-pine stand in Japan. Ecological Research 14, 131-138
10) Hattenschwiler S, Gasser P (2005) Soil animals alter plant litter diversity effects on decomposition. Proc. Natl. Acad. Sci. USA 102, 1519-1524
11) Suding KN et al. (2005) Functional- and abundance-based mechanisms explain diversity loss due to N fertilization. Proc. Natl. Acad. Sci. USA 102, 4387-4392
12) Gilliam FS (2006) Response of the herbaceous layer of forest ecosystems to excess nitrogen deposition. Journal of Ecology 94, 1176-1191
13) Reich PB (2009) Elevated CO2 reduces losses of plant diversity caused by nitrogen deposition. Science 326, 1399-1402
14) 金子信博（2000）土壌生態系の微生物と動物の相互作用.（森林微生物生態学，二井一禎・肘井直樹編，朝倉書店，東京），pp83-90
15) Kaneko N (1995) Community organization of oribatid mites in various forest soils. In: Structure and Function of Soil Communities. Edwands CA, Abe T, Striganova BR (eds.), Kyoto University Press, Kyoto, pp21-33,
16) Swift MJ, Heal OW, Anderson JM (1979) Decomposition in Terrestrial Ecosystems. Studies in ecology 5, Blackwell, Oxford
17) Makino S et al. (2006) The monitoring of insects to maintain biodiversity in Ogawa Forest Reserve. Environmental Monitoring and Assessment 120, 477-485

第4章

森林減少

佐藤　保・清野嘉之

　森林統計によると，世界の森林は依然として減少を続けているというが，では森林とはどのような状態と定義されているのだろう．森林面積の減少や森林資源の劣化は何が原因で起き，その結果，現地の生活や地球温暖化にどのような影響を与えるのであろうか．森林減少や劣化を食い止める取り組みとともに紹介する．

1．森林を取り巻く世界の状況

　世界の森林はいったいどのくらいの速さで消失しているのであろうか？　この答えを知るために国際連合食糧農業機関（FAO）による全世界を対象とした森林統計資料をみてみよう．世界森林白書（The State of World's Forests）は隔年で，世界森林資源アセスメント（Global Forest Resources Assessment；略称FRA）[1]は5～10年に一度の頻度で，編集刊行されており，その時々の世界の森林の状況が把握できる．世界森林資源アセスメント2005によると，2005年現在の森林面積は全世界の陸地面積の約3割を占める39億5,200万ヘクタールであり，これら森林が農地や他の土地利用形態に変化する面積は，1年間に1,300万ヘクタールとなっている[1]．一方で新規植林や再生などにより，森林の減少速度は鈍化してきている．減少分から増加分を差し引いた正味の減少面積（純減少面積）は，1年あたり730万ヘクタールとなるが[1]，これは日本の国土の約2割に相当する．この値を変化率でみてみると全世界平均で0.18％となるが，地域差が大きい（図4-1）．アジアは1990年～2000年の減少傾向から一転して増加に転じた唯一の地域であるが，これは中国の大規模な新規植林によるところが大きく，東南アジアの国々では依然として減少傾向を示していることに変わりない[2]．アフリカや南米での減少率は高く推移されており，その面積割合が

---

[1] 2011年にFRA 2010が刊行されている．情報の詳細はFAOのFRAに関するホームページを参照されたい（http://www.fao.org/forestry/fra/en/）．

Deforestation; Sato, Tamotsu・Kiyono, Yoshiyuki

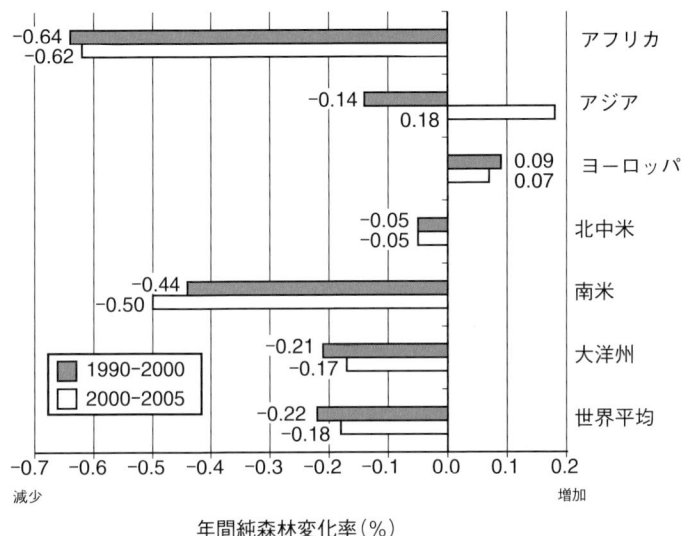

図4-1 地域毎にみた1990～2000年と2000～2005年の間の森林面積の純減少率の比較（FAO[1]より描く）．純減少率は減少率から増加率を差し引いた値．

大きいことからも深刻な問題であることが図4-1からみて取れる．

2．「森林」と「森林減少」の定義

上記のような統計の数値を比較するためには統一した定義が重要である．それではFAOが定める森林の定義とはどのようなものだろうか．森林とは，成熟時の高さ5m以上かつ樹冠による被覆が10%以上を示す樹木の集団が0.5ha以上の広がりをもって生育している土地を指すこと[2]と明確に示されている[2]．ただし，上記基準を満たしていても，果樹園のように農地としての利用が主目的な場合は，森林としては認められない．

一方で国連気候変動枠組条約（UNFCCC）の京都議定書における「森林」とは，高さ2～5m，樹冠被覆率10～30%以上，最少面積0.05～1.0haの土地となっており，それぞれの基準に幅をもたせてある．京都議定書第一約束期間（2008～2012年）の二酸化炭素吸収量を報告するにあたり，各国は上記議定書の基準をもとに一貫した定義を使用することが求められている．わが国では最

2　FAOによる文中の森林の定義は，FRA 2000[3]により統一的に示されたものであり，それ以前の定義は先進国で樹冠被覆率20%以上，発展途上国で10%以上という2つの基準が併記されていた．

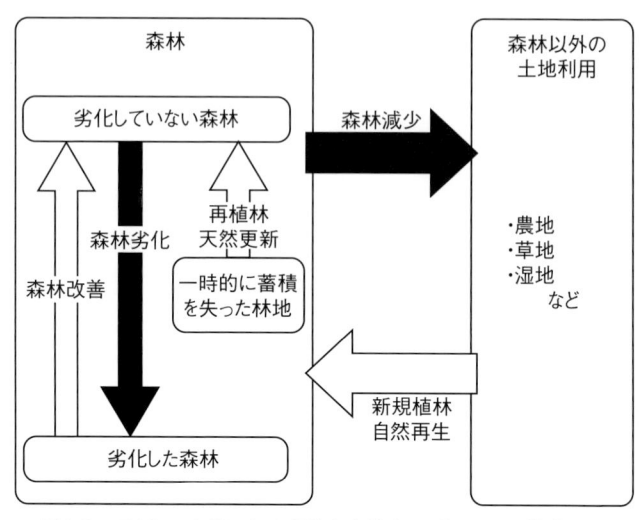

図4-2 FAOの定義による森林が変化するプロセスの模式図.

低樹高5m，最小樹冠被覆率30%，最小面積0.3 ha，最小の森林の幅20 mという組合せを設定している[3]．

本節の主題である森林減少（deforestation）であるが，これは端的に森林が消失して，長期的に森林以外の土地利用形態（農地など）に変化することを示す．図4-2はFAOの定義に基づいた森林と森林以外の土地利用への変化を模式的に示したものである．ここで注目されるのは「森林劣化（degradation）」とは，森林と定義される条件，すなわち樹冠被覆率10%以上を保ちながらも，森林の本来有している機能が低下する過程を指している点である．劣化した森林も定義上，森林に区分されることから，FAOによる統計資料上は森林として計上される．したがって，土地利用変化による森林減少の面積や割合などと異なり，森林劣化の面積や割合はとらえづらいのである．

3．森林減少はなぜ起きるのか

森林減少および森林劣化が起きる要因として，FAO[1] は，人口圧の増加，農地の拡大，林産物の需要の拡大，違法伐採（図4-3），工業発展，急速な経済発

3　わが国の京都議定書の目標達成計画については，林野庁や森林総合研究所の関係HPを参照されたい．
林野庁：http://www.rinya.maff.go.jp/j/kenho/ondanka/index.html
森林総合研究所：http://www.ffpri.affrc.go.jp/research/ryoiki/new/22climate/new22-2.html

展などをあげている．南米では大規模放牧開発が森林減少の主要因である．ブラジル政府がアマゾンでの大規模放牧開発を推奨し，1970年代後半から1980年代前半にかけて大規模な森林減少が発生した[4]．このように政府の取る施策は森林減少を加速させる可能性がある．

　また，近年の人口増加により，伝統的な農業手法（水田や休閑年数を十分に取る焼畑農法など）に適した土地が不足し，休閑期間の短縮がおきている．またそれまで未利用であった森林が開拓者によって伐採され農地にされるが，収量が低下すると放棄して別の森林を開拓するという形態もふえている．一方で，森林伐採後にアブラヤシやゴムなどの永年作物を植える商業的な土地利用もあり，森林減少の大きな原因となっている．これら農地への転換は，農作物の市場価格に左右されるところがあり，高価格の際は農地への転換が促進され，価格下落の際には農地が放棄される場合が多い．マレーシアやインドネシアでは，アブラヤシ農園の拡大により，森林の孤立・断片化も生じている（図4-4）．

　木材資源の収穫は何らかの森林劣化をともなう．仮に伐採の本数がhaあたり数本程度であっても，伐採時に残存木の損傷や枯死をともなう．また，重機を使用した伐採では，土壌が締め固められ，表層侵食も受けやすくなる[4]．伐採によって劣化した森林は，火災などの撹乱に対する耐性が低下し，さらなる森林劣化を誘発することになる．

　資源開発などを目的として森林に道路が建設されると，森林へのアクセスが容易になる．幹線道路が出来れば沿線の人口は増加し，それにともなって支線が無数に延び，さらなる人口の増加と森林減少・劣化が引き起こされることになる（図4-5）．

　森林の所有権に関する考えも森林減少を引き起こす要因となっている．たとえば，森林を開墾することにより，所有権を主張できる制度を維持する国もあり，森林減少の抑制は容易でない．

4．森林減少が与える影響

　森林が私たちに与えてくれる恩恵は多岐にわたる．たとえば木材資源や薬用植物など商品化され，私たちの身の回りにあたり前のようにあるものから，貨幣価値に換算しにくい生物多様性や地域に根ざした森林利用についての知恵や宗教的価値などがある[4]．これらに加え，現在もっとも関心が高いのは森林が炭素を蓄積する機能であろう．

図4-3 熱帯林における違法伐採(カンボジア・コンポントム;古家直行氏撮影).現場にて製材して持ち出しやすくしている.

図4-4 フタバガキ低地林の周辺に広がるオイルパームの植栽(マレーシア・パソー;荒木眞岳氏撮影).森林を伐採してオイルパーム(アブラヤシ)に転換することにより,残存した森林の孤立・分断化が進んでいる.

図4-5 伐採後の定住化（カンボジア・コンポントム）．道路沿いに地域住民が森林を伐採して定住を進めている．

　気候変動に関する政府間パネル第4次評価報告書（IPCC AR4）によると，陸域生態系の植生および土壌に2兆2600億トンの炭素が蓄えられており，毎年26億トンの炭素が陸域に吸収され，土地利用変化によって16億トンの炭素が排出されている[5]．陸域生態系における炭素の収支を計算すると1年あたり10億トンの吸収となる．陸域生態系から排出される16億トンの炭素は，主に森林が他の土地利用区分に変化する森林減少に由来し，化石燃料使用による排出を含めた総排出量の約20％を占めている[5]．このことから森林減少が地球温暖化におよぼす影響が大きいことがわかる．

　次に森林が劣化，消失することにより，生態系はどのような変化をたどるのかをみてみよう．ここでは人為活動による森林減少が植物群落におよぼす影響をインドネシアの事例[6,7]で紹介する．図4-6は東カリマンタンの植物群落の変化を焼畑や火災などの頻度から位置づけた模式図である．タイプAはフタバガキ科の高木種に先駆性種（*Macaranga*など）を交えた森林であるが，火入れと伐採が入ることによりフタバガキ科などの遷移後期の高木種を欠く小高木

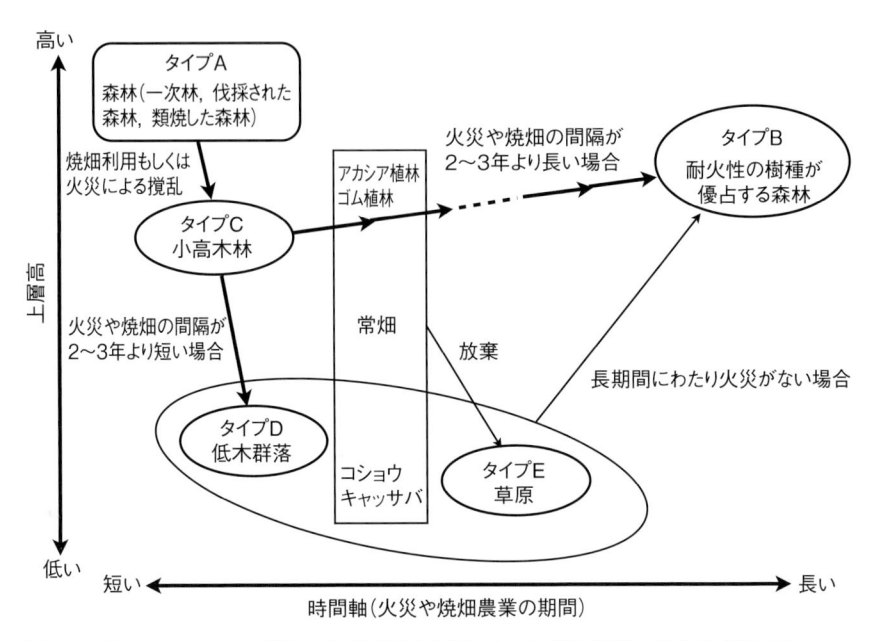

図4-6 東カリマンタンの低地および下部山地帯における植物群落の変化模式図（Kiyono et al.[8] を元に描く）．縦軸は上層高，横軸は火災や焼畑農業の期間の長さをそれぞれ示す．

林（図4-6のタイプC）を経由して，耐火性のあるキク科やコショウ科の低木群落（図4-6のタイプD）に変化していく．この過程で群落の上層木の樹高は低下していき，類焼しやすくなることからも，元の森林に比べて炭素を固定する能力は低くなる[8]．一方で小高木林や低木群落は時としてコショウ畑（図4-7）など常畑に転換されることがある（図4-6の四角の枠内）．これら常畑が放棄されるとチガヤ（*Imperata cylindrica*）草原が成立する（図4-6のタイプE）．この草原は頻繁に類焼するので炭素を固定する能力はさらに低い．草原には耐火性の樹種も生育していることから，火災の間隔が長くなった場合，耐火性の高い樹種が優占する森林（図4-6のタイプB）へと遷移が進行すると考えられる．しかし，多くの場合は繰り返される類焼によって草原は維持され，次第に周囲に拡大していく．以上のように火災と焼畑が撹乱要因となり，森林劣化や森林減少が引き起こされ，その結果，樹木種を含む種構成が大きく変化し，炭素固定力も低下することが理解できる．

森林伐採により引き起こされる土壌劣化も深刻な問題である．先に述べたよ

うに，伐採時の搬出にともなって表土の撹乱が発生し，土壌が侵食を受けて流亡し，土壌養分も減少する[9]．また，西オーストラリアなど降水量が少なく，乾燥する地域では，小麦などの農地への転換のために森林を伐採した結果，蒸散量が低下して地下水位が上昇する．そのような地下水に含まれる塩分が土壌表層に集積して塩害が顕在化した場所が多くみられる（図4-8）．このような土壌が塩類化した場所の森林再生は非常に困難であることから，森林の利用や土地利用の改変はランドスケールレベルでの生態系保全を考慮して進める必要がある．

5．REDD—森林減少および劣化による排出量削減への取り組み

2006年，英国の経済学者である Nicholas Stern は，気候変動問題の経済影響について報告書（The Stern Review）をまとめ，早期に温暖化に対する対応策を講じることによるメリットは，対応をしなかった場合のリスクと費用に比べてはるかに大きいことを示し[10]，世界的に大きな反響をよんだ．また，この報告書の中で，温室効果ガスの削減に対して森林減少の抑制はもっとも対費用効果の高い方策であることを明確に示した．同様の趣旨は IPCC AR4[11] でもなされており，森林減少をいかに抑えていくかに関心が高まっている．

REDD（Reducing Emissions from Deforestation and Degradation in Developing countries）[4] として知られている取り組みは，森林減少にともなう温室効果ガス排出量の削減努力に対して資金的なインセンティブを与えるというものであり，京都議定書の次期約束期間（2013年から）における重要な取り組みの1つと考えられている．すなわち，過去の森林減少の推移を参考に，将来の減少のシナリオを排出のベースライン（参照レベル）として設定し，REDD 活動をともなった実際の排出量との差分をインセンティブの対象とする（図4-9）．2005年の気候変動枠組条約第11回締結国会議（COP11）の議題にパプア・ニューギニアとコスタリカから，森林減少の回避による排出量抑制に関しての提案がなされ，その後の SBSTA（科学的および技術的な助言に関する補助機関）での議論を経て，当初は構想に入っていなかった森林劣化も REDD の対象に含まれるという認識に至っている．また，2007年の COP13で採択されたバリ行動計画の中で締

---

4 当初は森林減少を中心に議論されてきたこともあり，2番目の D は UNFCCC の定義では現在も Developing countries を指している．しかし，森林劣化も加えることとなり，最近では Degradation を指す場合が多い．

図4-7 伐採後のコショウの植栽(インドネシア・東カリマンタン).

図4-8 過去の森林伐採により塩害を起こした土地(オーストラリア・西オーストラリア州;相川真一氏撮影).森林伐採により蒸発散のバランスが崩れ,表層土壌に塩類の集積が起きている.

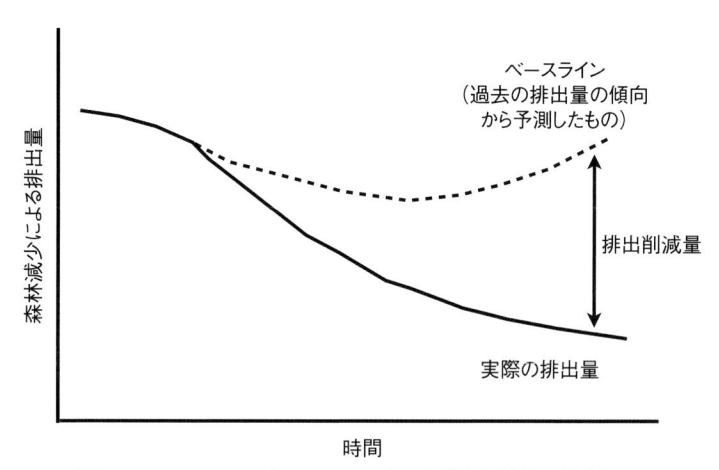

図4-9 REDDにおけるベースラインと排出削減量の模式図.

結局はREDDに対する国内・国際的行動を強化することに加え,「森林保全,持続可能な森林管理,森林炭素貯留量の増加」が新たに明記された[5].この森林保全以降の部分を加えた考え方はREDD＋（レッド・プラス）と呼ばれるようになり,COP14以降の国際交渉の場では＋（プラス）の部分を含めた議論が進められている[12]．

これら国際交渉の中でREDDの重要性は増すばかりであるが,技術的および制度的に克服すべき問題が多い．たとえばベースラインをどのような方法で設定するかは,インセンティブに関係するので非常に難しい問題である．また,森林減少が抑制されていることをどのような手法で把握するのかも大きな問題である．衛星情報と地上調査を組み合わせた手法が中心となるが,森林劣化を衛星では把握することは困難であり解決すべき問題も多い．また,インセンティブを付与する市場メカニズムも不確定な要素が多い．一方で世界銀行は森林炭素パートナーシップ・ファシリティーを設置して,REDDに関する能力開発に資金的援助を開始している[13]．いずれにせよ,REDDが今後の温暖化対策の中心的な役割を果たすことは間違いないであろう．

---

5 REDDのこれまでの議論の経過や詳細な資料等は下記のHPで参照できる.
http://unfccc.int/methods_science/redd/items/4531txt.php

引用文献

1) FAO (2006) Global Forest Resources Assessment 2005. Progress towards sustainable management. FAO Forestry Paper 147, FAO, Rome
2) FAO (2007) State of the World's Forests 2007. FAO, Rome
3) FAO (2001) Global Forest Resources Assessment 2000. Main report. FAO Forestry Paper 140, FAO, Rome
4) Montagnini F, Jordan CF (2005) Tropical Forest Ecology. The Basis for Conservation and Management. Springer, Berlin
5) IPCC (2007a) Climate Change 2007: The Physical Science Basis. IPCC, Cambridge University Press, Cambridge
6) Kiyono Y, Hastaniah (1997) Slash-and-burn agri-culture and succeeding vegetation in East Kaliman-tan, PUSREHUT special publication 6, Mulawarman University, Samarinda
7) Kiyono Y, Hastaniah (2000) The role of slash-and-burn agriculture in transforming dipterocarp forest into *Imperata* grassland. In "Rainforest Ecosystems of East Kalimantan", Guhardja E, Fatawi M, Stisna M, Mori T, Ohta S (eds.), Ecological Studies 140, Springer-Verlag, Tokyo, pp199-208,
8) Kiyono Y, Hastaniah, Miyakuni K (2003) Height growth relationships in secondary plant communities in Kalimantan for forestry projects under the Clean Development Mechanism of COP 7. Bull FFPRI 2, 43-51
9) 太田誠一（2001）熱帯林の土壌生態．（熱帯土壌学，久馬一剛編，名古屋大学出版会，名古屋），pp264-299
10) Stern N (2007) The Economics of Climate Change. The Stern Review. Cambridge University Press, Cambridge
11) IPCC (2007b) Climate Change 2007: Mitigation of Climate Change. IPCC, Cambridge University Press, Cambridge
12) 松本光朗（2010）REDD＋の科学的背景と国際議論．森林科学 60, 2-5
13) 渡辺達也（2009）REDD のこれまでの議論と最近の動向．海外の森林と林業 75, 2-7

第5章

森林火災

松浦陽次郎・森下智陽

　世界各地で森林火災が発生している．火災により森林生態系の炭素循環は大きく変化する．この節では，火災の原因，それにともなう環境への影響について，近年とくに注目を集めている北方林における森林火災と，人為が大きく影響する熱帯地域の森林火災について概説する．

1．森林火災

　森林火災は生態系の炭素蓄積と炭素循環のパターンを劇的に変化させる撹乱要因として，近年とくに注目されている．蓄積された有機物が焼失する際に大気へ放出される二酸化炭素の量的評価，火災でリセットされた森林の地上部と地下部に蓄積する炭素量のモデル予測など，森林火災に関連する影響研究が盛んである．

　森林火災の影響が生態学的に研究されるようになったのは，地中海性気候下の地域や北方林で発生する周期的な火災による森林の更新とその時間経過にともなう構成種の変化についてである[1,2,3]．生育期間に比較的雨が少なく温暖な地中海性気候の環境条件の木本植物は，樹皮が厚く常緑硬葉（常緑で硬い葉）の生活型をもち，火災後の萌芽がおう盛で，種子形態がくり返し発生する火災に適応している等の特徴を有し，独特の景観を形成することから，植物社会学的な研究がヨーロッパで進展した．一方では，人為による森林火災が特定の種のグループからなる生態系の維持に欠かせないという観点からの研究も進められてきた[2]．

Forest fire; Matsuura, Yojiro・Morishita, Tomoaki

2. 北方林の森林火災

1) 北方林にみられる森林火災と更新

　マツやトウヒの常緑針葉樹，カンバ，ポプラなどの落葉広葉樹が，森林火災跡地に大面積の一斉更新をする現象は北米とヨーロッパで共通している．しかし火災の程度によって林床の焼失程度は異なり，種子供給源からの距離，斜面方位によって，火災後の更新で優占する樹種に違いが生じるため，広域にみれば更新植生ごとのモザイクになっていることが多い．アラスカ内陸部の北方林は1970年代から生態系レベルの研究が行われ，火災後の森林遷移と生態系の物質循環についての詳細な知見が得られている[4,5,6]．

　この地域の優占樹種であるマツとトウヒには，球果が独特の形態をもっていることが知られている（Serotinous という）．とくにジャックパイン（*Pinus banksiana*）とクロトウヒ（*Picea mariana*）では，枝や樹幹の頂端に種子を含んだ球果が熟し，球果の表面がヤニで固まったまま，長期間にわたって発芽能力を保持して枝に着いている．火災が発生すると炎の熱でヤニが融けて球果が開き，中の種子が散布される．

2) 北方林の環境と人為影響

　北方林が分布する地域が比較的寡雨であることは，あまり認識されていない．北米のアラスカ内陸部やカナダの北西部，中央シベリアから東シベリアにおよぶ北東ユーラシアの森林地帯では，年間降水量が200〜400mm 程度であり，夏に雨が少ない乾燥年には，林床の有機物とマット状に発達した蘚苔・地衣類の層は，地表火が発生すると延焼を促進する燃料になってしまう．

　数十年から百数十年に一度の頻度で発生する森林火災はもともと自然に起こっており，森林の更新を促す重要な撹乱要因ではあるが，近年は人為の影響で火災発生頻度が高まっているともいわれ，とくにロシアの北方林では懸念されている．延焼面積の規模の大きさと消火活動の困難さから，ロシアの森林生態系における炭素蓄積量や，大気からの二酸化炭素吸収源としての森林の機能について，火災後の相当期間は放出側に変化しているのではないかともいわれ，科学的な定量研究が必要である．

3）北方林の森林火災と炭素動態

　北方林では生態系に蓄積された有機炭素の7～9割が，土壌有機物のかたちで蓄積されている[7]．アラスカの森林火災で測定された例では，平均的な燃焼強度の森林火災で焼失する有機炭素はヘクタールあたり18.5～32.5（平均21.4）炭素トンであった[8]．私たちの調査によると，2004年にアラスカ内陸部フェアバンクス周辺で発生した過去50年間で最大級の森林火災では，クロトウヒ林の強度延焼地で推定したところ，ヘクタールあたり37.3炭素トンが減少し，林床に蓄積していた炭素が22トン減少していた．

　北東ユーラシアには，北方林の中でも落葉針葉樹のカラマツのみがほぼ優占する森林が分布している．これは永久凍土の連続分布域に成立する森林生態系である．森林火災による更新は他の地域と同様に起こり，林床有機物が焼失することによって火災後10～20年間にわたり凍土面が火災前より深くなり，火災後の森林構造発達に影響している[9]．永久凍土地帯の貧栄養なカラマツ林では，年間の炭素吸収量推定値はヘクタールあたり0.8炭素トンとかなり小さく，生態系の炭素蓄積は100トン前後であり，そのうち土壌に約75％が蓄積している．森林火災それ自体が，直接土壌炭素を減少させる作用はほとんどもっていないが，地上部現存量と林床のほとんどを焼失させる森林火災の頻発は，炭素のサイクルに大きく影響する．

3．熱帯林の火災

1）火災森林面積と火災原因

　"In some ecosystems, natural fires are essential to maintain ecosystem dynamics, biodiversity and productivity." これは，FAOのFire management – Global assessment 2006[10]のイントロダクション冒頭に書かれている一文である．一般的に，森林火災は災害的側面ばかりでとらえられがちだが，「健全な森林が維持されるために，適度の森林火災は必須である」ことが，「火災管理（fire management）」に関する報告書で最初に述べられている．これは，熱帯林にも当てはまるが，まずは熱帯林における森林火災の現状について知る必要がある．しかしながら，1年間に，どこでどれだけの森林が火災に遭っているかといった統計データの蓄積は不十分であるのが現状である．FAO報告書[10]によると，2000年の陸域火災面積は，およそ350×10^6（$10^6 = 100$万）haと見積もられているが，これには，森林以外も含まれており，「かなりの面積は森林

表5-1 各地域における火災面積

地域	$\times 10^6$ ha
アフリカ	230
カリブ海沿岸	0.446
北アメリカ	4.1
南アメリカ	2.9
中央アジア	42
北東アジア	1
南アジア	4.1
東南アジア	6.9
オーストラレーシア	54.5
バルカン半島	0.156
バルト海沿岸	0.032
地中海沿岸	1

出典：FAO[10] 本文から抜粋和訳

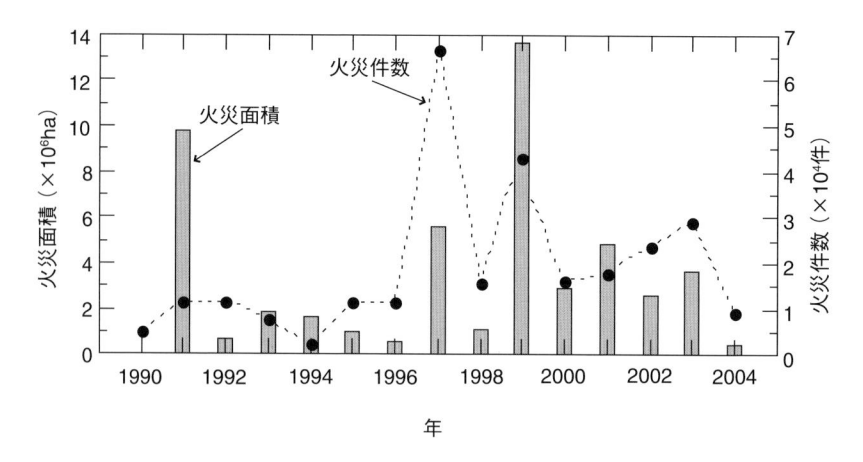

図5-1 南アメリカにおける火災面積の推移（1990年～2004年）．（FAO[10] を改変）

に違いないだろうが，具体的な割合はわからない」と述べるにとどまっている．「一応の目安」として，地域毎の火災面積の内訳を表5-1に示す．「一応の目安」と断ったのは，2000年の火災面積としながらも，この集計値は，地域毎に集計年度や期間が異なり，さらにある地域における火災面積は，気象条件等による年次変動が大きいからである．この FAO 報告書[10] でも，表5-1のようにまとめつつも，「地域間の比較には意味がない」と本文中で述べている．火災面積が，年ごとに大きく異なる一例として，南アメリカにおける1990年から2004年までの火災面積を図5-1に示す．表5-1の集計では，2.9×10^6 ha が用い

表5-2 森林面積の年間減少面積と減少率

	面積 10^3 ha	減少率 %
ブラジル	3,103	0.6
インドネシア	1,871	2.0
スーダン	589	0.8
ミャンマー	466	1.4
ザンビア	445	1.0

出典：FAO[16] Annex Table 2 から抜粋和訳

表5-3 インドネシアにおける森林火災面積の推移.

年	ha
1988	7,769
1989	20
1990	34,241
1991	118,462
1992	14,286
1998	515,026
1999	44,090
2000	3,017
2001	14,330
2002	35,497

出典：FAO[11] Table 8.2.3 から抜粋和訳

られているが，この15年間では，火災最小年の0.05×10^6 ha（1990年）と火災最大年の13.59×10^6 ha（1999年）は，およそ300倍もの差がある．

　健全な森林の維持のために必須であるはずの森林火災が，さまざまな場面で地球環境問題として取り上げられるのは，近年の森林火災の特徴として，火災原因が圧倒的に人為に由来するためである．FAOの報告書[10]は，南アジアで90%，南アメリカで85%の火災が人為起源であると推定している．雷などによる自然発火の割合が多い北方林に比べ，熱帯林を有する熱帯地域では，人為起源の割合が大きい．これは，北方林では，雨をともなわない雷が多く，いったん発火するとなかなか消火しないのに対して，熱帯林では，豪雨をともなう雷のため，発火しづらいという気候の違いも原因の1つであるが，熱帯林では，土地利用の改変等，人為的な介入による火災が多いことも大きな原因となっている．

　表5-2に，2000年から2005年の間で，森林面積がもっとも減少した5カ国を示す．この森林減少面積は，火災を含めた人為的な改変による森林減少を示し

図5-2 2002年8月の中部カリマンタン州における森林火災の様子．首都ジャカルタから中部カリマンタン州都パランカラヤに向かう飛行機から撮影．森林のいたるところから煙が上がっているのが確認できる．

ているが，この5カ国だけで，年々減少している森林面積の約9割を占める．そしてこれらの国の多くでは熱帯林（サバンナを含む）の森林火災が問題となっており，森林面積の減少と森林火災の原因には，密接な関係があるといえる．この5カ国の中でも，日本からもっとも近いインドネシアは，森林面積の減少および減少率がともに大きく，森林火災による森林の消失も問題となっている国である．そこで，熱帯林における森林火災の一事例として，インドネシアにおける森林火災について，その規模，原因について既往の報告を元に，述べていく．

2) インドネシアにおける森林火災

FAO[11]のとりまとめによる1988〜1992年および，1998〜2002年の5年間の森林火災面積の推移を表5-3に示す．1998年の大きな森林火災面積は，1997年のエルニーニョ現象による大規模火災の影響が，1998年も続いたためである．

図5-3 火災によって地中に埋没していた丸太とその周辺の泥炭土壌が燃えてしまった様子．深さは，30〜40 cm．

図5-4 燃えてしまった温度計．土壌深さ5 cmに埋めて，1時間毎の温度を記録させていた．

ここでは，森林火災の中でも，インドネシアに特徴的にみられる「熱帯泥炭の燃焼」と「石炭火」について簡単に紹介する．

　泥炭や湿地というと，日本人の多くは，尾瀬ヶ原や釧路湿原など冷涼あるいは寒冷地域にあるイメージをもつと思うが，中部カリマンタン州に拡がる1.60×10^6 ha の森林のうち，85％の1.37×10^6 ha の森林が，泥炭林（peat swamp forest）である[12]．しかし，1990年代よりはじまった「メガライス・プロジェクト」によって，泥炭林の開発（水路掘削による泥炭林土壌の乾燥化）が進むと，乾いた泥炭土壌は，火災の際，格好の燃料となった．メガライス・プロジェクトによる泥炭土壌の乾燥化と，1997/98年の大エルニーニョ現象によって，さらに泥炭土壌の乾燥化が進み，大きな森林火災につながった．高橋ら[13]によると，中部カリマンタン州では1978～2000年の年間平均降水量は2,856 mm で，通常，乾季でも月に100 mm 以上の降水がみられたが，1997年には，乾季の6～9月はほとんど雨が降らないほど乾燥した．さらに，高橋ら[13]は，泥炭林の地下水位が50 cm 以上低下すると火災が生じやすくなり，100 cm 以上になると火災が激増することを報告している．実際に，乾いた泥炭土壌は良く燃焼し，泥炭土壌があまり身近ではない日本人からすれば，あたかも土がごっそり燃えてなくなってしまったかのような印象を受けるほどである（図5-2，図5-3，図5-4）．

　中部カリマンタン州同様，東カリマンタン州でも，エルニーニョの影響で1997年6月から10月にかけて，例年なら，乾季でも月に100 mm 程度あるはずの降雨が4割弱しかなく，例年なら雨季に入り200 mm 前後の雨量がある1～4月に3カ月半無降雨だった[14]．前述のように，中部カリマンタン州では，地表が泥炭に覆われている地域が拡がっているのに対して，東カリマンタン州では，地表近くに薄い石炭層（厚さ2～3 m）が埋蔵されている地域が広がっている[14]．谷の河床，河岸，傾斜地の崩壊地では，この石炭層が露出しやすく，いったん火がつくと普通の雨では消火せず，地表下にある石炭層まで地中火として燃焼し続けることもあるという[14]．

　以上，インドネシアに特徴的にみられる「泥炭燃焼」と「石炭火」について概観したが，泥炭地は農地などにも多く利用されていて，1997年の火災における泥炭火災面積は，インドネシア全体で，2.44×10^6 ha（見積の幅：$1.45 \sim 6.81 \times 10^6$ ha）と見積もられている．「大規模森林火災というより大規模泥炭火災と言える[15]」と総括されているように，インターネット，その他メディアによっ

ては，森林火災と泥炭火災が時として混同されている場合があるので，情報源について注意する必要がある．

3）その他の熱帯地域における森林火災

本項では，インドネシアにおける森林火災を一事例としてとりあげたが，熱帯林は，東南アジアのみならず，南米大陸，アフリカ大陸にも拡がっている．とくに，南米大陸の国々では，アメリカとの共同研究によって，多くの成果があがっている．詳細は，とりあげなかったが，火災の現況や対策に関しては，概要についてはFAOによる文献10，それぞれの国における事例については文献11の国別報告を参考にしていただきたい．

引用文献

1) Ahlgren IF, Ahlgren CE (1960) Ecological effects of forest fires. The Botanical Review 26, 483-533
2) Moreno JM, Oechel WC (1994) The Role of Fire in Mediterranean-Type Ecosystems. Ecological Studies 107, Springer
3) van Wilgen BW, Bond WJ, Richardson DM (1992) Ecosystem management. In "The Ecology of Fynbos: Nutrients, Fire and Diversity", Cowling RM (ed.), pp345-371
4) Viereck LA, Dyrnes CT, Van Cleve K, Foote MJ (1983) Vegetation, soils, and forest productivity in selected forest types in interior Alaska. Can. J. For. Res. 13(5), 703-720
5) van Cleve K, Yarie J, Viereck LA, Dyrness CT (1993) Conclusion on the role of salt-affected soils in primary succession on the Tanana River floodplain, interior Alaska. Can. J. For. Res. 23(5), 1015-1018
6) Chapin FS III, Oswood MW, Van Cleve K, Viereck LA, Verbyla DL (2006) Alaska's Changing, Boreal Forest. Oxford University Press
7) Kasischke ES (2000) Boreal ecosystems in the global carbon cycles. In "Fire, Climate Change and Carbon Cycling in the Boreal Forest", Kasischke ES, Stocks BJ (eds.), pp19-30
8) Kasischke ES, O'Neill KP, French NHF, Bourgeau-Chavez LL (2000) Controls on patterns of biomass burning in Alaskan boreal forests. In "Fire, Climate Change and Carbon Cycling in the Boreal Forest", Kasischke ES, Stocks BJ (eds.), pp173-196
9) Osawa A, Matsuura Y, Kajimoto T (2010) Characteristics of permafrost forests in Siberia and potential responses to warming climate. In "Permafrost Ecosystems: Siberian Larch Forests" Osawa et al. (eds.), pp459-482
10) FAO (2006) Fire management – global assessment 2006. FAO Forestry Paper 151, FAO, Rome
11) FAO (2005) Global forest resources assessment country reports Indonesia,

FRA2005/050, FAO, Rome
12) Page SE, Siegert F, Reley JO, Boehm HDV, Jaya A, Limin SH (2002) The amount of carbon released from peat and forest fires in Indonesia during 1997, Nature 420, 61-65
13) 高橋英紀（2009）熱い燃焼・冷たい燃焼．（ボルネオ―燃える大地から水の森へ―，大崎満・岩熊敏夫編，岩波書店），pp39-72
14) 森徳典・藤間剛・槇原寛（1998）東カリマンタンの異常乾燥と大森林火災，熱帯林業 43, 2-13
15) 高橋英紀（2004）熱帯泥炭地／森林の大規模火災，自然災害科学 23, 3, 326-331
16) FAO (2009) State of the World's Forests 2009. FAO, Rome

参考図書

Chapin FS III, Oswood MW, Van Cleve K, Viereck LA, Verbyla DL (2006) Alaska's Changing, Boreal Forest. Oxford University Press
FAO (2005) Global forest resources assessment country reports Indonesia, FRA2005/050. Rome
FAO (2006) Fire management – global assessment 2006. FAO Forestry Paper 151, FAO, Rome
Kasischke ES, Stocks BJ (2000) Fire, Climate Change and Carbon Cycling in the Boreal Forest. Ecological Studies 138, Springer
Moreno JM, Oechel WC (1994) The Role of Fire in Mediterranean-Type Ecosystems. Ecological Studies 107, Springer
大崎満・岩熊敏夫編（2009）ボルネオ―燃える大地から水の森へ―．岩波書店
Osawa A, Zyryanova OA, Matsuura Y, Kajimoto T, Wein RW (2010) Permafrost Ecosystems: Siberian Larch Forests. Ecological Studies 209, Springer

第6章

林地における土壌侵食

三浦　覚

　湿潤温帯気候下にある日本では樹木の成長がおう盛であり，通常，林地は樹木や下層植生で覆われていて土壌侵食の問題は起こりにくい．土壌侵食の予測に世界で広く用いられている汎用土壌流亡予測式（Universal Soil Loss Equation, USLE）においても，森林であることは農地に比べて土壌侵食強度が1/100程度低いとされている．それにもかかわらず，日本の林地では農地における侵食よりも大規模な侵食が過去に発生している．そのような大規模な土壌侵食の事例の紹介からはじめて，わが国の林地で発生する土壌侵食を発生形態別に概観し，林地における土壌の侵食と保全について考えたい．

1. 林地における激烈な侵食

　日本の林地で激しい土壌侵食が発生した例として，西日本に多くみられたはげ山型侵食と栃木県の足尾銅山周辺の侵食があげられる．それらの地域では，かつて森林植生が完全に失われたことが引き金となって大量の土砂が流出し，侵食が加速してはげ山や岩山と化すに至った．現在，これらの地域のかなりの部分で樹木による緑の景観が回復しているが，森林を支える土壌も以前の状態に戻ったかといえばそうではない．

　西日本のはげ山について，千葉[1]は古文書や古地図を読み解いてはげ山が拡大した原因を論考している．その中で，江戸時代から明治初期にかけて農村の社会経済構造が大きく変化する中で，村落で共同利用されていた入会地（入会林）の林産物が過度に利用されたことが侵食激化の最大の原因であるとしている．滋賀県の田上山（たなかみやま）[2]を典型例（図6-1（上））とし，瀬戸内から近畿，東濃地方の花崗岩山地を中心に，かつてはげ山型侵食が多くみられた．千葉[1]は，薪炭材や燃料利用，とりわけ夜なべを余儀なくされた貧窮農民による燈火のためのマツの樹木根掘り取りがその拡大を招いたと指摘している．このようなはげ

Soil erosion; Miura, Satoru

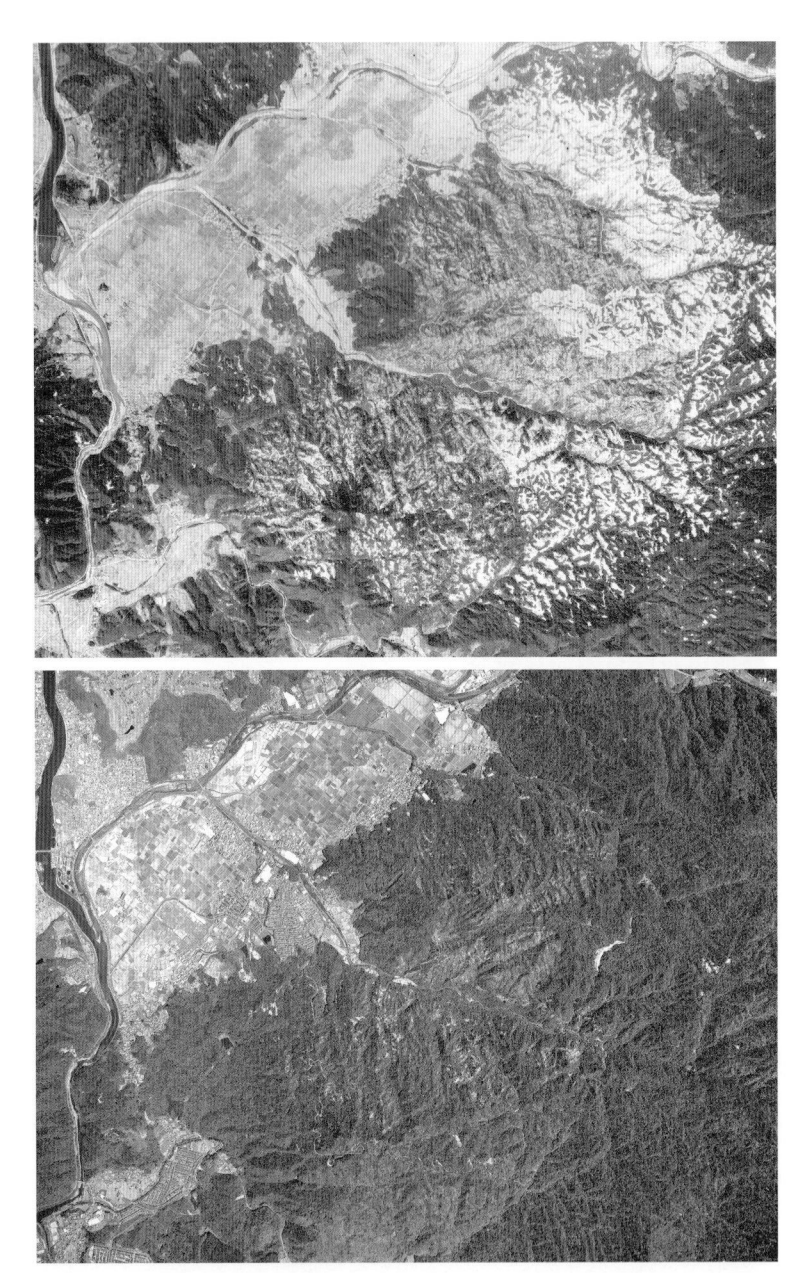

図6-1 滋賀県南部の田上山地周辺の空中写真．（上）1948年米軍撮影，山地の白い部分ははげ山．（下）2003年国土地理院撮影，はげ山はほとんどなくなっている．（いずれも国土地理院所蔵の空中写真）

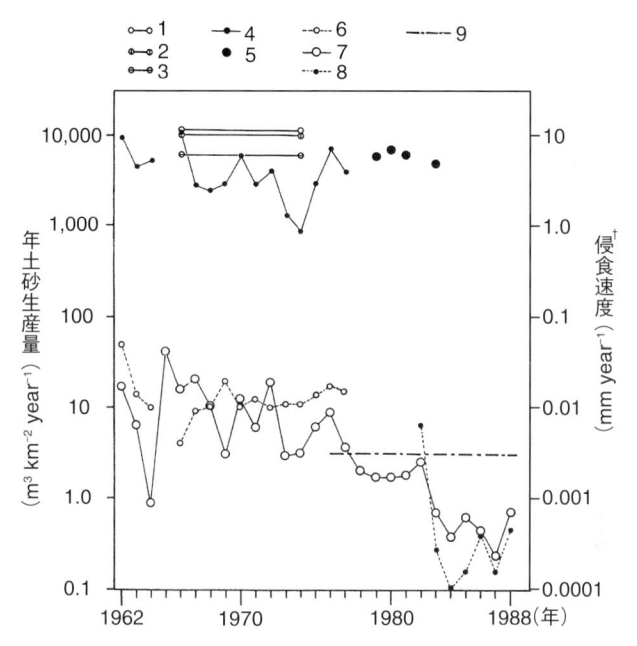

図6-2 田上山地の荒廃裸地，山腹植栽工施工地，森林流域の土砂生産量．（鈴木・福嶌[2] 第2図に加筆修正．†侵食速度は土砂の密度を1.0 Mg m^{-3}として筆者が計算した）
1-3: 滝ヶ谷の植栽区，4: 猫岩の裸地区，5: 若女裸地谷の裸地区，6: 猫岩の植栽区，7: 川向の植栽区，8: 若女谷の植栽区，9: 桐生の森林流域

山型侵食による土砂流出規模の大きさは，荒廃裸地，山腹植栽工施行地，非荒廃森林流域を比較して行われた侵食試験で明らかにされており，荒廃裸地の侵食強度は森林流域の千〜万倍におよんでいる（図6-2）．

一方，栃木県の足尾銅山周辺では，銅の精錬工場から排出された亜硫酸ガスによりすべての植生が枯死枯損してしまったことにより下層土まで流亡してしまい，あちこちで岩山が露出するほどの土壌侵食が引き起こされた（図6-3（上））．足尾の森林の荒廃と復旧の歴史をまとめた記録[3]によれば，江戸時代にはじまった銅の生産は，明治時代に入って民営開発により再興され，近代化して拡大された．それとともに精錬工場からの亜硫酸ガスの排出も増大し，工場の風下側となる上流域では2千ヘクタールを超える森林が一木一草ない状態にまで破壊され，被害森林の総面積は1万ヘクタール近くに達した．森林が衰退するにつれて，台風や大雨のたびに大洪水が発生するようになり，下流には大量の土砂とともに銅山の鉱毒汚染も流出して社会問題となった．いわゆる足

図6-3 栃木県足尾銅山周辺の安蘇沢の森林の状況.（上）山腹緑化工が開始された昭和30年代前半,（下）平成22年.（写真提供, 関東森林管理局）

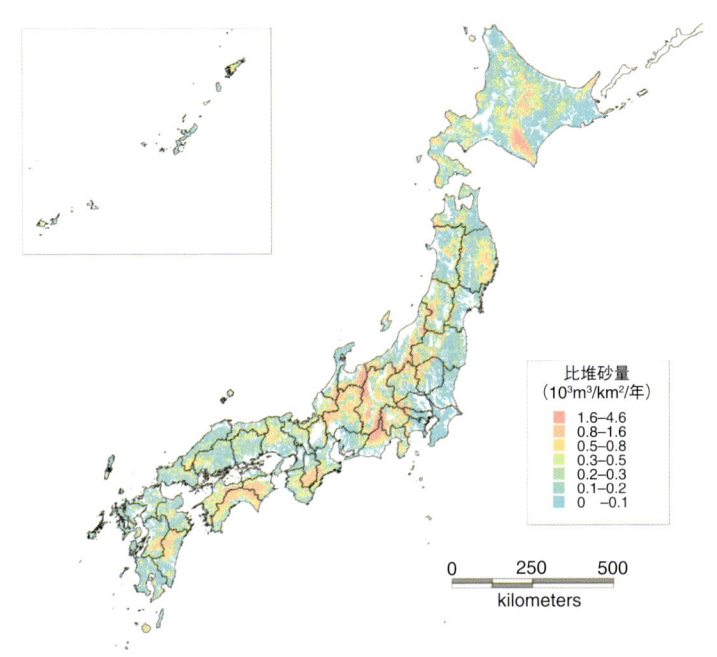

図6-4 全国の流域単位の侵食速度ポテンシャルマップ．(長谷川ら[8] 図11を許可を得て転載)

尾鉱毒事件である．森林を復旧するための治山緑化工事は1897年には開始されたが，それが効果を上げはじめるのは，精錬工場からの亜硫酸ガスの排出が止まる1956年まで待たなければならなかった．戦後の治山緑化工事は，比較的工事が行いやすい久蔵沢や安蘇沢流域から開始され成果を上げた（図6-3（下））．しかし，激害地の中心である松木沢流域には今もはげ山や岩山が残り，今後も長い年月を掛けて治山緑化工事を行っていかなければならない．

　西日本のはげ山と足尾の侵食に共通するのは，森林が根こそぎ破壊されてしまっていることである．はげ山型侵食では人間が直接樹木根を掘り取っており，足尾では煙害により樹木を枯死壊滅させて森林が根こそぎ失われている．下層植生から高木まですべての植生が失われると，表土は降雨のたびに洗い流され森林から大量の土壌が流亡してしまう．土壌侵食を防ぐためには，下層植生やリター（落葉落枝）などの地表近くで鉱質土壌を被覆するものの存在が重要であることはくり返し指摘されている[4-6]．しかし，仮に地表近くの被覆がほとんど失われてしまっても，高木層が残り森林の状態を保っていれば，土壌の保

全に対して一定の機能を果たすことが期待できる．短期的な効果としては樹木が落とすリターフォールがある．閉鎖した林分では，樹種を問わず枝葉を合わせて毎年ヘクタールあたり数トンのリターフォールが発生し，リターは落下した直後から土壌侵食防止機能を発揮する．また，高木が成立しているということは地上部の幹を支える根系が地下に拡がっていることを意味する．下層土にまで伸びた太い支持根は侵食で洗い出されても，山腹工で使われる蛇篭のように土壌を保持して侵食や崩壊を防ぐ働きをもつ．樹木の太い支持根は樹体を支えるだけでなく，樹木が成長する培地としての土壌が失われるのを防ぐ機能も果たしている．はげ山型侵食や足尾のような侵食では，このような土壌侵食を抑制するものがすべて失われたために，森林の成立基盤をも失うこととなったのである．

以上のように，わが国では，森林の過度な利用や破壊から引き起こされた大規模な土壌侵食をこれまで二度経験した．このような代償を払うことで，ひとたび森林を支える土壌が失われるとその機能を回復させるためには，莫大な労力と費用を掛けて森林を回復させた上で，さらに人の10世代か20世代以上におよぶ時間をかけて自然回復するのを待つしかないことを思い知ったのである．森林の土壌は，その土壌に支えられて育つ樹木それ自身の働きで守られている．

2．山地の侵食速度

上の2つの例は，森林植生の消失が引き金となって荒廃地にまで至る極端な侵食の例である．では，日本の山地における平均的な土壌侵食速度はどの程度なのであろうか．およそあらゆる斜面は何らかの侵食営力にさらされており，自然状態で発生する侵食は通常侵食とよばれる．これに対して，上に示したような人為的な影響により侵食力が高まった状態を加速侵食とよぶ．日本の山地における通常侵食は，どの程度のレベルにあるのであろうか．

傾斜30度を超える急峻な斜面が山地の多くを占め，降水量も多いわが国では，小規模な表層崩壊は至るところで発生している．そのような崩壊地から供給される土砂も含めて大きな流域単位でみると，日本の森林地域からは毎年少なからぬ量の土砂が水系へと流出している．ダムの堆砂データを元に，高度分散量あるいは傾斜などの地形データと表層地質データを用いて全国の潜在的侵食速度が推定されている[7,8]（図6-4）．それらの研究によれば，日本の山地における平均的な年間侵食速度は，0.1〜1.0 mm yr^{-1}程度と見積もられており，農地も

含めた世界の平均的な土壌侵食速度0.30～0.88 mm yr^{-1} [9]とほぼ同じレベルにある．

ここでいう土壌侵食速度は1年間に地表が削り取られる深さ（土壌の厚さ）を表している．これを，10倍，100倍と計算してみてほしい．侵食速度の大きい地域では，100年間に削られる土壌の厚さは10 cm，1,000年では1 m，10,000年で10 mに達する．また，1 haの林地から一様に1 mmの厚さの土壌が失われたとして，その土壌の密度を1.0 Mg m^{-3}とすれば，1年間に1 haあたり10 tの土砂が水系に流出していることになる．ここで述べた侵食速度や流出土砂には，土壌侵食に起因するもの以外に表層崩壊，土石流，地すべりなどのマスムーブメントや渓流，河川の渓岸や流路からの侵食も含まれているが，湿潤温帯にあって地形が急峻なわが国では，地表の土壌はかなりのスピードで流出していると理解しておいた方がよい．

3．土壌侵食とヒノキ林，路網，シカ

ここまでは，空間的にも時間的にも大きなスケールで日本の林地における土壌侵食の概要を解説した．以下では，森林施業との関係で数年から数十年のスケールの侵食に目を向けてみよう．

はげ山型の土壌侵食と足尾の土壌侵食は，過度の森林利用や森林破壊が引き金となっていた．これに対して，通常の森林施業が行われているにもかかわらず，強度の土壌侵食が発生することがある．ヒノキ林下の雨滴侵食や作業路などの路面からの地表流侵食があげられ，いずれも古くから知られている林地における土壌侵食である．しかし，この2つのタイプの侵食はその仕組みと様相を異にする．

ヒノキ林などの樹林地で土壌侵食を引き起こす侵食営力は，林内雨による雨滴衝撃力である．地表の浮遊土砂は，雨滴ではね飛ばされながら移動と堆積をくり返し徐々に斜面下方へと移動する．森林に降った雨水はいったん樹冠にトラップされ，樹冠滴下雨（林内雨）となって林床に落下する．その際，林内雨の平均粒径は林外雨よりも大きくなる[10]．そのため，樹木が成長し雨滴の落下高が数メートルを超えるようになると，林内雨が地面に到達するときの衝撃力は林外雨よりも大きくなる．このような林内雨の平均粒径が林外雨よりも大きくなって雨滴衝撃力も増大する仕組みは，樹種によらず共通のものである．それにもかかわらずヒノキ人工林でとくに土壌侵食が活発化しやすい（図6-5）

図6-5　高知県大豊町の23年生ヒノキ林，間伐が行われていない．

　　　秋10月　　　　⇒　　　冬12月　　　⇒　　　翌年春4月

a：1986.10.3　　　　b：1986.12.4　　　　C：1987.4.10

図6-6　ヒノキ林林床の被覆状態の変化．(酒井・井上[11] 図2-(1)(2)に加筆修正)

のは，ヒノキという種の特性に強く依存しており大きく2つの理由がある．
　1つは，ヒノキ林では若齢期に下層植生が消失しやすいことである．アカマツ林や広葉樹林に比べると，ヒノキ林では林冠閉鎖後の林内照度の低下が著しいために，成長がおう盛な若齢期に下層植生が消失しやすい．林冠閉鎖後の林

内照度の低下はスギ林でも同様であるが，ヒノキ林には土壌侵食が発生しやすくなるもう1つの理由がある．ヒノキの落葉の土壌侵食防止効果が極めて乏しいことである．若齢期に下層植生が失われた人工林では，土壌侵食の防止は地表の落葉落枝に頼るしかない．しかし，10～12月に集中するヒノキの落葉は，その後数カ月のうちに鱗片状にバラバラになって枝から脱落する．鱗片化したヒノキの落葉は数ミリの大きさしかなく非常に軽いので，雨滴衝撃で容易にはね飛ばされてしまい林床を被覆して保護する効果が極めて乏しい．秋の終わりに落葉で覆われていたはずのヒノキ林の地表は，翌年の春先には元の裸地状態に戻ってしまうのである[11]（図6-6）．

ヒノキ林下の侵食では，はげ山型侵食のように一気に表土が流亡する恐れは低いが，ヒノキ林施業をくり返すことで徐々に表土が失われて森林の生産力が低下し，ひいては保水能などの水源かん養機能も低下することが危惧されている．ヒノキ林における土壌保全の問題は，放っておけば低下してしまう林床被覆をいかに確保するかという，生態学的な森林管理技術の問題に帰着する．

ヒノキ林の土壌侵食とならぶ人工林施業地の土壌侵食として，林道や作業路などの路面侵食がある．路網開設の土木工事や林業機械による伐出作業によって土壌が局所的に激しく撹乱され，それが大きな土砂流出源となる．近年各地で進む間伐や森林の整備では，路網密度を上げてハーベスタ，プロセッサなどの大型林業機械を導入した施業方法が急速に普及している（図6-7）．大型機械の走行は路面の浸透能を低下させ，降雨時には路面の轍に流水が発生し多量の土砂を流出させる．路網を開設する際には，ルートのとり方や排水，勾配を工夫することで地表流の発生を軽減させ，土砂の流出先を分散させて水系への濁水や土砂の流出を少なくする努力がなされている．しかし，すべての土砂流出を抑制することはできないので，間伐等により森林の手入れを行うことは，一時的には土砂の流出を増大させる側面をもつ．

路面からの土壌侵食は樹林地の雨滴侵食とは異なり，路面に発生する地表流の掃流力が主な侵食営力となる．地表流侵食の場合も被覆の有無が侵食強度を左右する鍵を握ることは同様であり，路面に枝条を散布することで侵食強度が大幅に軽減されることが明らかにされつつある[12]．路面侵食に関しては，土壌侵食が活発化する範囲の特定や侵食現場へのアクセスは容易である．路面侵食を軽減する対策技術が確立されれば，あとは守るべき森林の機能とコストとのバランスの問題である．森林がもつ多面的な機能を損なわないで森林を持続的

に利用するために，林地の撹乱に対する許容量や回復に要する時間とコストなどに関する指針の作成や技術の開発に関心が集まっている．

ヒノキ林の雨滴侵食，路面侵食に加えて，もう1つ，最近10年ほどで新たに問題となっているのがシカによる下層植生の食害が原因となる侵食である（図6-8）．シカの食害は，造林地の苗木が食べられて造林未済地となってしまうことや成林した林分でも樹皮を食害されて衰退枯死するなどの経済的損失が林業上の大きな問題となっている．しかしそのほかにも，大台ヶ原の針広混交林や丹沢のブナ林の例でみられるように，広葉樹林でもシカの食害で下層植生が衰退して裸地化することによる土壌侵食の増大が問題になっている[13,14]．

針広混交林や広葉樹林では，成林し林冠が閉鎖する時期になっても通常は下層植生が消失することはない．しかし，シカの食害によって下層植生が消失してしまえば，すでに述べたヒノキ林と同じ状態になる．ブナのような広葉樹の葉の方がヒノキの鱗片葉よりは地表保護効果が期待できるものの，落葉広葉樹の葉は乾燥すると風で飛ばされやすく，落葉だけで年間を通じた侵食防止機能を期待することはできない．シカの個体数管理は容易ではなく，保護すべき森林をシカ柵ですべて囲い込むことも現実的ではない．シカの食害に起因する土壌侵食は，決定的な対策が描けないだけに深刻な問題である．

4．今後の課題と新たな研究手法

侵食の発生形態をもとに，歴史的な激害から施業地の侵食までわが国の林地における主な土壌侵食を概観した．侵食のメカニズムからみると，水による土壌侵食は雨滴侵食と地表流侵食に大別される．ヒノキ林の侵食やシカの食害による侵食は雨滴侵食の寄与が大きく，はげ山型侵食や路面侵食は地表流侵食の寄与が大きいと考えられている．施業されている樹林地では通常は雨滴侵食が卓越しているが，植生の違いによって侵食営力の主体が雨滴侵食から地表流侵食に切り替わることがある．火山灰土壌の上に成立する隣接したスギとヒノキの林分において，スギ林では土壌侵食の兆候は認められないが，ヒノキ林では土壌が1m以上も削られるようなガリー侵食が発達してしまった例がある（図6-9）．ヒノキ林では，林床の被覆率が低下したときに林内雨の衝撃で地表の孔隙が目詰まりを起こして浸透能が低下し，削剥力をもつ地表流が頻繁に発生するに至ったものと思われる．細粒質な火山灰土壌は土壌中の粗大孔隙が乏しく浸透能が低いために，地表流がくり返し発生してついにはガリーが形成された

と推定される．

このように，林地における土壌侵食の拡大には劇的な変化が起こる臨界条件が存在すると考えたほうがよいようだ．雨滴侵食は林地全体で発生し得るがその強度はさほど大きいものではなく，一度の雨滴侵食で土砂が運搬される距離もせいぜい数十センチから数メートル程度である．しかし，流水が発生し地面を削りはじめると，局所的ではあるものの流路から大量の土砂が発生し一挙に長距離を流出してしまう．本節のはじめに紹介したはげ山型の侵食や路面の轍が削られる例などが典型的なものである．日本の林地で流水による強い地表流が発生する臨界条件はいまだ明らかにされているとはいえないが，森林の存在は確かにリルやガリーのような激甚な地表流侵食に至るのを防ぐ効果があると考えられる．そのような林地の表層で起こる水文過程を明らかにするために，人工降雨試験による土壌の浸透能と地表流の発生に関する研究[15]が進められており，これを応用してリアルタイムで侵食過程を観察しながら，侵食営力の寄与や土砂移動のメカニズムの解明が進むものと期待される．また，流出土砂に含まれる放射性元素の同位体組成の違いを利用して，裸地化したヒノキ林から流出する土砂の起源に関する研究も進んでいる[16,17]．林内に作業路のあるヒノキ林と作業路のないヒノキ林から流出した土砂に占める樹林地表土の割合は，前者が46％，後者が69％であった．裸地化したヒノキ林からの流出する土砂に占める樹林地の寄与が大きいことと，作業路があることで路面からの流出割合が増加することが明らかにされている[16]．侵食が発生するプロセスとその流出土砂への寄与を明らかにした上で，それに基づいて土砂の流出を制御し管理する技術を確立し，森林施業に生かすことが今後の大きな課題である．

5．おわりに，回復に要する時間

本章では，日本の林地でみられる土壌侵食の概要を解説した．最後に，侵食によって荒廃した林地の回復について触れておきたい．

はげ山の象徴のように語られる滋賀県の田上山（たなかみやま）周辺や足尾銅山でも，山腹工や緑化工が施工された林地では，現在では斜面が樹木で覆われて緑が回復している（図6-1（下），図6-3（下））．明治初期に治山治水のために本格的な緑化事業が開始されてから，田上山ではすでに100年以上の，足尾でも50年以上の歳月が経過している．この間に地下部の土壌はどの程度回復したのであろうか．田上山や六甲山のはげ山で行われた緑化工施工地と付近の天然生林の土壌炭素

図6-7　大型林業機械による林内作業路の開設と路面の撹乱.

図6-8　神奈川県丹沢堂平のブナ林におけるシカによる下層植生の食害．シカ柵の内側（左）と外側（右）．（古澤仁美氏撮影）

図6-9　神奈川県丹沢地方の隣接するスギ林（左）とヒノキ林（右）．林齢は100年生前後．

蓄積量を比較した研究によれば，はげ山が天然生林程度にまで炭素蓄積量を回復するには300～1,500年の年月が必要であると推定されている[18]．

　はげ山や岩山と化してしまった山地でも，最低限の客土を行い乾燥と貧栄養に強い種を選んで緑化すれば，何十年かで山の緑を取り戻すことができる．しかしそのような森林の水貯留能力はどこまで回復しているのであろうか．微生物から植物，大小の動物に至るまで生物の多様性はどの程度回復しているのであろうか．人間が必要とする木材や木質バイオマスの生産力は元に戻っているのであろうか．そして，私たち人間が足を運び入れて快適と感じる森林となっているのであろうか．これらの問いに十分答え得る客観的データは十分とはいえないが，上に紹介した炭素蓄積量の回復に関する研究のように，すでにある知見やデータの範囲内でも幅を持たせて予測することは可能ではないかと思われる．しかし，少なくとも次のことだけは確かなようである．

・土壌侵食は容易に加速させられるものであること
・過度な森林利用や破壊は激烈な土壌侵食を引き起こすこと
・緑の回復は人間の手によって可能であるが，土壌の回復は待つしかない

第6章　林地における土壌侵食

こと

　長い歴史を通して，人間は森林に対してつねに大なり小なりインパクトを加え続けてきた．これからも快適な社会を維持するために，人間は森林利用を続けざるを得ない．林地における土壌侵食と保全は，森林のバランスを考えるよい課題の1つである．最近とくに関心が高まっている間伐などの森林管理や森林利用の促進が土壌侵食におよぼす影響の問題は，森林のバランスを維持することに社会が向き合う格好の材料といえよう．森林や土壌の保全と社会について関心をもつ人は，本節で紹介した西日本のはげ山と足尾に関する書籍をぜひ手にとって一読することをお奨めしたい．

引用文献

1) 千葉徳爾（1991）増補改訂 はげ山の研究．349pp，そしえて，東京
2) 鈴木雅一・福嶌義宏（1989）風化花崗岩山地における裸地と森林の土砂生産量―滋賀県南部，田上山地の調査資料から―．水利科学 190, 89-100
3) 秋山智英（1990）森よ，よみがえれ 足尾銅山の教訓と緑化作戦．143pp，第一プランニングセンター，東京
4) 川口武雄・滝口喜代志（1957）山地土壌侵蝕の研究（第3報）地被物の侵蝕防止機能に関する実験．林業試験場研究報告 95, 91-124
5) 村井宏・岩崎勇作（1975）林地の水および土壌保全機能に関する研究（第1報）―森林状態の差異が地表流下，浸透および侵食に及ぼす影響―．林業試験場研究報告 274, 23-84
6) Miura S, Yoshinaga S, Yamada T (2003) Protective effect of floor cover against soil erosion on steep slopes forested with *Chamaecyparis obtusa* (hinoki) and other species. J Forest Research 8, 27-35
7) 藤原治・三箇智二・大森博雄（1999）日本列島における侵食速度の分布．サイクル機構技報 5, 85-93
8) 長谷川浩一・若松加寿江・松岡昌志（2005）ダム堆砂データに基づく日本全国の潜在的侵食速度分布．自然災害科学 24(3), 287-301
9) Lal R (1994) Soil erosion by wind and water: problems and prospects. In Soil erosion research methods, ed. Lal R, pp1-9, St. Lucie Press, Delray Beach
10) Nanko K, Hotta N, Suzuki M (2004) Assessing raindrop impact energy at the forest floor in a mature Japanese cypress plantation using continuous raindrop-sizing instruments. J Forest Research 9, 157-164
11) 酒井正治・井上輝一郎（1987）粗大有機物の土壌への混入量（V）―林床写真によるヒノキ落葉落枝の経月変化―．林業試験場四国支場年報 28, 24-27
12) 小倉晃・小谷二郎（2008）林種の異なる人工林と作業路における土壌（土砂）流亡量．中部森林研究 56, 57-58
13) 古澤仁美・宮西裕美・金子真司・日野輝明（2003）ニホンジカの採食によって林床植生の劣化した針広混交林でのリターおよび土壌の移動．日本林学会誌 85,

318-325
14）若原妙子・石川芳治・白木克繁・戸田浩人・宮貴大・片岡史子・鈴木雅一・内山佳美（2008）ブナ林の林床植生衰退地におけるリター堆積量と土壌侵食量の季節変化．日本森林学会誌 90, 378-385
15）平岡真合乃・恩田裕一・加藤弘亮・水垣滋・五味高志・南光一樹（2010）ヒノキ人工林における浸透能に対する下層植生の影響．日本森林学会誌 92, 145-150
16）Mizugaki S, Onda Y, Fukuyama T, Koga S, Asai H, Hiramatsu S (2008) Estimation of sediment sources using ^{137}Cs and ^{210}Pb$_{ex}$ in unmanaged Japanese cypress plantation watersheds, southern Japan. Hydrological Processes 22, 4519-4531
17）Fukuyama T, Onda Y, Gomi T, Yamamoto K, Kondo N, Miyata S, Kosugi K, Mizugaki S (2010) Quantifying the impact of forest management practice on the runoff of the surface-derived suspended sediment using fallout radionuclides. Hydrological Processes 24, 596-607
18）鳥居厚志（1990）花崗岩土壌にみられる A 層の形成速度の一試算例．森林総合研究所関西支所年報 31, 55-58

参考図書

（森林や土壌の保全と社会について考えるには）
秋山智英（1990）森よ，よみがえれ　足尾銅山の教訓と緑化作戦．143pp，第一プランニングセンター，東京
千葉徳爾（1991）増補改訂 はげ山の研究．349pp，そしえて，東京

（より専門的に学ぶために）
Holy M (1980) Erosion and Environment. Pergamon Press, Oxford（邦訳：ミロス・ホリー（1983）侵食．岡村俊一・春山元寿 訳，229pp，森北出版，東京）
塚本良則（1998）森林・水・土の保全．138pp，朝倉書店，東京
砂防学会監修（1992）斜面の土砂移動現象．砂防学講座第 3 巻，357pp，山海堂，東京
恩田裕一編（2008）人工林荒廃と水・土砂流出の実態．245pp，岩波書店，東京
Laflen JM, Moldenhauser WC (2003) Pioneering soil erosion prediction: The USLE Story. World Association of Soil and Water Conservation (WASWC), Special Publication 1, 54pp, WASWC, Beijing
Lal R ed. (1994) Soil erosion research methods. 340pp, St. Lucie Press, Delray Beach

第7章

人工林の資源利用

戸田浩人

　人工林は木材生産を目的に管理される森林であり，下刈り，枝打ち，間伐などの施業は物質循環を撹乱するものである．各種施業について物質循環の視点からその意義や生態系におよぼす影響について概説するとともに，森林の公益的機能（多面的機能）の発揮や持続可能な森林経営のために考慮すべき事項を検討し，森林の養分バランスを維持する方策を提言する．

1. 施業とは

　わが国の森林面積2,500万 ha（木材蓄積44.3億 m^3）のうち，人工林の面積は1,000万 ha（木材蓄積26.5億 m^3）であり，森林の約40％が人工林である．人工林は主に木材生産を目的に植栽され管理されている森林であり，わが国の人工林の大部分はスギやヒノキなどの針葉樹林である．このような人工林では，木材の品質を向上させるために，植栽後に下刈り・除伐，枝打ち，間伐等の施業が行われ，最終的に樹木は主伐（皆伐）される．間伐や主伐で伐採された材は森林から搬出され，主伐後は再び植栽が行われる．このような森林施業は人為により森林生態系の物質の存在量や循環にさまざま影響を与える．たとえば，作業道の開設や伐採木の搬出は土壌の侵食を招く可能性があり，伐採木に含まれる養分が系外へ持ち出される．また伐採時に硝酸態窒素が渓流へと流出することも報告されている．施業は森林の公益的機能にさまざまな影響を与えるが，木材生産を主目的とした針葉樹人工林の施業体系では，伐採は避けられない．伐採にも大面積皆伐から小面積皆伐，さらには最小の皆伐とも考えられる択伐までさまざまな規模がある．森林生態系における物質循環への伐採の影響をどのようなスケールでみるべきか，目的と対象を明確にして考える必要がある．さらに木材生産（物質生産）の他にも，森林には多様な公益的機能が期待され

Management of plantation forestry; Toda, Hiroto

ている．その機能が十分発揮できるような森林の配置や森林の管理を目指すべきである．たとえば，生物多様性や保健休養の観点からは，流域全体が針葉樹人工林ばかりでないほうがよい．また，水源かん養や土砂流出・山崩れ防止といった機能維持の面からは急斜面や渓畔沿いにおける皆伐は避けたほうがよい．

2．人工林の保育

　伐採・更新した針葉樹人工林は，目標とする木材生産のために各種保育作業が施される．それぞれの作業目的とともに物質循環に関わる副次的な効果や作業の影響を解説する．

　下刈り・除伐の本来の主要目的は，植栽木に対する雑草・先駆性樹木との競争緩和である．副次的な効果として，雑草木を強制的に林地へ還元することで物質循環を速め，植栽木への養分供給を多くすることがあげられる．一方，わが国の森林では伐採地に雑草木の侵入・再生が盛んであるが，雑草木は伐採後に生成した可給態養分がただちに流亡することを抑制している．したがって，植栽後，苗が小さく養分吸収量が少ない間は，林地全面を裸地にするような強度の下刈りは，養分保持からみると逆効果である．

　枝打ちは，無節で完満な良質材の生産を目指した積極的な施業である．枝打ちの副次的な効果として，林内の作業性の向上や生枝葉を落とすことにより物質循環を速める効果などがあげられる．一方，林分閉鎖後に多量の生枝葉を林地へ供給することは，安定しはじめた物質循環を撹乱する作業ともいえる．したがって，通常，第1回目の枝打ちである'ひもうち'は，保育作業で林内に入る利便性を得るため全部の植栽樹木に対して行うが，第2回目以降の枝打ちは，労働生産性も考慮し，良質材を生産し得る林木を選択して実施する．当然のことながら，将来，間伐されるような林木へ枝打ちを行う必要はない．第2回目の枝打ちを小流域の全木に対して樹冠長の40％まで実施した試験例では，渓流の流出水量がふえ，養分流出量も増大した（図7-1）[1]．これは，生枝葉の減少で蒸散量が低下した影響によるものであるが，1年後には枝打ちによって開いた空間に枝葉が成長し，ほぼ元通りの水・養分流出量に戻っている．

　間伐の主要な目的は，木材生産にむけて，最終的に目標とする密度へ誘導する管理である．生態学的な法則性を用いた密度管理図によって，肥大成長をコントロールして主伐年の材の太さや年輪幅を計画的に決定していくことができる．また，林業経営的な意味でのもう1つの重要な目的は，主伐までの間の現

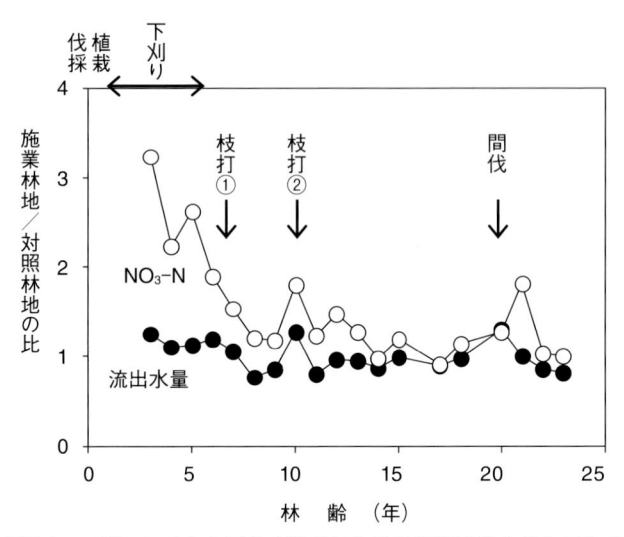

図7-1 スギ・ヒノキ人工林小流域における年間流出水量と NO_3–N 量の施業地と対照地の比.(生原ら（2008）[1] より作図）

金収入である．間伐の副次的な効果としては，林床に適度な陽光を侵入させることで林床植生を繁茂させ，地表面の被覆や多様な有機物の供給をもたらすことなどがある．しかし，近年，木材価格の低迷で間伐材が売れず採算がとれないため，間伐が進まず問題になっている．とくに，ヒノキ林での間伐等の手入れ不足は，林内を暗くして林床植生の後退をまねくことになる．さらに，ヒノキの鱗片葉は土壌被覆効果が低く，表層土壌のクラスト化や撥水性が発現し，降雨時に土壌侵食・養分流出を引き起こすことがある．ヒノキ人工林では，適切な間伐や枝打ち施業を行うことによって，林内照度を保ち下層植生を繁茂させ土壌侵食・養分流出を防ぐ必要がある（第Ⅰ部第6章参照）．土壌侵食を抑制するためには，落葉広葉樹を混交させヒノキ葉以外のリターを林床に供給させるのも良い方法である．近年の間伐材の価格低迷や，間伐材の搬出に手間がかかることから，間伐木を搬出せずそのまま林地に残すこと（切り捨て間伐）も多い．間伐材の残置は材による養分持ち出しがなく，搬出による林床の撹乱もないので，林地の地力維持や土壌保全の面からは問題がない．通常の本数間伐率30％程度で間伐木を残置した間伐では，渓流水量や水質への影響は小さく，前述の枝打ちと同様に影響も短期間であった（図7-1）[1]．

主伐（皆伐）後の伐採・搬出では，収穫物に含まれる養分が森林から持ち出

図7-2 棚積みによる横筋地ごしらえ.

されるので,森林生態系の養分バランスからみると損失となる.ただし,通常の伐採で持ち出されるものは幹材だけで,伐木枝条および伐根は伐採地に残される.皆伐によって伐採地に加えられる伐木枝条(大形木質リター)は葉の割合が多く,伐採前の年間リターフォール(落葉落枝)の10倍くらいになり[2],これに伐根も加わる.伐根の量を正確に見積もるのは困難であるが,根の量をT/R(地上部/地下部)比で3〜6としても[3],枝の量より多くなる.葉や細根,細枝などは速く分解して養分が還元される.このように伐採地では,皆伐時に発生した分解の難易度に大きな差のあるさまざまな有機物が林地に加えられる.さらに,伐採にともなう多量の有機物供給だけでなく,林地が裸出して

地表面の環境が大きく変化することも伐採の影響としてあげられる．陽光にさらされた地表面の温度上昇により，有機物の分解・無機化が盛んになるため，一時的に可給態養分に富んだ土壌状態となる．しかし，これは一時的で，年々のリターフォールによる有機物の供給がしばらく途絶えるため，結局は養分は減少していく．したがって，伐採地で一時的に富化した可給態養分を流亡させずにとどめておく方法として，この後に説明する"地ごしらえ"などの施業方法が効果を発揮する．

伐採地の土壌侵食は降雨の量や強度の影響が大きいが，同時に地表面の状態によっても影響は異なる（第Ⅰ部第6章参照）．地表面が裸出すると雨滴の衝撃を大きく受け，透水性が低下するなど表土の物理性が変化し，侵食の増大につながる．地表面を覆う地被物の存在は，侵食防止に大きく貢献し，落葉が地表にあると侵食土量は裸地の1/100以下に減少する[4]．またわが国の山地では，若齢造林地で起こる小崩壊の問題がある．5～15年経った伐採地では伐根が腐り，まだ新植木の根も十分に発達していないため，林地における根の土壌緊縛力が最小になりもっとも崩壊の危険性が高くなる[5]．伐採地からの土壌や養分流亡は，林地保育にマイナスであるばかりでなく，水質浄化機能も低下させることになる．

また，皆伐により土壌有機物が急激に分解・無機化されることよって，渓流水中の無機態窒素（とくに硝酸態窒素濃度）が著しく増大する．その影響は2年半ほどで収まるとされる例から，14～15年持続するとする例があり，また，その上昇幅も最大数十倍におよぶ例から数倍程度の例まである[6]．これらは，森林生態系における植生の回復，土壌の肥沃度や陽イオン交換容量さらには陰イオン吸着能といった養分保持能力により影響の程度や期間が左右されると考えられ，今後の検討を要する（第Ⅲ部第23章参照）．

人工林の伐採・更新では，通常"地ごしらえ"を行う．伐採地（更新面）への"地ごしらえ"は，更新や保育作業の利便性をあげるために行われる作業である．かつては，巻きおとしや火入れなど荒っぽい作業も行われてきたが，これらの方法は地力低下を招くことが懸念される．そのため，林地を保育するさまざまな"地ごしらえ"の工夫がなされてきた．なかでも枝葉や末木などの伐木枝条を用いて等高線上に棚積みする横筋地ごしらえは，手間がかかるが植栽の利便性を良くし，土砂流出も抑制できる優れた方法である（図7-2）．このような林地保育に配慮した"地ごしらえ"は海外であまり行われていない．

ところで，かつては針葉樹人工林の林地生産力を高め，地力を維持・増進する観点から林地への施肥（林地肥培）が検討された．施肥成分が土壌から樹木に吸収され，リターフォールを通して林地に還元され再循環経路に入ることによって，林地の生産力の向上が期待された．しかしながら，森林生態系の養分循環は完全な閉鎖系ではないため，施肥成分の一部は系外に流出する．とくに窒素肥料から溶出したアンモニア態窒素は，硝化菌によって硝化されて硝酸態窒素になるが，硝酸態窒素は土壌粒子に保持されにくいために流出しやすく，渓流水を汚染する問題につながる．施肥窒素が渓流水へ流出する量は，その土壌の硝化能の差異にも関係する．また，硝酸態窒素の流出には土壌中の水移動や，さらには脱窒等によるガス態としての窒素の放出も関連する．そのため，施肥や前述の伐採にともなう窒素の流出に関しては，土壌の性質や立地条件が窒素保持にどのように関わっているか，それらが時間とともにどう変化していくかなど，明らかにされていないことが多く，今後の研究が期待される（第Ⅲ部第21章参照）．

3．人工林の成長と養分還元

　成熟した森林の地上部現存量は，陸上生態系で最大であり，根系も草本に比べて深くまで発達する．したがって，森林の単位面積あたりの養分現存量も陸上生態系で最大であるが，その形成過程は人工林と天然林では異なる．針葉樹人工林では伐採した林地に目的樹種を植栽することで更新させ，適切な保育施業により，早期にかつ確実に森林バイオマスを回復させる．一方，天然林では皆伐や風倒等の大規模な撹乱を受けると，先駆種からはじまる遷移過程を経て安定した森林生態系を形成するまでには相当の時間がかかる．ただし，気候や環境条件が同じなら，天然林と十分成熟した人工林のバイオマスに著しい違いはない．

　林齢の増加にともない森林バイオマスは増大するが，林齢と地上部の各部位（葉，枝，幹）の養分濃度との間には特定の関係はみられない．しかし，地上部全体の平均養分濃度と林齢とには，負の相関が成り立つ．これは，養分濃度が高い葉の重量は林冠閉鎖後にほぼ一定となるのに対して，養分濃度の低い幹重は少しずつ増大するので（図7-3），地上部全体としての平均養分濃度は林齢とともに低下するためである．なお，これまでの調査では，林齢と地下部の地上部に対する重量比率や，養分濃度との間には相関性がみられない．これは根

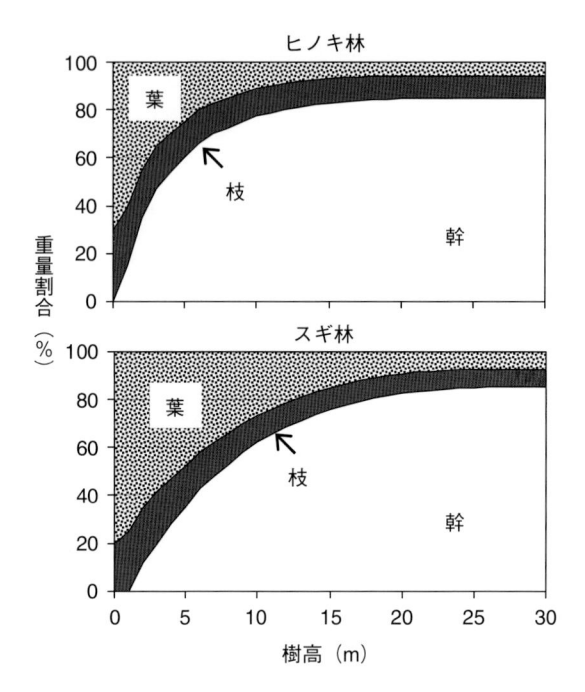

図7-3 スギ・ヒノキ林の樹高と葉・枝・幹の重量割合．（戸田（1991）[7]より作図）

の現存量調査の精度等が関係していると思われ，地下部の成長と養分蓄積は今後の課題といえる．

　林木は吸収した養分量の多くを，毎年のリターフォールおよび枯死根として土壌に還元する．一般に，同一地域における林齢の近い同一樹種の人工林では，土壌が肥沃で成長の良好な林分ほどリターフォールによる養分還元量も多い．これは，良好な成長にともなうリターフォールの増加にくわえて，落葉時に窒素やリンなど元素が樹体へ転流される量が少ないためである．土壌への養分還元率（総吸収量に対する還元量％）は，養分元素の種類や推定方法によって相違があるものの，概括すると林齢にともなって増大し，30年生以上の林分では60～85％程度である．細根のターンオーバーによる還元量を加味すると，養分還元率はさらに高い割合になると考えられる．林床における有機物（A_0層：堆積有機物層）の蓄積速度はリターフォール量と分解速度とのバランスで決まり，環境条件の恵まれた生産力の高い林地では有機物の分解が速い．スギやヒノキの人工林では伐採・更新時に供給された伐木枝条が急激に分解するため，A_0層

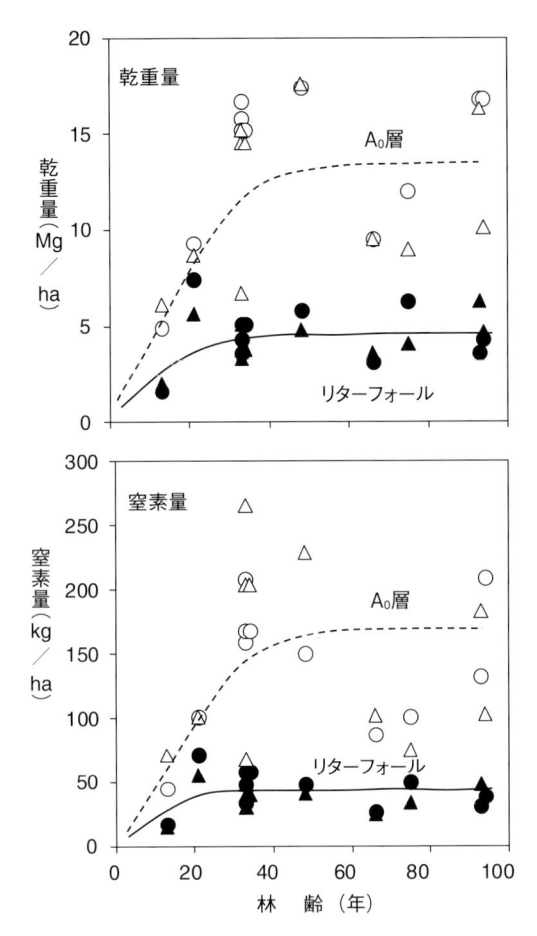

図7-4 スギ・ヒノキ林の林齢によるリターフォールおよびA_0層の重量および窒素量の変化.
●スギのリターフォール，○スギのA_0層，▲ヒノキのリターフォール，△ヒノキのA_0層　　（戸田（1991）[7] および市川（2008）[8] より作図）

は当初減少するが，植林木の成長にともなうリターフォールの供給によって徐々にA_0層の蓄積は増加する．その後，変動が大きいものの30年生前後でA_0層量は安定してくる（図7-4）．このようなA_0層の回復によって，次第に鉱質土層へ物質や養分が蓄積し土壌の肥沃度も回復してくる．

リターフォールには分解速度の異なるものが混在しており，さらに大枝や幹など分解の非常に遅い長期滞留型の大形木質リターもある（第Ⅱ部第14章参

照).そのためA_0層量が林地で一定の蓄積量になるまでには長い年月がかかる.森林が成熟していく過程では,土壌における養分の収支はつねに支出が上回っているが,十分に成熟した天然林では,林分の生産と枯死のバランスがとれ,その現存量はほぼ一定である.この状態では,樹木が土壌から吸収する養分と等しい量の養分がリターフォールや細根のターンオーバーとして林地にかえる.このとき,林床の長期滞留型のリターも分解と枯死による流入が釣り合い,循環系は定常状態となる.一方,人工林ではこの定常状態に達する前に伐採され,幹材を収穫するので長期滞留型となるはずのリターが林地にかえらない.人工林では樹木が土壌から吸収した養分が完全に土壌に戻らないために養分の支出が継続する.この不足分は降雨・エアロゾルなどの系外からの収入で,一部は補給される.

このように,木材生産を目的とした人工林では伐採収穫による養分の損失は避けられないが,壮齢期以降になると林分成長量が減少しA_0層やリターフォール量が定常状態に達することから,短伐期で皆伐を繰り返す施業より長伐期で施業する方が土壌養分の損失は少ないといえるであろう.

4. 人工林の土壌と公益的機能

人工林・天然林を問わず安定した森林生態系は,リターフォールによる自己施肥機能を有し,(撹乱がなければ)土壌の養分状態は維持され時間とともに向上する.しかし,老齢過熟の人工林は,成長が減退するため,木材生産やCO_2固定の機能の増大は見込めない.これらを重視するならば,生産が低下する壮齢期前に伐採・収穫し更新するべきである.一方,人工林における土壌は,壮齢期以降のリターフォールによる供給と林床有機物の分解速度が定常的となり,養分吸収量と自己施肥系はほぼバランスが保たれる状態になって少しずつ充実していく.とくに適正な管理下にあるスギ人工林では,老齢化によって林床に光が入り,下層植生が繁茂し多様なリターが供給されることで,表層土壌の理化学性も徐々に向上する.このように人工林では樹木の成長に比べて土壌の成熟は,時間的に遅れて進行する.

一方,木材生産に適さない立地に植栽された針葉樹人工林の場合は,木材の生産も土壌の成熟も期待できない.そのような人工林は針広混交林や天然生の広葉樹林に少しずつ転換していき,水源かん養機能や生物多様性に関する機能を安定的に供給できる森林に変えていくべきであろう.

これまで述べてきたように，伐採は森林生態系の最大の撹乱であり，公益的機能に大きく影響する．伐採・搬出により，森林による被覆とその物質・養分が除かれるだけでなく，A_0層の撹乱も生じる．しかし，わが国の森林は，適切な管理をしていれば一度や二度の伐採では植生が多少の変化があったとしても土壌が荒廃するようなことはなく，人工林の再生が可能である．前述の'地ごしらえ'は，土壌の物理的な保護ばかりでなく，伐木枝条の養分を有効に利用する林地保育としての意義も大きい．収穫物が幹だけであれば，'地ごしらえ'に用いた枝条の有機物や養分はやがて林地に還元される．森林の公益的機能全般を考慮すると，全木集材でなく，伐採現場で枝条を払い'地ごしらえ'をし，全幹か玉切りした幹のみを集材する方法が望ましい．最近，森林の未利用資源をバイオマスエネルギーとして利用すべきといわれているが，奥山に位置する人工林から林地残材を持ち出すのは，林地保育にマイナスであるばかりでなく，運搬を含めたトータルのコストからは経済的にもCO_2排出面からもバランスを欠くものと考えられる．もちろん，林地から搬出された後の土場残材や製材工程で残される樹皮などの残材を，バイオマスエネルギーとして有効に利用するのは，地球温暖化抑止の観点からも意義がある．一方，人里に近い里山は，落葉の堆肥利用，都市住民の保健休養，春花植物など里山生態系の維持，野生動物生息地と農地など人間生活との緩衝帯といった，人為と密接に関連した機能を有している．元来，里山は薪炭林として利用されてきたことからもわかるように，奥山に比べて搬出が容易なので，地域のバイオマスエネルギー利用に向いている．このように里山はさまざまな機能を総合的に活用できる可能性が高い（第Ⅰ部第8章参照）．

　森林の公益的機能は木材生産機能とトレードオフ関係にある場合も多く，人工林の施業・管理において何を優先するか，いずれの機能を重視した森林管理を行うかの合意形成が必要である．その判断基準として，科学的な基礎情報を提供する必要がある．人工林の立地条件や施業体系，保育経過にともなう物質循環のバランスの変化を解明していくことが今後いっそう重要である．

引用文献

1) 生原喜久雄・戸田浩人・浦川梨恵子（2008）森林土壌での養分動態特性—東京農工大学フィールドミュージアム（FM）での研究—．森林立地 50, 97-109
2) 戸田浩人（2004）林地残材の収穫や全木集材が森林生態系の物質循環に与える影

響．森林科学 40, 33-38
3) 斎藤秀樹（1974）ヒノキ人工林生態系の物質生産機構，一次生産のプロセス．（ヒノキ林その生態と天然更新，四手井綱英・斎藤秀樹・赤井龍男・河原輝彦共著，375pp，地球社，東京），pp150-205
4) 石川芳治（2007）山地防災と流域保全．（森林・林業実務必携，東京農工大学農学部森林・林業実務必携編集委員会編，446pp，朝倉書店，東京，pp122-150
5) 中村浩之（1994）森林と国土の防災．（森林科学論，木平勇吉編，182pp．朝倉書店，東京），pp84-97
6) 河田弘（1989）森林生態系における養分循環（森林土壌学概論，河田弘著，399pp．博友社，東京），pp337-362
7) 戸田浩人・生原喜久雄・新井雅夫（1991）スギおよびヒノキ壮齢林小流域の養分循環．東京農工大農学部演習林報告 28, 1-22
8) 市川貴大（2008）落葉広葉樹林のスギ・ヒノキ人工林化が土壌養分動態特性に及ぼす影響．フィールドサイエンス 7, 11-70

参考図書

河田弘（1989）森林土壌学概論．399pp．博友社，東京
東京農工大学農学部森林・林業実務必携編集委員会（2007）森林・林業実務必携．446pp，朝倉書店，東京
佐々木恵彦・木平勇吉・鈴木和夫（2007）森林科学．294pp．文永堂出版，東京
柴田英昭・戸田浩人・福島慶太郎・谷尾陽一・高橋輝昌・吉田俊也（2009）日本における森林生態系の物質循環と森林施業との関わり．日本森林学会誌 91, 408-420

第8章

物質循環からみた里山の現状と課題

徳地直子

　1960年代の燃料革命や化学肥料の普及にともない，近年は里山に人手がはいらなくなり，コナラなどが大径化・高齢化している．また，モウソウチク林が放置され，里山地域に分布を拡大させており，各地で問題となっている．かつての里山の窒素収支と景観を推察し，現在の里山の窒素収支と比較することにより，物質収支バランスに基づいた持続的な里山管理を考える．

1．里山の定義と現状

　環境省の定義によれば里地里山とは，都市域と原生的自然との中間に位置し，さまざまな人間の働きかけを通じて環境が形成されてきた地域であり，集落をとりまく二次林と，それらと混在する農地，ため池，草原等で構成される地域概念である．現在，都市近郊林とよばれるものの多くがそうであろう．また，里山は，日帰りで作業ができないような奥山と対比して使われる空間的な概念でもある．すなわち，人家や田畑の周囲にある山を指し，落ち葉かきや薪などの採取に使われていた場所を指す．これら人間による強度の収奪の結果，多くの場合貧栄養であるといわれている．1960年代の燃料革命や化学肥料の普及にともない，その従来の役割を終え，近年は人手がいらなくなった．その結果，薪炭林として萌芽更新させていたコナラ林などが伐採されなくなって大径化・高齢化し，遷移が進むことによって，たとえば西日本では大径のシイやカシからなる照葉樹林が成立し，林床全体が暗くなっている．また，竹材や食用として栽培されていたモウソウチク林が放置され，里山地域に分布を拡大させている．

1）かつての里山の窒素収支と景観

　人間が撹乱し続けることによって形成された里山であるが，いったいどの程

度の撹乱を受け，どのように形成されていったのであろうか．その昔，人々が里山に依存していた物質の量から考えよう．

2）里山の物質収支

　化学肥料がなかった時代には，人糞・厩肥・油糟（アブラカス）・魚粉，緑肥が重要な田畑の肥料であった．このうちアブラカス・魚粉は金肥とよばれ，購入するのが基本であり，緑肥は人糞・厩肥とならぶ貴重な自給肥料であった．近世にはいって，農業生産を伸ばすために書かれた指導書などには，木々の若芽や草を田畑に鋤き込むことが奨励された．これらは"刈敷（かりしき）"とよばれ，速効性はないが，毎年田畑に鋤きこむことで地力を維持した．水本[1]によれば，水田1反に刈敷15〜35駄必要，畑1反には15駄ほど必要であるという．1駄の刈敷を集めるためには山地5〜6畝の面積を必要とする．この換算に基づくと，1反当り必要な刈敷量を平均20駄とすると，

　　　20駄×5〜6畝＝10〜12反

となり，田畑面積の10倍を超える山野がないと十分な肥料確保ができないことになる．さらに，山野から取得する農家一戸あたりの薪炭消費量は年間20〜30駄であるという[2]．これを刈敷と同様の計算式で換算すると

　　　1戸あたり平均25駄×5〜6畝＝12〜15反

の山野が必要となる．刈敷や薪炭が人家の周囲の里山で採取されるとすれば，かなりの面積が里山として必要となることは明らかである．水本[1]は地域によって差があるものの，山野の保有状況は田畑の2〜9倍に上ることを指摘している．したがって，近世以降成立していた田畑・人家は広大な収奪地である山野を背景とし，これらが現在の里山の基礎となっていると考えられる．

　里山からの刈敷・薪炭の収奪でもっとも影響を受ける生態系の養分元素は，おそらく窒素であろう．窒素はほぼそのすべてを系外からの供給，主に大気からの降下物や大気窒素の生物的固定に頼っている（第Ⅲ部第21章参照）．生物的な窒素固定をする微生物は多いと考えられるが，単独での窒素固定量は多くはなく，植物との共生で行われている場合に重要な経路となる．さらに，窒素固定をする微生物と共生関係をつくる樹種はどこにでもいるわけではないので，その種が存在する限定された場所でのみ主要な経路となる．したがって，刈敷・薪炭の収奪で失われた窒素は，ほぼ大気からの降下物に含まれるものでしか補われないといえる．現在，大気降下物に含まれる窒素量は，降水量や都市

表8-1 二次林の地上部現存量.

系統	林齢	現存量 t ha^{-1}	立木密度 本 ha^{-1}	調査地	文献
コナラ優占の二次林	>60年生	213	6,592	京都・大阪	臼井[4]
コナラ優占の二次林	約40年生	96.26 – 218.02		島根	片桐[5]
コナラ優占の二次林	>40年生	112.6 – 139.3	2,579 – 2,761	岡山	後藤ら[6]
コナラ二次林	16年生	122.4	2,450	長野	山内・片倉[7]
照葉樹林		162.2		熊本	河原[8]

との距離によってばらつくが年間 5 ～10 kgN ha^{-1} 程度である[3]（第Ⅰ部第2章参照）．産業革命以前には大気から降下する窒素量は少なかったと考えられるので，年間 5 kgN ha^{-1} が供給されていたと仮定し，また，薪炭林施業は20年を周期に行われていたと考える．1回の薪炭林施業により，約20年生のコナラの地上部バイオマス（表8-1）がすべて収奪されるとき，失われる窒素量は

$$約100 \text{ t ha}^{-1} \times 材部の窒素濃度（約0.18\%）= 180 \text{ kgN ha}^{-1}$$

程度と考えられる．ここでは葉など高い窒素濃度をもつと考えられる部位もすべて材と扱っているので，過小評価となっている．さらに，毎年，下層植生は刈敷に用いられていたと仮定する．下層植生はすべてが葉であったと考えて，

$$0.3 \text{ t ha}^{-1} \text{ yr}^{-1 [9]} \times 下層植生の窒素濃度（約1.0\%）\times 20年 = 60 \text{ kgN ha}^{-1}$$

これらをあわせて20年間の収奪量は 240 kgN ha^{-1} となる．一方，20年間に大気から林地に供給される窒素量は，

$$5 \text{ kgN ha}^{-1} \text{ yr}^{-1} \times 20年 = 100 \text{ kgN ha}^{-1}$$

であるから，収奪される量よりかなり少ない．土壌には里山として利用される以前より蓄積されていた窒素があるので，不足分は土壌から補われたのであろう．すなわち，里山の物質循環において窒素収支のバランスはとれておらず，土壌中に蓄積されていた窒素を使って維持されており，その結果土壌は徐々に持っていた養分を失い，地力は減退していたであろうと推察される．

3）里山の景観

バランスがとれていない生態系が持続的であるはずはなく，収奪がさらに過剰であったり，土壌条件が悪かったりすれば生態系は崩壊する．たとえば，滋賀県の田上山系はかつてヒノキ美林として知られたが，養分に乏しい花崗岩を母材としているためもともとの土壌条件が悪く，藤原京や石山寺の造営などにくり返し利用された結果，裸地になってしまった．この裸地状態は明治になっ

図8-1 江戸時代の絵図にみる里山景観．（宇治川両岸一覧[10] 京都大学大学院工学研究科建築学図書室所蔵，許可を得て掲載）

て砂防植栽されるまで続いた．また，愛知県瀬戸地方（たとえば，東京大学生態水文学研究所 http://www.uf.a.u-tokyo.ac.jp/aichi/）も同様に花崗岩地域で，瀬戸物の焼成のため林木の強度の収奪が行われた結果，裸地となった．里山は村人の共有財産である"入会林"として村などで共同管理されていた場合も多く，ともすれば過剰になる利用を制限するために，村ごとに一戸が一度に刈る量や回数などさまざまな取り決めなどがあったようである[1]．これらによって，里山はかろうじて裸地化せずに持続的に経営されていたと考えられる．

　景観としては，下層植生は毎年ほぼすべて，萌芽更新した薪炭林は約20年ごとに地上部が収奪されるため，山には薪炭の対象になる20年生程度までの木があるのみであっただろう．近世の絵図などにはこれらの人家周辺の山々の様子が写実的に描かれている．たとえば，文久3年（1863）に出された"宇治川両岸一覧"[10] では，人里周囲の多くの山々は尾根沿いにマツらしい木があるものの，山肌に樹木らしいものはみられない（図8-1）．これは木を書くのが面倒で

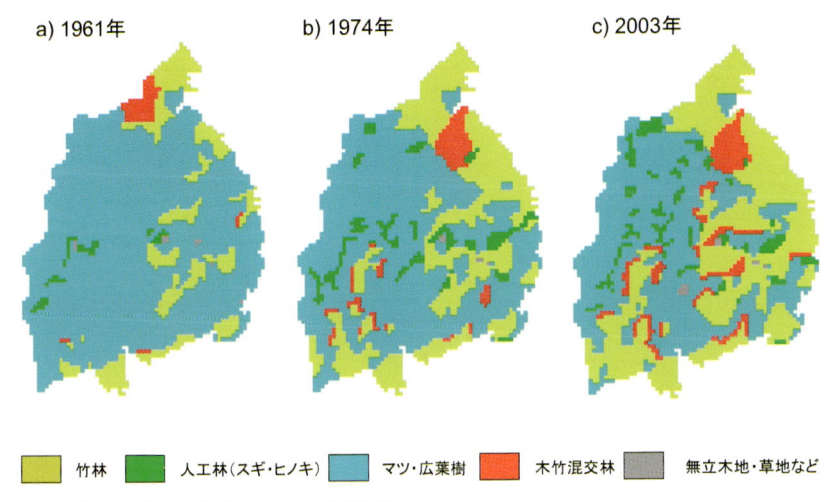

a) 1961年　　　b) 1974年　　　c) 2003年

竹林　　人工林(スギ・ヒノキ)　　マツ・広葉樹　　木竹混交林　　無立木地・草地など

図8-2　航空写真からみた天王山の林相変化.

あったわけではなく，木々がほとんど収奪され，多くは草山であったことを示している[1]．このような人里周辺の草山風景は薪炭利用がなくなる昭和30年代まで全国でみられた（たとえば，須藤[11]）．

2．現在の里山の景観と窒素収支

1）天王山における事例

　天王山は現在京都と大阪の府境にあたり，天下分け目の戦いの場として知られ，古くは長岡京の都を支えた里山であった．また，江戸時代にはモウソウチクが導入され，筍生産が盛んな地域でもあった．しかし，他の地域と同じように，60年ほど前から薪炭利用がなくなり，また30年ほど前から筍生産の低迷によって竹林が放棄されてきたことにより，森林の高齢化と竹林拡大が問題になっている．

2）二次林の高齢・高木化とタケの侵入

　過去からの航空写真で天王山を概観すると，筍生産が低迷する1980年代ごろから30〜40年で竹林が周囲の二次林へ侵入していく様子がみてとれる（図8-2）．そこで，二次林とタケの侵入にそって竹林化率（ここでは，木本種とタケの胸高断面積合計に対するタケの割合とする）の異なる4つの調査区（それぞれ

表8-2 天王山の林分概況.
TBAは胸高断面積合計,タケの割合は胸高断面積合計に占めるタケの割合で示す.

	立木密度 (本 ha^{-1})	立竹密度 (本 ha^{-1})	樹木種数	TBA* (m^2 ha^{-1})	タケの割合 (％)	林冠構成樹種
A	6600	0	19	52.6	0	コナラ,ヤマモモ,アベマキ,ソヨゴ
B	6225	1275	18	48.2	22.4	コナラ,ソヨゴ,モウソウチク,ヒノキ
C	2375	5575	14	74.1	68.1	モウソウチク,コナラ,アベマキ
D	150	9675	4	86.0	99.9	モウソウチク

*：胸高断面積合計

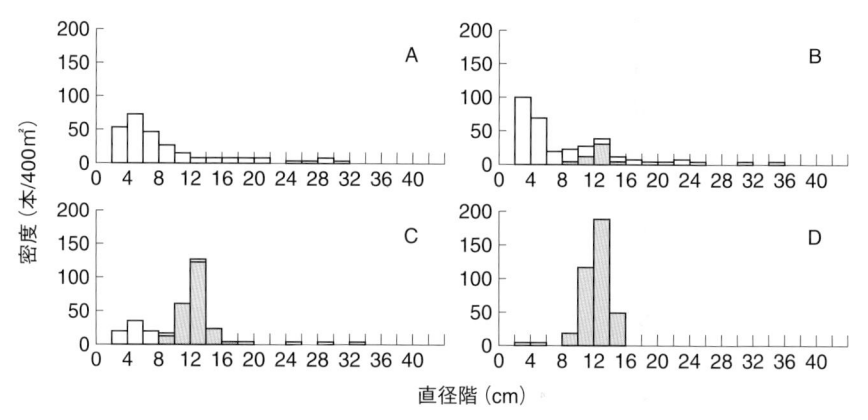

図8-3 天王山における二次林～竹林の直径階分布.
AからDはそれぞれ,竹林率0％(二次林),22％,68％,100％である.白抜きは木本,グレーで色付けしたものはタケを示す.

0％＝二次林,22％,68％,100％＝竹林)を設けた.調査区では,樹種・胸高直径・樹高,土壌や樹木の養分現存量,落葉落枝量,降水や土壌溶液による養分の移動量などを調査した.

表8-2にはそれぞれの調査区の林分の概況を,図8-3には各調査区での直径階分布を示した.二次林の構成種はコナラ・アベマキを主としてヤマモモなどを含む.コナラ・アベマキが株立ちしていることや地域住民の聞き取り調査から調査区付近が薪炭利用されていたことがわかる.68％が竹林化した調査区ではタケ以外の林冠を構成する樹種は,コナラとアベマキのみであった.種多様性は竹林化することによって明らかに劣化しているといえる.

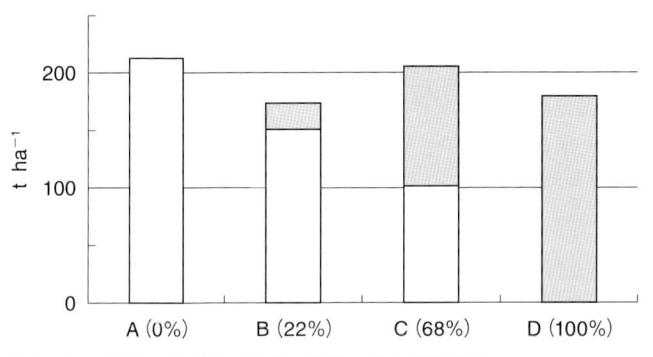

図8-4 天王山における二次林〜竹林の地上部現存量.
凡例は図8-3と同じ.

　竹林化すると立木（竹）本数は二次林にみられる1 haあたり7,000本前後から10,000本程度にまで増加し，胸高断面積合計も50 m² ha^{-1}から86 m² ha^{-1}に増加した．直径階分布は二次林ではL字型の分布であるが，100％竹林ではタケの直径である10 cm前後の一山型であった．22％竹林化した調査区ではL字型と10 cm前後の一山型が重なる直径階分布を示し，68％竹林化した調査区では小径木のピークが失われかけているが，大径木はかろうじて残っていた．これらの結果から，この場所はすでに60年にわたり放置されたため二次林の立木本数も多く暗い森となり，そこにタケが侵入することにより中層を形成する樹種は被陰されて枯死し，さらに竹林化率が高まることで立竹密度・胸高断面積が大きくなり，一層暗くなったことがわかる．

　図8-4にこれらの調査区での地上部現存量を示した．二次林の現存量は213 t ha^{-1}と推定された．二次林のアロメトリーは既存のものを用いたので，推定値にはそのための誤差が含まれているであろうが，既往の研究と比較すると大きい値といえる（表8-1）．これは当地が戦後60年間にわたり放置され，萌芽更新させていたコナラやアベマキが大径化したためであろう．当試験地近郊の京都市内でも，たとえば多くの寺社の借景となっている東山では植生が高木化し，常緑性の森林（シイ・カシ林）に遷移が進んでいることが指摘されている．落葉性の薪炭林から常緑性の森林への移行にともない，林床が暗くなり，下層植生の多様性が低下する．これまで数十年単位の薪炭林施業が行われていた多くの里山で，同様の問題が生じている．

　二次林から竹林にいたるまで地上部現存量は168〜213 t ha^{-1}で推移し，大き

な違いはみられなかった．また，二次林の優占高木層の平均樹高は約16 m，竹林は約17 mであり，現存量密度はそれぞれ二次林で1.3 kg m^{-3}，竹林で1.1 kg m^{-3}であった．現存量密度は竹林でやや低かったが，どちらも森林としては平均的な値といえる．立竹密度は立木密度に較べて高いが，タケは稈が中空であるため，現存量密度としてはほぼ森林の場合と同様になるものと考えられる．タケの純林化に必要であった時間が30～40年と考えると，二次林に比べて速い速度で現存量密度が高まることがわかる．

さらに，二次林の高木化にともなう影響として，カシノナガキクイムシの発生があげられる．黒田ら[12]は，薪炭林施業の放棄により大径化したコナラがカシノナガキクイムシの生育適地になったことが原因の1つと推察した．加えて，金子ら[13]は，滋賀県の流域においてカシノナガキクイムシによる樹木の枯死と渓流水の窒素濃度上昇のタイミングが一致していることを報告している．カシノナガキクイムシによる樹木の枯死が森林生態系の窒素循環を変化させ，渓流への窒素流出が増加したのかもしれない．収奪を受け続けてきた里山二次林がこのように高齢・大径化したことは歴史的にも例がないと考えられ，このまま放置した場合，すみやかに次の遷移段階や物質循環システムに移行するかについて，注意が必要であろう．

3) 二次林と竹林の窒素蓄積

天王山における古老への聞き取り調査から，当地では15～20年周期で薪炭林施業が行われていたことが明らかになっている．薪炭林利用するということは，地上部のほとんどを林地から持ち出すということである．前述の仮定に基づくならば，20年間に収奪される窒素量は約240 kgN ha^{-1}，それに対して大気から補われる量は100 kgN ha^{-1}である．このような里山施業が江戸時代300年間継続されたとすると，2,100 kgN ha^{-1}程度の窒素が里山から失われたと推定される．一方，現在の試験区における土壌中の窒素蓄積量は1,500～2,300 kgN ha^{-1}であった[14]．里山における物質循環の研究例が少ないため，里山の窒素蓄積量については不明な点が多いが，奥山における研究に比べると小さいようである[15]．300年間の収奪量は現在の土壌の窒素蓄積量に相当する．このことから，里山施業はおそらく土壌の窒素蓄積量に影響するほど強度で，その結果土壌は非常に貧栄養になったと推察される．現在では収奪はほとんど行われないが，降水によって補われた量は燃料革命（1960年）以降50年間に250～500 kgN ha^{-1}（＝

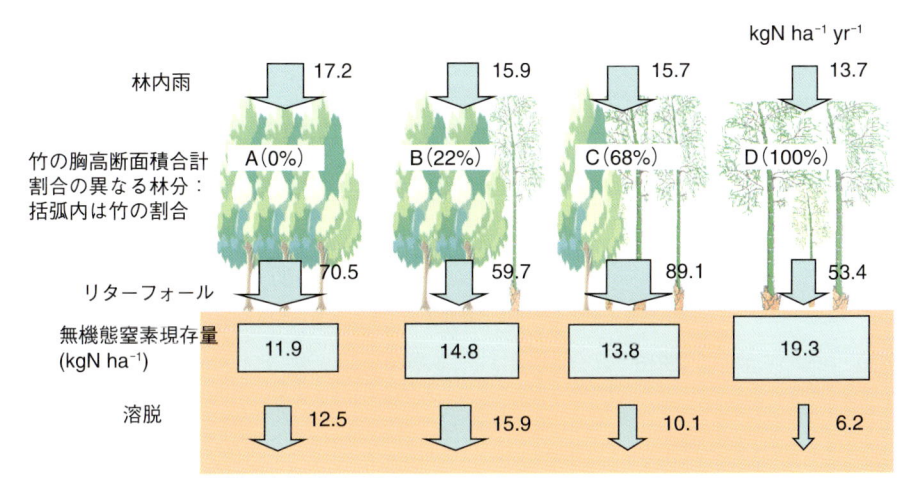

図8-5 天王山における二次林〜竹林の窒素移動量.

$5〜10\ kgN\ ha^{-1}\ yr^{-1}$）ほどにすぎず，収穫された窒素量（$2,100\ kgN\ ha^{-1}$）はまだまだ回復していないようである．

4）二次林と竹林の窒素循環

　このような貧栄養な土壌に成立する森林は，不足している養分（この場合，窒素）に関して倹約的なふるまいをしているといわれる．実際のところはどうなのだろう？　また，二次林が竹林に変わった場合には，窒素循環にどのような変化があるのだろう？

　物質循環は前述の現存量（蓄積量・プール）と移動量（フロー）によって特徴づけることができる（第Ⅲ部第18章参照）．そこで，図8-5に天王山の各試験区における土壌中の無機態窒素現存量と移動量（大気からの降下量・リターフォール量・土壌の20 cm以下の層への移動量）を示す．林内雨による窒素降下量は年間$13〜17\ kgN\ ha^{-1}$であり，わが国の降水による窒素降下量の年間平均値$5〜10\ kgN\ ha^{-1}$[3]よりやや大きかった．調査区（天王山）の脇を通る高速道路の影響と考えられる．林内での降下量は二次林のほうが竹林より若干高く，二次林の照葉樹のほうがタケより降下物の捕捉率が高いのかもしれない．リターフォール量はタケが侵入していない二次林で竹林より多く，より多くの葉が生産され落葉して林地に還元された．リターフォールによって還元された窒素

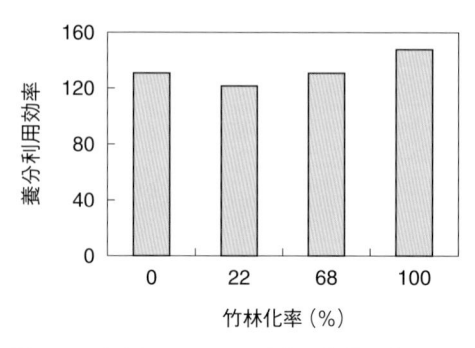

図8-6 天王山における二次林～竹林の養分利用効率の比較.

は，分解作用を受け，植物に吸収されて，その残りが土壌下層に移動する．土壌下層への窒素の移動量は二次林で大きく，タケの侵入にともないいったん増加するものの，タケの割合が高くなると減少し，100％竹林では二次林の1/2程度であった．つまり，二次林のリターフォール量は竹林の約1.3倍であるが，土壌下層への移動量はほぼ2倍であるから，分解を受けたものの吸収効率は竹林でよいことがわかる．二次林と竹林の根系の分布は異なっており，タケのほうがより浅い層に根系を集中させる．そのため，20 cmまでの層での吸収効率がよく，二次林に比べて下層への移動量（流出量）が小さくなったのかもしれない．

また，貧栄養な立地での窒素利用効率（単位窒素あたりの炭素生産量）は侵入種でとくに高いことが報告されている[16]．本試験地の窒素利用効率を計算すると図8-6のように，やはり既存の研究例と同様に侵入種のタケで高かった[14]．

5）大気降下物が竹林拡大におよぼす影響

タケ林で土壌下層に窒素が流出しないメカニズムについてもう少し考えてみよう．窒素はさまざまな形態で森林土壌中に存在するが，図8-5にみられた土壌中を移動する窒素は主に硝酸態窒素（NO_3^--N）であった．植物はNO_3^--Nを利用する際には，吸収したNO_3^--Nを体内でいったんアンモニア態（NH_4^+-N）に還元する必要がある．このとき用いられるのが硝酸還元酵素（Nitrate Reductase; NR）である．二次林の構成種とタケのNRを調査したところ，タケで二次林構成種よりはるかに高いNR活性がみられた[17]．とくに，筍のNR

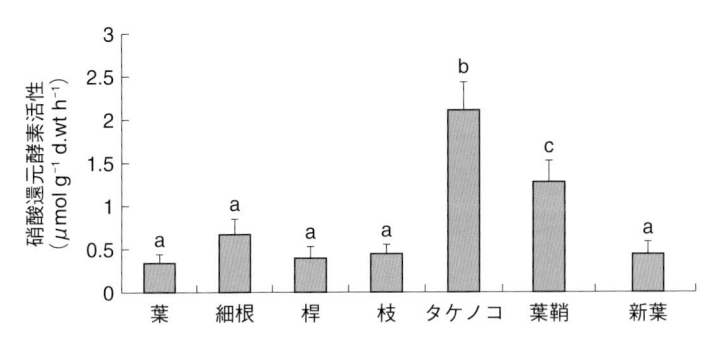

図8-7 タケの各部位における硝酸還元酵素活性．（Ueda et al.[17] より描く）異なるアルファベットは違いがあることを示す．

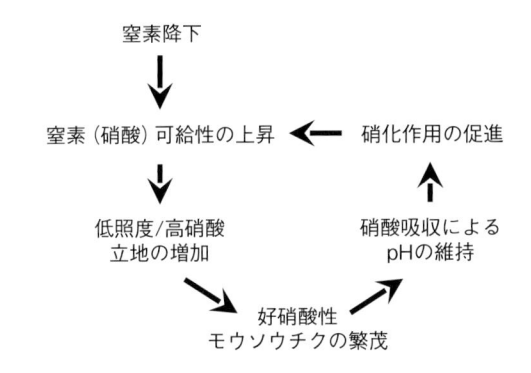

図8-8 竹林でのフィードバック．

活性は高く（図8-7），加えて筍体内の NO_3^- 濃度は他の樹木と比較して非常に高い[17]．これらのことから，筍の成長には NO_3^- が窒素源として重要であることが推察される．NO_3^- は NH_4^+ に比べて毒性が低いので，周囲の親タケから成長に多量の窒素を必要とする筍に NO_3^- を移動させているのではないだろうか．

また，現在地球規模で問題となっている窒素降下物の増加は，土壌中の窒素の可給性を増大させる．この結果，土壌中では硝化作用が進み，NO_3^- が増加すると考えられる．このことは，降下した，あるいは生成された NO_3^- を高いNR活性によって有効に利用することができるタケにとって有利である．さらに，植物が NO_3^- を吸収しない場合，硝化過程で生成されるプロトン（H^+）によって土壌pHは低下するが，生成された NO_3^- を吸収することによって，土壌のpHを維持することができる．硝化作用は低pHで抑制されるため，タケ

の NO_3^- 吸収は硝化作用促進につながる．その結果，さらに土壌中には NO_3^- が増加し，タケに有利になるという正のフィードバックがかかることも推察される（図8-8）．このように，物質循環の視点をいれると，里山における竹林の拡大に対して，大気からの窒素供給の影響があることが示唆される．

3．物質収支から考える里山管理

　里山の形成には人間の営みが深く関わってきた．人間の営みは，その場の物質循環にも大きな影響を与え，里山にほとんど人の手が加わることがない現在までもその影響は残っている．このように人間の営みは里山にとって非常に厳しいものであった一方，里山を貧栄養で遷移が抑制された独特の生態系に維持した．近年，従来の役割を終えた里山に，従来と同様の高い生物多様性などが期待されている．この生物多様性を維持するためには，多様な生物の存続を支えていた貧栄養な土壌条件と頻度の高い撹乱が必要である．

　同時に，今後の里山には最低限の前提条件が存在すると考える．すなわち，里山は生物多様性を維持しつつ，"物質循環的に持続可能である"ということである．持続的であるかどうかは，物質的にはその系の収支のバランスがとれているかによる．前述のように強度な収奪を行っていたにもかかわらず多くの里山が維持されていたのは，取り決めの存在により，刈敷や薪炭によって収奪される物質量が放置された期間に回復する量よりやや多い程度に抑制されたこと，加えて土壌に含まれている物質によって補われバランスを保てる範囲にあったためと考えられた．一方で，バランスがとれなかった山が裸地化した例もみられた．

　したがって，もし，過去のような利用にともなう里山の維持を考えるならば，物質循環の理解を基礎として，時間的には15〜20年のサイクルで行われる薪炭林施業と1年をサイクルに行われる刈敷収穫，それらによって成立する空間的なモザイク構造を再現できるようなシステム作りを行うことが必要となるだろう．また，この強度については地域によって異なることも考慮しなければならない．一方，窒素降下量の増大など物質循環や生物多様性への影響の予測が困難な事項も多く，詳細なモニタリングを行いつつ，生物多様性を維持できる関わり方を検討していくことがこれからの里山管理には欠かせないだろう．

引用文献

1) 水本邦彦（2003）草山の語る近世．山川出版社
2) 所三男（1980）近世林業史の研究．吉川弘文館
3) 新藤純子・木平英一・吉岡崇仁・岡本勝男・川島博之（2005）我が国の窒素負荷量分布と全国渓流水水質の推定．環境科学会誌 18, 455-463
4) 臼井伸章（2008）天王山における二次林と竹林の窒素循環．近畿大学卒業論文
5) 片桐成夫（1988）中国山地の落葉広葉樹二次林における物質循環の斜面位置による相違．日本生態学会誌 38, 135-145
6) 後藤義明・玉井幸治・深山貴文・小南裕志・細田育広（2006）竜の口山森林理水試験地における広葉樹二次林の階層構造に及ぼす攪乱の影響．森林総合研究所研究報告 3, 215-225
7) 山内仁人・片倉正行（2008）アカマツ・カラマツ・コナラ林の地下部バイオマス量．中部森林研究 56, 55-56
8) 河原輝彦（1971）Litter Fallによる養分還元量について（Ⅱ）有機物量および養分還元量．日林誌 58, 231-238
9) 坂井百々子（2009）シカの食害が森林動態に与える影響―近畿地方の天然生林と人工林の調査から―．近畿大学卒業論文
10) 暁晴翁（1863）宇治川両岸一覧．坤．京都大学大学院工学研究科建築学専攻蔵
11) 須藤功（1989）写真でみる日本生活図引．たがやす．弘文社
12) 黒田慶子・山田利博（1996）ナラ類の集団枯損にみられる辺材の変色と通水機能の低下．日林誌 78, 84-88
13) 金子有子・国松孝男・籠谷泰行・中島拓男（2007）森林流出水および森林動態の長期モニタリング．琵琶湖環境科学研究センター 研究報告書 3, 101-109
14) 小川遼（2007）天王山におけるモウソウチクの侵入に伴う窒素循環機構の変化．京都大学修士論文
15) 堤利夫（1987）森林の物質循環．東京大学出版会
16) Funk JL & Vitousek PM (2007) Resource-use efficiency and plant invasion in low-resource systems. Nature 446, 1079-1081
17) Ueda UM, Ogawa R, Tokuchi N (2009) High nitrate reductase activity in sprouts of *Phyllostachys pubescens*. Journal of Forest Research 14, 55-57

第9章

都市林と緑化地

高橋輝昌

　都市公園や道路脇の法面に自然の森のような立派な樹林を目にすることがある．これらの樹林はどうやってつくられたのだろうか．ここでは，まず都市林や緑化地が必要とされる理由を述べ，次に樹林地を維持するためには自然の森林のように自立した循環系の創出が有効なこと，その循環系は都市環境の影響を受けることを解説する．都市林が造成されたり，道路脇の法面緑化で樹木が植栽される土壌は，有機物や養分をほとんど含んでいない未熟な土壌であるので，その不足を補う必要がある．ここでは剪定枝をチップ材にして敷きならしている都市公園の例や，法面緑化における過剰施肥の問題を取り上げる．

1．求められる「自然らしさ」と「人との共存」

　自然のままの森林や草原の環境下では人間は現代の快適な生活を送ることができない．したがって，森林や草地を取り除いて都市を造成する．しかし，人々は生活のなかに緑を求め，都市には景観や環境の改善などのために多くの植物が植えられて都市緑地がつくられる（図9-1）．都市域住民の価値観が多様化するにともない，都市の緑地には美しさや快適さだけではなく，季節を体感する，多くの生きものと触れ合う，といった自然らしさも求められるようになるとともに，緑化技術も年々向上している．
　都市では緑地が求められる一方，自治体の緑化担当部署には，「樹木で緑化すると街にゴミ（落葉落枝などの植物遺体や剪定枝）をふやすだけだからやめてほしい」といった苦情や要望が寄せられることがある．常緑樹が落葉しないという誤解から「落葉の掃除が大変だから街路樹を植えるなら常緑樹にしてほしい」といった要望や，灌水などの手入れをしなくても植物を生かし続ける緑

Management of urban forests and re-vegetation; Takahashi, Terumasa

化技術を望む声もある．都市の緑化では生活に近い部分ほど人の生活との両立に配慮が必要である．

都市以外でも道路やダムなど大規模な土木工事の際には，森林で覆われた斜面が切り崩されることが多い．切り崩された後の斜面（法面）は，多くの場合，降雨時の侵食や崩落の防止や景観の改善のために緑化される（図9-2）．法面緑化の方法も年とともに変化してきている．緑化技術者の間では，法面緑化の目標はかつては「3カ月かけて，3種類の植物で構成された，高さ30 cmの草地をつくる」であったが，近年では「3年かけて，30種類の植物で構成された，高さ3 mの樹林をつくる」ことに変わったといわれている．また，法面を覆う樹林には近隣の森林との調和（類似）や生物の多様性が求められ，言い換えれば，自然に近い姿にすることが目標となっている．

2．「自然らしさ」は「自立性」

都市の住民が思い描く「自然らしさ」は一様ではないが，外見で判断されることが多く，人間以外の生きもの（とくに植物）が多量に存在すれば，自然らしく感じるようである．スギやヒノキの人工林を自然らしいと感じる人もいれば，街路樹や農地を自然らしいと感じる人もいる．都市の植物は，景観の向上も含めた人間の生活に役立つ何らかの目的をもって（もたされて）存在している．一方，目的にそぐわない植物は「雑草」として取り除かれる．このことは，都市のみならず，道路やダムの法面緑化においても同様である．したがって，都市や人工的な緑化地では，目的にそった植物によって自然らしさがつくられる．

緑地の自然らしさに関するさまざまな定義のうち，実現性が高いものとして，「自立性」があげられるだろう．一般に自然界の十分に成熟した森林では，生きものの量や組成，さらには森林と周辺環境の間の物質の収支が季節ごとにほぼ一定の状態に維持される．緑地を構成する生きものは，機能によって生産者（植物），消費者（主に動物），分解者（主に微生物）に分類され，それらを取り巻く環境に適応しつつ，資源（水やさまざまな元素）を循環させながらその量や組成を一定に保つ仕組み－生態系，物質循環系－により自立している．

都市では人間とそれ以外の生きものの生活が両立する必要がある．したがって，人間の立ち入りを拒まなければ維持されないような手つかずの生態系を都市に保つことは現実的ではない．ただ，都市の緑地においても，自然らしさの

図9-1 都市に創出される緑地(東京都・駒沢オリンピック公園から新宿方面を臨む)環境改善や都市住民の生活の質を高めるために都市域には緑地が造成される.

図9-2 緑化された法面(奈良県・大迫ダム)法面の浸食を防止したり景観を改善するために植物が導入される.この法面ではコンクリートで固定されたのち,景観を改善させるための緑化が行われた.

指標を「生きものの量や組成が世代を超えてほぼ一定に保たれる仕組み」をもっているかどうかに求めるべきであろう．そのためには，人間自身が生態系の一部として機能していることを理解する必要がある．

3．都市環境の影響

　前述のように，緑地の生態系は周囲の環境に適応しながら機能（生きものの量・組成の維持，資源の循環）している．都市緑地が適応しなくてはならない都市環境の特徴の1つとして，高濃度の大気汚染があげられる．大気汚染物質のほとんどは化石燃料の燃焼にともなって発生したものであり，窒素酸化物，硫黄酸化物をはじめさまざまな物質が確認されている．緑地に自然らしさを再生させようとする場合，大気汚染物質の影響に対処しなくてはならない（第Ⅰ部第2章参照）．

　大気汚染物質は人間にとって有害なので，都市の緑地（樹林地）には大気汚染を緩和する機能が求められる．緑地による大気汚染の緩和のしくみは図9-3に示すような「拡散・希釈」，「沈降」，「吸着」，「吸収」の4つに分類される[1]．

　拡散・希釈とは，汚染された空気が樹林によって上空に吹き上げられ，上空の比較的清浄な空気と混合されることで，汚染物質濃度を低下させることをいう．この作用では，大気中の汚染物質の総量は減らせない．沈降とは，樹林内に吹き込んだ大気汚染物質が風速の低下によって浮力を失い落下することで大気中の汚染物質は除去される．吸着とは，大気汚染物質が植物の表面に付着されることにより大気汚染物質は除去される．吸収とは，大気汚染物質が光合成や呼吸にともなう気孔のガス交換作用によって植物体内に取り込まれ，除去されることをいう．

　大気汚染物質には気体のものと固体のものがある．樹林がもつ4つの大気汚染の緩和機能のうち，拡散・希釈は気体と固体のいずれの大気汚染物質にも作用する．吸収は気体の大気汚染物質に作用する．沈降と吸着は主に固体の大気汚染物質に作用する．沈降した大気汚染物質は直接土壌に入る．また，吸着や吸収によって大気中から除去された大気汚染物質も降雨時に植物から洗い流されたり，落葉落枝などとともに最終的には土壌に入る．その結果，これらの大気汚染物質が土壌の性質を変化させることもある．

　皇居（東京都千代田区）の東御苑には，武蔵野の雑木林を再現した人工的な樹林地（皇居林）があり，一般に公開されている．この樹林地の造成には表土

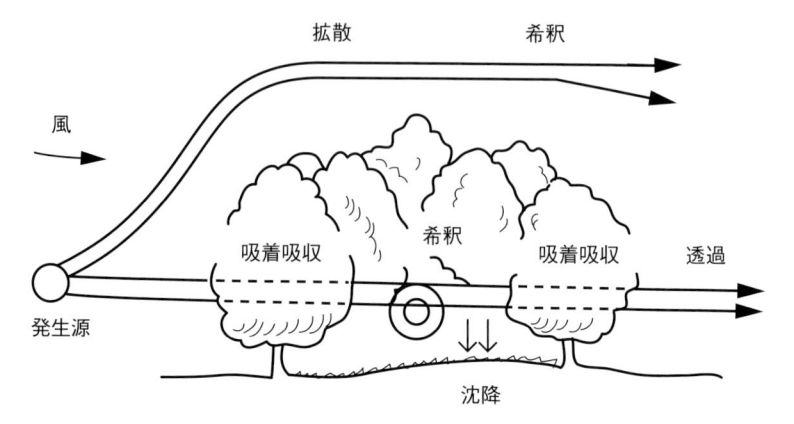

図9-3 都市緑地（樹林地）による大気汚染の緩和機能．（三沢[1]から転載）

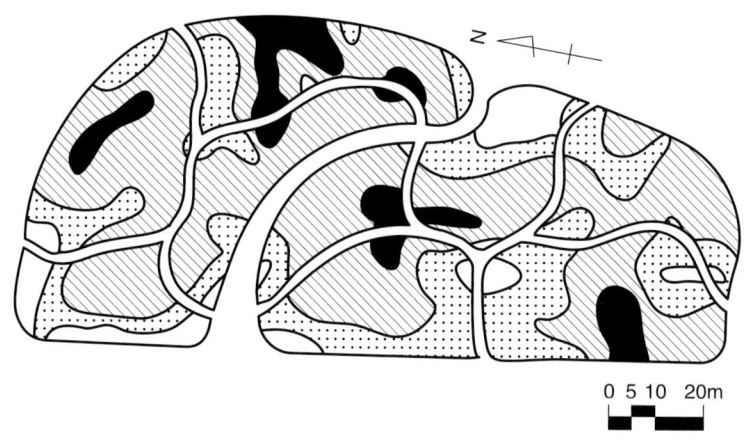

図9-4 皇居東御苑二の丸雑木林の表層土壌におけるpHの分布．（高橋ら[2]から転載）
黒塗り：pH (H_2O) ≦6，斜線：6< pH (H_2O) ≦6.5，点：6.5< pH (H_2O) ≦7，
白抜き：7< pH (H_2O)．造成時には全域がpH (H_2O)<6であったと考えられる．

移植工法とよばれる工法が採用され，相模原市内の開発が予定されていた雑木林（武蔵野林）から表層土壌が形を崩さずに根や種子を保ったままの状態で移植された．武蔵野林の表層土壌のpHは5程度であり，酸性である．しかし，皇居林で造成後14年ほど経った表層土壌の酸性度（pH）の分布を調査したところ，図9-4のようにほとんどの場所でpH 6以上であり，一部ではpH 7を超えるところもあった[2]．これは，都市環境の影響，とくに皇居林周辺からの舞いこむ粉塵の影響，言い換えれば皇居林による沈降・吸着作用の結果と考えら

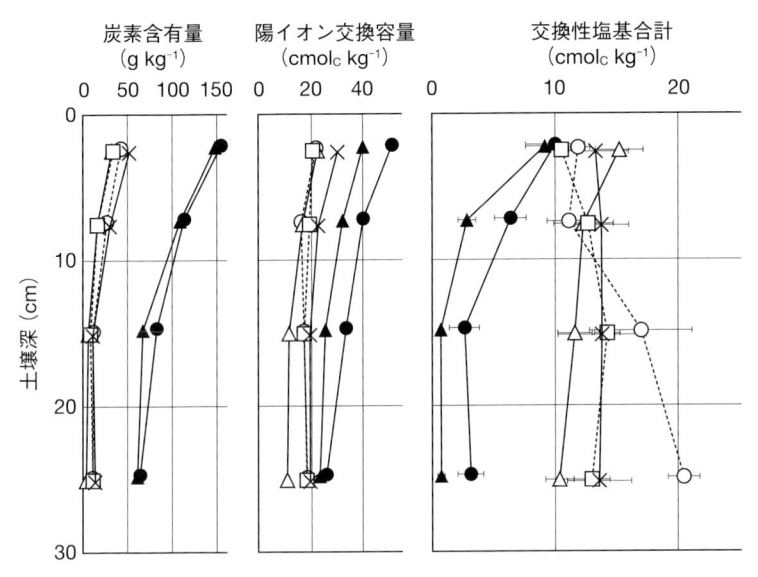

図9-5 千葉県松戸市「21世紀の森と広場」における土壌の化学的性質．（高橋ら[3]から転載）
黒塗り：天然林，白抜きとバツ印：造成緑地

れる．土壌の酸性度は土壌中の生きもの（主に分解者）の組成や活性，養分元素の動態などの植物にとっての養分特性を変化させることになり，自然らしさ（物質循環系）にも影響すると予想される．

4．都市緑地土壌の特徴

　森林などの自然緑地において，土壌は植物の生育に必要な水と養分を供給する．自然緑地では物質循環をとおして土壌中に植物の量や組成に見合った量の養分が蓄積してくる．しかし都市緑地は短期間に造成されるため，物質循環による土壌生成の過程が省かれることが多い．

　千葉県松戸市に造成された総合公園「21世紀の森と広場」には，保全された天然林と人工的に造成された緑地（樹林地）が隣接している．公園開園4年目にこの公園の天然林と造成緑地で土壌の性質を調査した．造成緑地の土壌では，天然林の土壌に比べ有機物（炭素）濃度が低く，保肥力（陽イオン交換容量，CEC）が小さく，可給態養分（交換性塩基合計）が多かった（図9-5）[3]．造成緑地では一般に植物量が少なく，落葉は除去されるので，森林土壌に比べて土壌の有機物含有量が少ない．土壌有機物は植物から供給される落葉・落枝に由

来し，保肥力を高める効果をもつ．土壌有機物含有量が小さい造成緑地では可給態養分は表層土壌にも保持されないため植物に利用されず，下層の土壌に流亡している．すなわち，造成直後の都市緑地では持続的な物質循環系が未発達な状態にあるので，土壌有機物含有量を増加させて植物の生育に適した状態にする必要がある．

5．都市に循環系をつくる試み

　森林の落葉落枝は植物が吸収した養分を土壌に還元しており，物質循環の主要な経路となっている．多くの公園や街路樹といった都市緑地では，利用者（通行者）の妨げにならないように落葉落枝が除去されることが多い．また，都市緑地の樹木管理で剪定作業によって切り落とされる枝葉（剪定枝）のほとんどは廃棄物として焼却処分される．このため，都市緑地では自然緑地にみられるような物質循環系は形成されにくい．都市緑地に自立的な自然の物質循環系をつくろうとする場合，落葉落枝や植物管理で発生する「廃棄物」をいかに活用するかが課題である．

　一部の公園では，落葉や剪定枝を地面に敷きならす試みが行われている．公園管理者の立場からみると，これは廃棄物の量を減らし，廃棄物の移動や焼却による環境負荷を低減させる試みであるが，見方を変えれば，人為的に自然界の物質循環に倣った循環系を都市につくる試みでもある（図9-6）．

　東京都立公園では，公園の管理作業で発生する剪定枝を粉砕しチップ材にして地面に敷きならしている．チップ材を用いた人為による持続的な物質循環系を確立させるためには，敷きならされたチップ材の分解特性や，チップ材下の土壌の性質の変化を把握しておく必要がある．森林では落葉落枝が土壌に供給されるが，チップ材の敷きならしは生きている枝葉が土壌に供給される．また，前述のように大気汚染物質の影響もみられる．そのため森林と都市緑地では有機物の分解特性やそれにともなう養分動態が異なる可能性がある．

　東京都内にある都立・区立の公園で，敷きならされたチップ材の分解特性を調べたところ，チップ材の厚さは敷きならされたときにはおよそ10 cmであったが，2年目には約60％となり，その後ゆるやかに減少して，およそ4 cmで安定した（図9-7）．また，チップ材の重さは敷きならし後10年目には1年目のおよそ半分になった．これらのことから，チップ材は敷きならし後3年ほどで分解しにくくなることがわかった．一方，チップ材下の土壌の炭素含有量の経

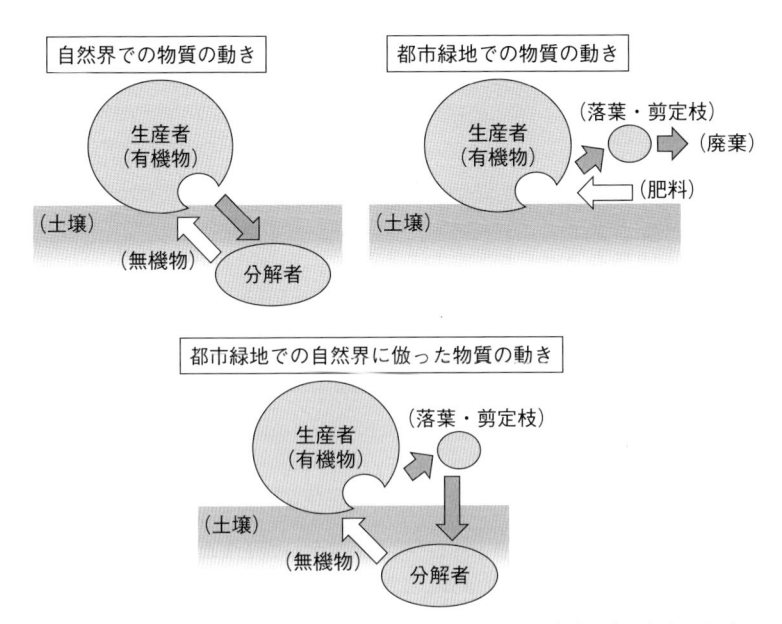

図9-6 自然界での物質循環と都市緑地での人為による物質循環系の創出の概念.

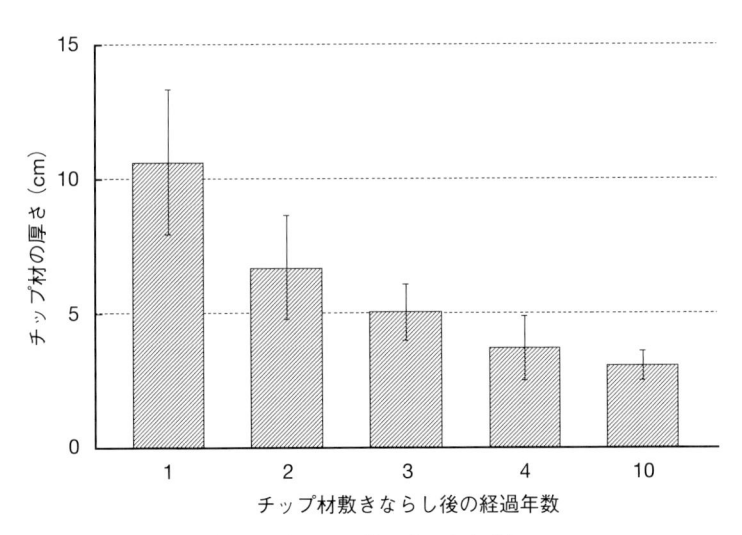

図9-7 チップ材の厚さの経時変化.（佃ら[4]から転載）

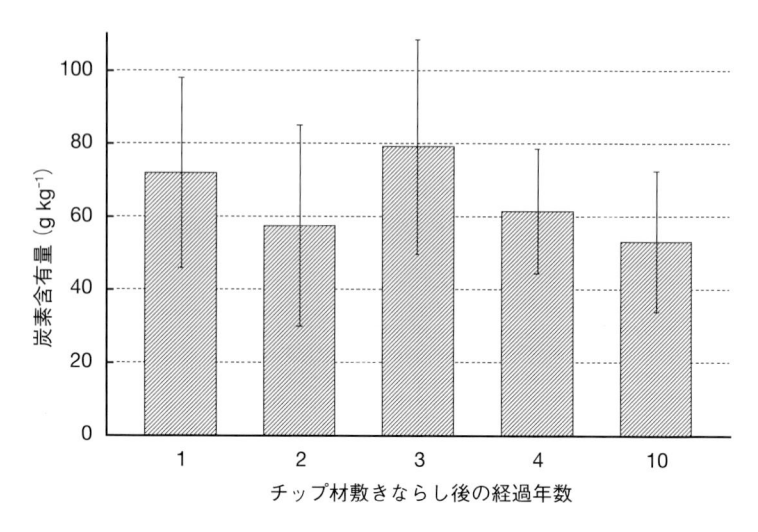

図9-8 チップ材下の土壌の炭素濃度の経時変化．(佃ら[4] から転載)

時変化をみると，チップ材敷きならし後3年で最大となり，その後減少している（図9-8）．このことから敷きならされたチップ材から土壌への有機物の供給は，敷きならし後3年あたりで最大となり，養分元素の供給もチップ材の分解にともない盛んに行われる．これらのことから，公園管理で発生する剪定枝を活用し3～4年の周期でチップ材の敷きならしを行うことで，土壌に有機物（養分）が供給されつづけ，公園内の物質循環が維持できる[4]．都市緑地土壌の問題点の1つは，土壌有機物が少ないことであるので，チップ材の敷きならしにより土壌有機物濃度を増加させることで土壌改良効果も期待できる．

ところで，剪定枝の敷きならしが一部の公園にとどまる最大の要因は，公園管理者が敷きならしの場所がないと考えることによる．筆者らがいくつかの公園で剪定枝の発生量を調査し検討したところ，3～4年周期で10 cmの厚さでチップ材の敷きならしを行うために必要な面積は公園面積の2％以下であった[4]．このことから，公園内に剪定枝の敷きならし場所を確保し，剪定枝を活用した公園利用の妨げにならないような物質循環系を形成させることは十分可能である．

都市域で発生する剪定枝のおよそ6割は街路樹に由来する．街路樹の根元には土壌の露出が少なく，街路樹由来の剪定枝を敷きならすことができない．このような剪定枝を活用する方法として，堆肥に加工して新たな公園の造成や農

図9-9 海の森みどりの資源化センターにおける剪定枝の堆肥化作業（東京都・大田区）．東京都の特別区内で発生する街路樹の剪定枝はここで堆肥化され，東京湾をゴミで埋め立てた「夢の島」に造成されている「海の森公園」の植栽基盤資材として活用される．

地の土壌改良に活用する試みも行われている（図9-9）．

6．緑化による環境負荷

　法面緑化は，人の生活圏から離れており，粗放的な管理が行われる点で都市緑地よりも自立的な物質循環系が形成されやすいといえる．法面緑化の現場では，植物を生育させるために，基盤（土壌）作りが重要視される．道路やダムの法面では，地形の改変にともなって植物の生育に適した表層土壌が失われていることが多いので，さまざまな土壌改良資材が用いられる．また法面を早期に植物で覆わせるために，多量の施肥を行うことが多い．

　図9-10はある法面緑化地での施工後の土壌中の養分量の変化を示したものである[5]．土壌中の養分量は施工後の年数が経つにつれて減少し，植物はふえ続ける．自然生態系では植物（生産者）がふえれば，生態系内を循環する養分量が増加し，土壌に蓄積する養分量が増加するのが一般的である．施工後に土壌

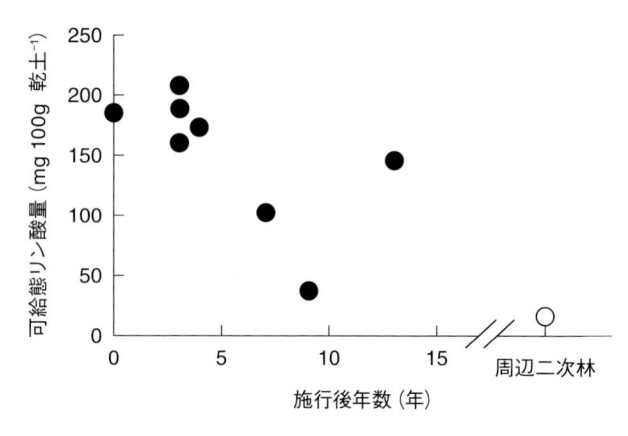

図9-10 法面緑化施工後の可給態リン酸濃度の経時変化．(橘ら[5]から転載)

中の養分量の減少が続くことは，施工時の施肥が過剰であり余剰の養分が流亡していることを示している．法面緑化地は，やがては周辺環境と調和した生態系を形成するが，それまでに過剰の養分が流亡し地下水や河川の汚染など周辺の環境に影響をおよぼし続ける可能性がある．

　法面緑化地の周囲は自然緑地に囲まれていることが多いことから，緑化地からの養分流亡は周辺の生態系に影響を与えることが考えられる．さらに法面緑化に用いる植物が周辺の自然環境に侵入することも問題視されている．法面緑化にあたっては，周辺の自然生態系への影響を考慮し，環境負荷の少ない工法の開発が望まれる．

　施肥に関しては，都市緑化地でも植物を枯らさない，あるいは美しく見せることが最優先され，必要量を超える肥料を用いることが多い．植物に利用されない養分は生態系外に流亡し，法面緑化地と同様に環境負荷をもたらすことが懸念される．緑化による環境負荷をできるだけ小さくするために，適切な肥料の使用量や植物の生育状況をふまえた自立的な物質循環系を形成させるように管理計画の作成について検討されるべきである．

引用文献

1) 三沢彰（1982）沿道空間における環境緑地帯の構造に関する基礎的研究．千葉大学園芸学部学術報告 30, 87-174
2) 高橋輝昌・生原喜久雄・峰松浩彦（2001）表土移植工法により造成された皇居

東御苑の雑木林土壌の理化学的性質の変化，日本緑化工学会誌 27(2)，430-435
3) 高橋輝昌・小出恭子・浅野義人・小林達明（2000）松戸市「21世紀の森と広場」における植生形態の異なる緑地の土壌養分特性の比較，日本緑化工学会誌 25(3)，196-207
4) 佃千尋・加藤陽子・高橋輝昌・小林達明（2009）植物発生材チップの分解特性と土壌の変化に基づくみどりのリサイクルの持続性の検討，造園技術報告集 5，122-125
5) 橘隆一・福永健司（2000）法面緑化施工地の根圏環境評価方法としての土壌理化学性および生物学的性質の検討，日本緑化工学会誌 25(4)，623-626

第10章

森・川・海

戸田浩人

　わが国は四方を海に囲まれ海洋資源にも恵まれている．森と川と海が水を介してつながることで，わが国周辺の生態系のバランスが維持されてきた．陸域の風化物質は渓流，河川を通じて海洋へ移動する．河川から流入してきた物質により河口や沿岸域の物質生産が左右されている．陸域から海洋における物質の動態から，そのつながりの重要性を概説する．

1．森川海をめぐる物質

　わが国は森林率が7割の森林資源に恵まれた国であると同時に，四方を海に囲まれ海洋資源にも恵まれている．森と川と海が水を介してつながることで，これらの生態系のバランスが維持されてきた．陸域は森林ばかりでなく，耕地，都市も存在し，有機物，栄養塩類，土砂さらには人工物が河川に流入し，物理・化学・生物的な作用を受け変化しながら河口へと輸送される．これらの輸送された物質は，河川および河口・沿岸浅海域の生物生産に影響をおよぼしている．

　水の分布に関して，地球上の水分の97％を海水が占め，わずか3％が淡水でありそのほとんどが氷河や氷山として存在している．そのため大気中の水は0.001％，河川水は0.0001％にすぎない．一方，水の回転速度は海水で4,000年（海水量／蒸発量）と長期間であるのに対し，大気中の水は10日（大気水量／降水量），河川水は14日（河川水量／流量）と速く，絶えず大気から陸へ，陸から海へと流れている．

　バイオマスの分布に関しては，森林の樹木が幹や枝などの器官を有するために圧倒的な割合が陸域に存在している．一次生産（光合成量）は陸と海で同程度であるが，バイオマスあたりの一次生産は陸より海のほうが数百倍高い．海

Forest-River-Ocean; Toda, Hiroto

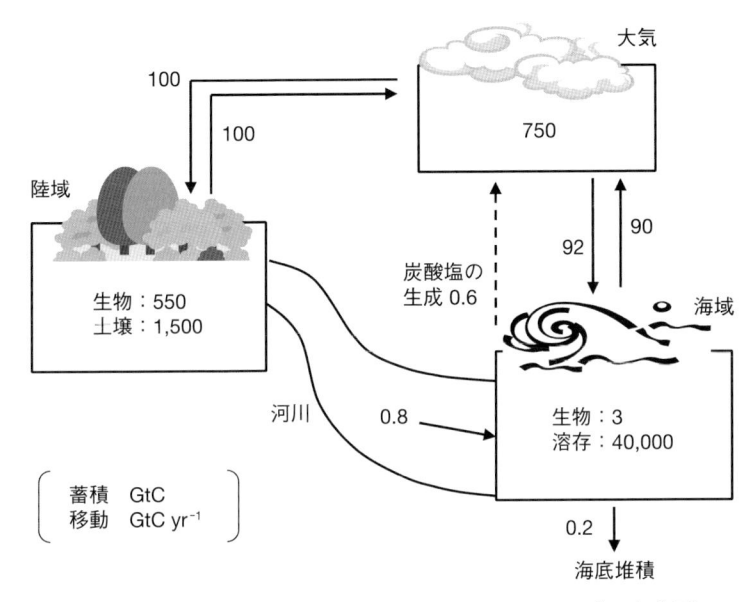

図10-1 地球表層の炭素循環．(Siegenthaler and Sarimiento[2] より作図)

　洋表層で生産された有機物は，わずかな時間に代謝や食物連鎖で消費分解されてしまうため，海洋のバイオマス生産と消費の速度は非常に速い．ただし海洋における生物生産は一様でなく，亜熱帯の海域は十分な光量であるにもかかわらず生物生産が低く，「海の砂漠」とよばれている．その理由は，植物プランクトンが増殖するために必要な栄養塩の不足にある．海洋プランクトンの平均組成は $C_{106}H_{263}N_{16}P$ （レッドフィールド比）[1] であり，これを維持するにあたり海水中には炭酸系イオンは十分に存在するが，窒素とリンは不足している．

　炭素は，大気に750 GtC，陸域の生物に550 GtC，土壌に1,500 GtC，海域に40,000 GtC が存在している（図10-1）．陸域から河川を通して海域へ移動する量は0.8 GtC yr^{-1}，そのうちの0.6 GtC yr^{-1} は炭酸塩の形成等により CO_2 として大気へ戻り，0.2 GtC yr^{-1} が海底堆積物として沈積していく．

　窒素は化学的に安定した窒素ガス（N_2）として，大気に $3×10^9$ MtN，海洋に $2.2×10^7$ MtN と多量にあり，陸域では生物に3,500 MtN，土壌に9,500 MtN，海域では生物および遺骸に5,500 MtN，硝酸として $6×10^5$ MtN 存在している（図10-2）．陸域から河川を通して海域へ窒素の移動は40 MtN yr^{-1} であり，海域における大気からの移動（70 MtN yr^{-1}）の1/2程度である．

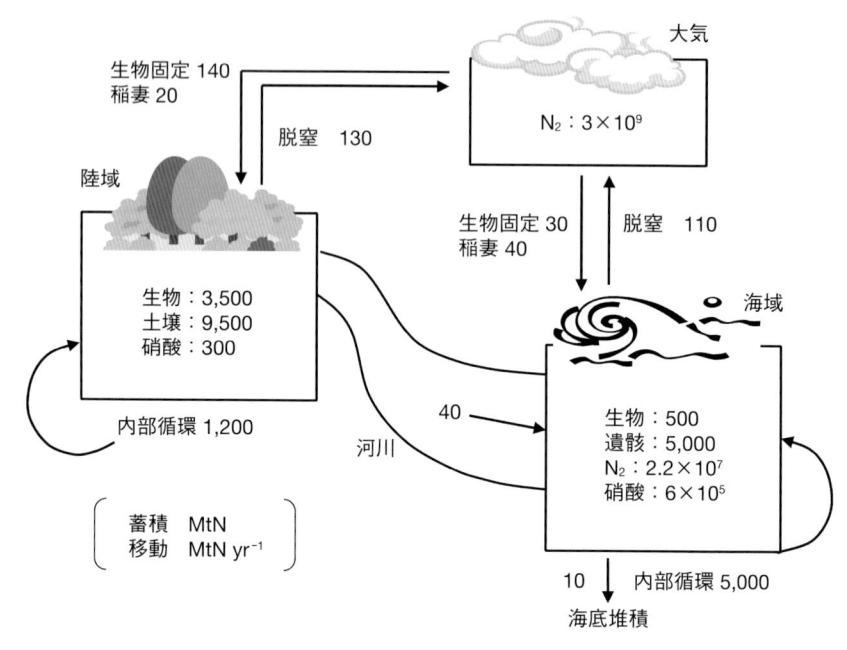

図10-2 地球表層の窒素循環.（Schlesinger[3] および Cox[4] より作図）

　リンは，陸域の生物に2,600 MtP，土壌に200,000 MtP，海域の生物および遺骸に750 MtP，溶存態として80,000 MtP 存在しているのに対し，大気には粒子状で0.3 MtPしかない（図10-3）. リンは中性の環境では溶解しやすいが，Ca, Al, Fe との化合物は非常に難溶性である. 陸域から河川を通して海域へ移動する量は，溶存および粒子状の形でそれぞれ1.0 MtP yr^{-1} および20 MtP yr^{-1} であり，大気経由の風成塵で4.2 MtP yr^{-1} 程度となっている. なお，レッドフィールド比[1] より海洋プランクトンではC:N:P が106:16:1, 陸上植物では790:7.6:1であることから，同量の有機炭素の生産には海域でよりリンを必要としていることがわかる（第Ⅲ部第27章参照）.

　冷たい海域で一次生産の大部分を担う珪藻は，直径数μm〜1 mm程度のオパール（$SiO_2 \cdot nH_2O$）殻を持つ植物プランクトンである. また，熱帯域から極域に広く分布する動物プランクトンの放散虫もオパール殻を持つ単細胞生物である. したがって，海域の生物生産には主要栄養塩として，N, Pとともにケイ酸（SiO_2）が必要である. 海域へのケイ酸の供給は，陸域から河川を通して

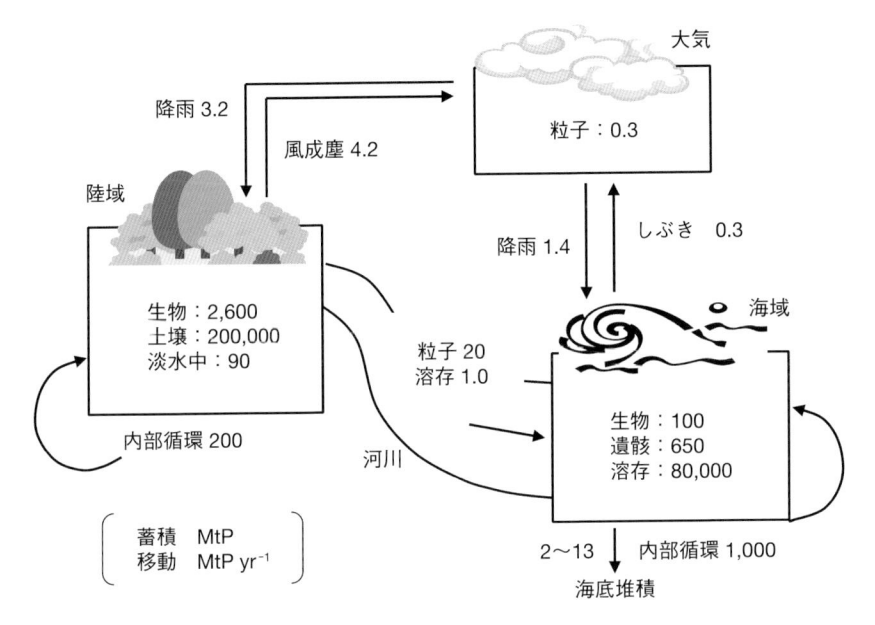

図10-3　地球表層のリン循環．(Schlesinger[3] およびCox[4] より作図)

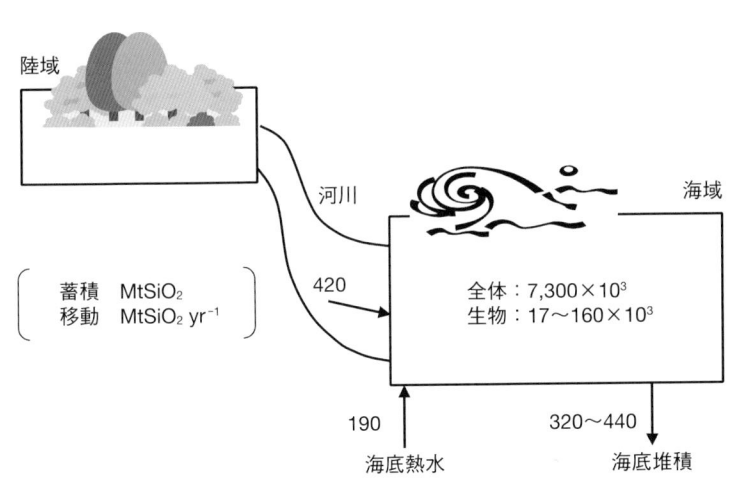

図10-4　海域におけるケイ素動態．(DeMaster[5] より作図)

第10章　森・川・海

420 MtSiO$_2$ yr^{-1}（70％），海底熱水系から190 MtSiO$_2$ yr^{-1}（30％）となっている（図10-4）．海洋表面におけるオパール殻生産量は17〜160×10^3 MtSiO$_2$ yr^{-1}と値に大きな幅がある．海底堆積物として沈積する量は，320〜440 MtSiO$_2$ yr^{-1}と推定されている．また海域に存在する全ケイ酸量の回転速度は1万2000年（存在量／供給量），海洋プランクトンによる回転速度は最速でも400年（存在量／オパール殻生産量）と算出される．

海域の生物生産には，微量元素も重要な役割を果たしている．鉄（Fe）は光合成，呼吸，窒素固定など多くの酵素反応に必要とされる生物に必須の元素である．FeはpH 4以上かつ酸化的という条件下では難溶性であり，海洋表層では沈殿等により除去される速度が窒素等の栄養塩より速いため，植物プランクトンへの供給が不足している．河口や沿岸域から外洋域にかけてFe濃度が減少するため，北東太平洋，南極海，赤道太平洋域は，極表層水にN，P，Siといった主要栄養塩が存在してもFe不足である．このため生物生産が抑えられることから「高栄養塩低生物生産」海域とよばれている．これらの海域において行われたFe散布実験では，生物生産の増大がみられた．また，海域へは風成塵によってもFeが供給されているが，植物プランクトンの生産にとっては風成塵からのFe溶解速度が重要となる．

2．陸域の風化物質の海洋への移動

基本的に陸域は削剥・風化し，その物質が海域に流入し堆積する．また，直接空気と接触する陸域の表層は酸化されやすいのに対し，海域の堆積物内部は還元的である．大気のCO$_2$と反応する化学的風化は，重炭酸イオン（HCO$_3^-$，炭酸水素イオン）をつくり出し，大気からCO$_2$を除去している．代表的なものとして，炭酸塩，ケイ酸塩，アルミノケイ酸塩の風化を以下に示す．

炭酸塩：$CaCO_3 + CO_2\downarrow + H_2O \rightarrow Ca^{2+} + 2HCO_3^-$

ケイ酸塩：$(Mg, Fe)\ 2SiO_4 + 4CO_2\downarrow + 4H_2O$
$$\rightarrow 2Mg^{2+}(Fe^{2+}) + Si(OH)_4 + 4HCO_3^-$$

アルミノケイ酸塩：$CaAl_2Si_2O_8 + 2CO_2\downarrow + 3H_2O$
$$\rightarrow Ca^{2+} + 2HCO_3^- + Al_2Si_2O_5(OH)_4$$

河川の化学組成は，①炭酸塩の溶解，②アルミノケイ酸塩などとの反応，③岩塩の溶出の大きく3つの起源に分類される．わが国は火山岩が多いため，河川水は②の場合が多い．世界の大河川の平均組成では，Ca^{2+}とHCO$_3^-$がモル

比でおおむね1:2と$CaCO_3$の溶解で説明される．河川水と海水で主要な化学組成を比べると，陽イオンは河川水で$Ca^{2+}>Mg^{2+}>Na^+$，海水では$Na^+>Mg^{2+}>Ca^{2+}$，陰イオンは河川水で$HCO_3^->SO_4^{2-}>Cl^-$，海水で$Cl^->SO_4^{2-}>HCO_3^-$と組成割合の順序が逆になる．これは，海水からのNa^+やCl^-が相対的に沈殿・除去されにくいためである．

世界の河川流量（37,000 Gt yr^{-1}）に平均重炭酸イオン濃度（約60 mg L^{-1}）を乗じ，河川から海域に移動する炭酸量は0.44 GtC yr^{-1}と算出される．一方，有機炭素や粒子状炭素は誤差が大きいものの0.34 GtC yr^{-1}と推定されている．河口域で河川水中に含まれる有機物は負に帯電した官能基をもつために，これら官能基が海水中の高濃度のNa^+と結合し沈殿しやすくなる．このため有機物とキレートを形成して溶存していたFeなどの溶存微量重金属は，河口域で沈殿し，外洋域には溶存態ではほとんど運搬されない．

河口域や沿岸では栄養塩の流入によって，植物プランクトンの一次生産が増加しCO_2の吸収が高まる．しかし，河川水の溶存無機炭素が多くても，栄養塩濃度とのバランスが悪いと必ずしも大気のCO_2の吸収を高めることにならない．また，サンゴの骨格や有孔虫などが生物起源の炭酸塩殻を生成する石灰化の場合，下式のようにCa^{2+}とHCO_3^-から石灰が生成しCO_2が放出される．

石灰化：$Ca^{2+} + 2HCO_3^- \rightarrow CaCO_3 + H_2O + CO_2\uparrow$

全炭酸が多い河川水や石灰岩を母材とする流域の河口付近では，流入河川水がCO_2の潜在的放出源となっている可能性がある．

3．渓流から河川への物質動態

山地上流の渓流では森林に被陰されるため一次生産が光で制限されるので，渓畔林のリターフォールが粗粒有機物（Coarse Particulate Organic Matter; CPOM）となって渓流生態系における重要なエネルギー源となる．渓流や河川に生息する底生動物のほとんどが植物成分のセルロースとリグニンを消化できないため，CPOMが微生物によって分解・変質しなければその栄養を得ることはできない．CPOMの分解には無機栄養，とくに窒素を必要とする．通常，直径が1 mm以上の粒子をCPOMとよび，1 mmよりも小さい粒子を細粒有機物（Fine POM; FPOM），0.45 μm以下の有機物を溶存有機物（Dissolved OM; DOM）と分類する．

底生動物の摂食方法は，個体の表面上の微生物の剥ぎ取り（grazing），CPOM

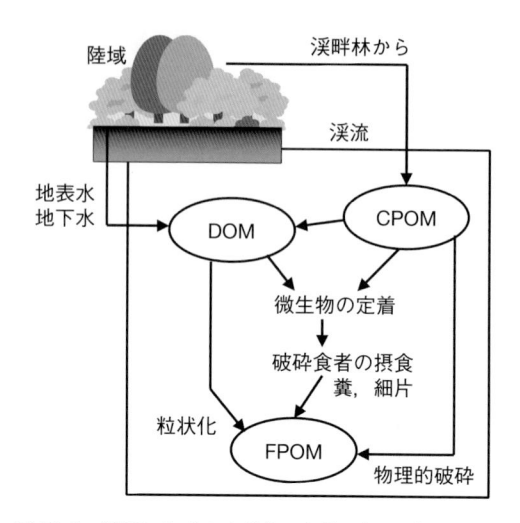

図10-5 渓流における有機物の転換.（Allan[6]より作図）

の破砕（shredding），流下するFPOMの収集（collecting）・濾過（filtering）および捕食（predation）という4つに分けられる．微生物の分解が進んだCPOMは，破砕食者（shredder）に摂食され，その糞や食べかすがFPOMになる（図10-5）．FPOMは採集食者（collector）や濾過食者（filter-feeder）に食べられ，さらに有機物は細粒化し質的に変化する．これを渓流生態系の腐食連鎖とよび，渓流魚を頂点とする食物網を支えている．上流の渓流に供給されるリターやCPOMから下流の河川に存在するFPOMやDOMは，カスケード的な連続性があり，渓流では破砕食者が優占し，下流の河川になるにしたがい採集食者や濾過食者がふえる．北海道の濃昼川では，河川全体の貯留有機物の66％を上流域（1次流域と2次流域）が占め，北米の流域と同様の傾向である．同流域では河口・沿岸域に流出する総有機物のうちFPOMは51％，DOMは48％であり，CPOMとしては1％しか流出しなかった．冷温帯では渓畔林から供給されるCPOMの大部分が渓床に留まり，その場で分解・変質するといえる[7]．

　なお，上述の河川を通じた河口への有機物の流出は，融雪期には50％，夏の出水時には40％が流出し，流速の影響を強く受ける．米国ニューハンプシャー州のハバードブルック試験流域では，窒素の97％，ケイ素の74％が溶存態で運搬されていた．これに対して，溶存態で運ばれたリンは37％にすぎず，流量の低い平水時は溶存態が優占するが，流速の大きい出水時には粒子状が大部分を

占め溶存態は数パーセントになることが明らかにされている[8]．このように栄養塩の河川を通じた流出に関して，窒素は大部分が溶存する硝酸であり，ケイ酸も多くは溶存態であることから，流出量は流量に規定される．しかし，リン酸や多くの金属イオンは，その多くが河川中を粒子として運搬されるので，有機物粒子と同様に主に出水時に移動する．

4. 河川からの流入物質と河口・沿岸域の生物生産

　これまで述べてきたように，陸域の有機物や栄養塩が河川を通じて流入するため，河口や沿岸域は海域の中で最も生産性の高い場所である．魚付き林は，木陰の提供と急な出水・濁水の防止機能だけでなく栄養物質の供給機能ももつ．このことから，水産資源に配慮した森林の整備は，河口・沿岸域の狭義の魚付き林のみならず，流域奥地の渓畔林や水源林まで拡大して考えていく必要がある．しかしながら，河口・沿岸域の水産資源を豊にするためには森林がどのくらいふえればよいのか，森林からの有機物や栄養塩がどのくらい必要なのか，樹種選定や施業方法による違いはあるかなどについて十分な知見は得られていない．

　河口・沿岸域や湖沼では，陸上高等植物を起源とするリグニンやセルロースをバイオマーカーとして，陸上有機物に由来する有機物量の推定が行われてきた．また近年では，元素の安定同位体比を利用して有機物の起源が調べられている．たとえば，炭素の安定同位体比 $\delta^{13}C$ が陸上植物で −27‰ 程度であるのに対し，海洋の植物プランクトンで −18〜−22‰ 程度と差のあることが知られている．このような安定同位体比を用いた研究から，河口・沿岸域にすむ多くの動物は，難分解性の陸上有機物を直接の餌としていないことがわかってきた．陸上有機物が微生物によって分解され生成した栄養塩をもとに，植物プランクトンや底生珪藻が増殖し，それが河口・沿岸域の動物の餌資源となる．したがって，河川からもたらされた陸上有機物が河口の浅海域である干潟，ヨシ原，藻場などに，留まって徐々に分解され生成した栄養塩が，潮汐や波浪によって運ばれることに重要な意味があるといえる．

　河口・沿岸域は河川水の流入があるため，外洋域に比べ空間的不均一性が大きい．前述のように，平水時は河口へ流入した陸上由来の有機物は，海水の陽イオンと結合し河口付近に沈積する．一方，出水時は河川流量の増加によって川床の堆積物が移動し，河口では海水の浸入が抑えられるため，陸上由来の有

機物と栄養塩が短期間で多量に流入する．このように，河口・沿岸域は潮汐のような規則的な動きに加え，出水のような偶発的な現象により時間的にも不均一であるという特徴がある．河口・沿岸域におけるこのような空間的・時間的不均一性が，プランクトンの多様性とひいては生物生産を高めていると考えられる．

　熱帯雨林やサンゴ礁では，適度な撹乱は種の多様性を高めるという「中規模撹乱仮説」がある．リンやケイ素といった栄養塩を連続的に与えた場合とパルス的に与えた場合を比較すると，後者で植物プランクトンの種数は高くなることが報告されている[9]．したがって，出水を抑えるダムは，下流河川や河口・沿岸域における植物プランクトンの多様性や水産資源の生産性に負の影響をおよぼしている可能性がある．また，大規模なダムでは，ダム湖内で淡水性植物プランクトンが発生し栄養塩類を吸収して湖底に堆積するため，ダムから排水される河川水の栄養塩濃度が低下する．大規模な洪水は河口・沿岸域の生態系を大きく撹乱するが，生物多様性と高い生産性を維持するためには，適度な出水のくり返しが必要といえる．

　近年の人間活動の増大は，森川海それぞれの生態系を改変し，生態系間のバランスを乱し，川や海の生態系に深刻な影響をおよぼしているかもしれない．持続可能な豊かな地域社会を構築するためには，流域という単位で物質循環を考え，森川海の健全なつながりを再考する必要がある．

引用文献

1) Redfield AC, Ketchum BH, Richards FA (1963) The influence of organisms on the composition of seawater. In "The Sea", Vol. 2. Hill MN (ed.), 554pp, John Wiley and Sons, New York, pp26-77
2) Siegenthaler U, Sarimiento JL (1993) Atmospheric carbon dioxide and the ocean. Nature, 365, 119-125
3) Schlesinger WH (1997) Biogeochmistry: An Analysis of Global Change. 588pp, Academic Press, San Diego
4) Cox PA (1995) The Elements on Earth: inorganic Chemistry in the Environment. 287pp, Oxford University Press, London
5) DeMaster DJ (1981) The supply and accumulation of silica in the marine environment. Geochim. Cosmochim. Acta 45, 1715-1732.
6) Allan JD (1995) Stream Ecology: Structure and Function of Running Waters. 388pp, Chapman & Hall, London
7) 長坂晶子・河内香織・柳井清治（2008）河川・沿岸域への森林有機物の供給過程．（森川海のつながりと河口・沿岸域の生物生産．山下洋・田中克編，147pp, 恒星社厚生閣，東京）．pp59-73

8) ライケンス G. E., ボーマン F. H.（1997）森林生態系の生物地球化学．（及川武久監訳・伊藤明彦訳，176pp, シュプリンガー・フェアラーク東京），東京
9) Sommer U (1985) Comparison between steady state and non-steady state competition: Experiments with natural phytoplankton. Limnol. Oceanogr. 30, 335-346

第Ⅱ部

森林の有機物動態

　森林は陸上最大の有機物の貯蔵庫であり，地球全体の炭素収支に影響をおよぼしている．第Ⅱ部では森林が分布する環境や土壌の特性，二酸化炭素を固定し有機物を蓄積する光合成など樹木の生理的メカニズム，落葉など枯死有機物の腐朽分解の仕組みなど，森林生態系の成立とその炭素循環について解説する．

第11章

森林の分布と環境

松浦陽次郎

1. はじめに

　陸域生態系の植生タイプを決定する環境要因が，温度と降水量であることは古くから経験的に知られており，実際の気候データから計算した数値を用いて，植生分布に合致する閾値が求められてきた．植物群落は，必要な水分と温量（生育期間の積算温度などの数値）に達しなければ成立しない．温度条件は満たされていても森林が成立するためには水分の条件も満たされなければ森林にはならない．この場合の水分とは，降水量と蒸発量のバランスで決まる植物に利用可能な水分量を意味する．

　森林の分布を決定する要因としては，このほかにも地史要因がある．現在の気候条件はほぼ同じであっても，特定の植物群が欠如している，あるいは分布可能と思われる地域にその植物が分布しないことの要因の1つは，過去の地史的な要因（たとえば氷河期の refuge の有無など）で説明される．これらは大陸規模のフロラ（植物相）の比較研究や植物化石研究の分野と関連する．

　私たちが野外で調査研究の対象とする森林は，現在の気候条件下で成立し維持され，過去数百年の気候条件に適合しているものであり，さらに地史的な要因で構成植物相や土壌環境の制約を受けながら発達・維持されているものである．

2. 気候と植生

　中学や高校の頃からなじみ深いケッペンの気候区分は，気候と植生を全球的に区分するものとして有名である．今日，ケッペンの気候区分として使用されている体系には，ケッペン以後にもさまざまな改良が加えられて，降雨の集中

Distribution of forest and its environment; Matsuura, Yojiro

時期,最暖月・最寒月の月平均気温,などの組み合わせにより地球上の気候を区分している.

気候と植生分布の対応は,水平方向と垂直方向で論じられることが多い（図11-1および図11-2）.赤道から極に向かう方向に沿って,植物の生育可能期間や気温の振幅範囲,降水量が変化し,それぞれの条件下で適応した植生が優占してその地域特有な景観を形成する.それらの景観の緯度方向の分布が水平分布である.赤道から極に向かう水平分布は,熱帯林・季節林から暖帯および温帯林と冷温帯林,そして亜寒帯林を経てさらに北のツンドラ植生に至る分布の変化である.

同じ気候条件下であっても標高に沿って降水量や温量が変化するので,優占する植生で形成される景観は標高によっても異なる.このような垂直方向の景観変化を垂直分布という.熱帯では,低地の多雨林から丘陵地帯の常緑林,山岳域の雲霧林を経て低木と木生シダの灌木林帯,そして高山帯に至る垂直分布がみられる[2].日本のような温帯地域では,内陸部の山岳地帯で低標高の常緑広葉樹／落葉広葉樹林,標高が上がって亜高山帯常緑針葉樹林,そしてハイマツが生育する高山帯という垂直分布がみられる.ただし,本来あるべき亜高山帯常緑針葉樹林帯の欠如する地域や,日本アルプスの高山帯の定義などをめぐってさまざまな研究と見解がある[3].

水平分布と垂直分布の対応については,低緯度で標高の高い地域の優占植生が高緯度の低標高域に出現する図が描かれることが多い.確かに日本の中部山岳に生育するコケモモなどの高山植物はシベリア,アラスカ,カナダなどの平地林の林床に普通に生育するので,そのような位置的な対応は実際にみられる.しかし,森林の構造や群落の構成種すべてには当然ながら当てはまらない.なぜなら低緯度地域と高緯度地域では,季節による日長の変動幅,気温の日較差と年較差が植物生育におよぼす影響の強さが違うので,観察される現象は,環境の変化に耐えうる種に限った水平分布と垂直分布の位置的な対応といえる.

3. 世界の森林と分布環境

気候条件を比較するために,これまでさまざまな指標が考案されてきた.気候条件と森林の分布域の関係を表わす指数で私たちにもっともなじみ深いものは,吉良が考案した温量指数（暖かさの指数,寒さの指数）であろう[4,5].月平均気温が5℃を超える月についてその温度の合計を暖かさの指数（WI）とし,

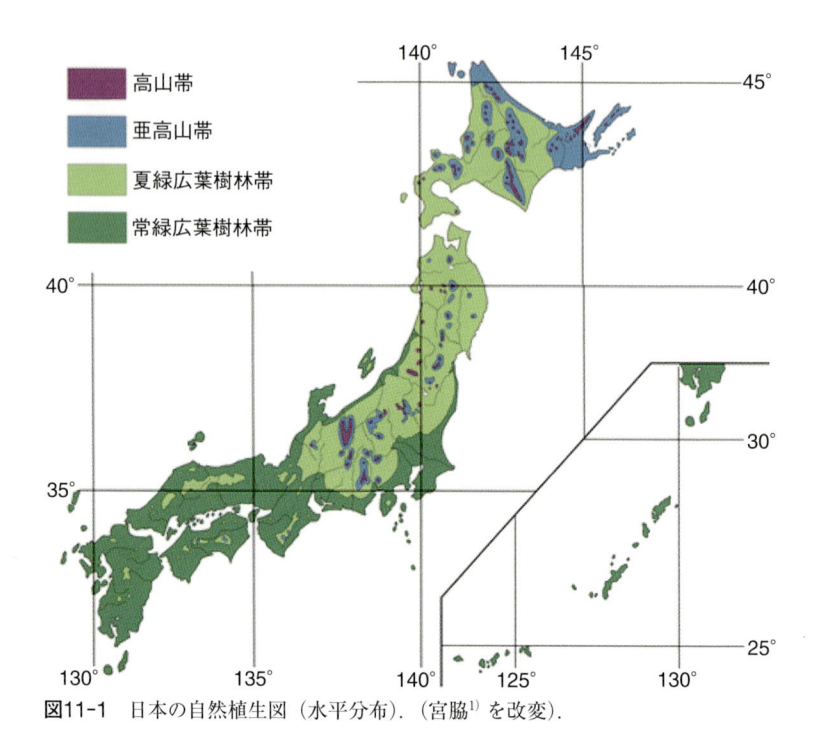

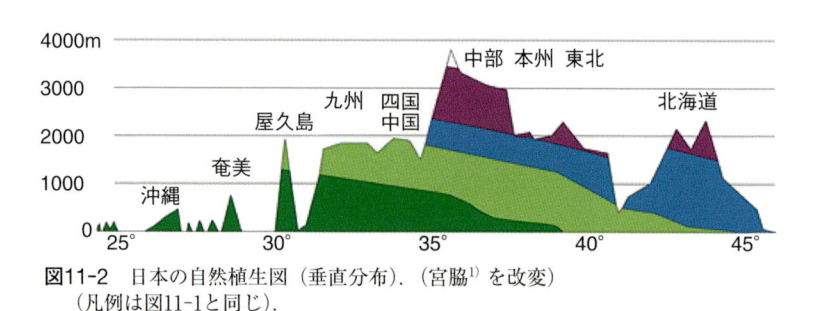

図11-1　日本の自然植生図（水平分布）．（宮脇[1] を改変）．

図11-2　日本の自然植生図（垂直分布）．（宮脇[1] を改変）
（凡例は図11-1と同じ）．

5℃を超えない月の温度合計のマイナス符号をつけたものを寒さの示数（CI）と定義している．

$$\mathrm{WI} = \sum_{}^{n}(t-5) \quad \{\text{nは}\,t>5℃\text{である月の数}\}$$

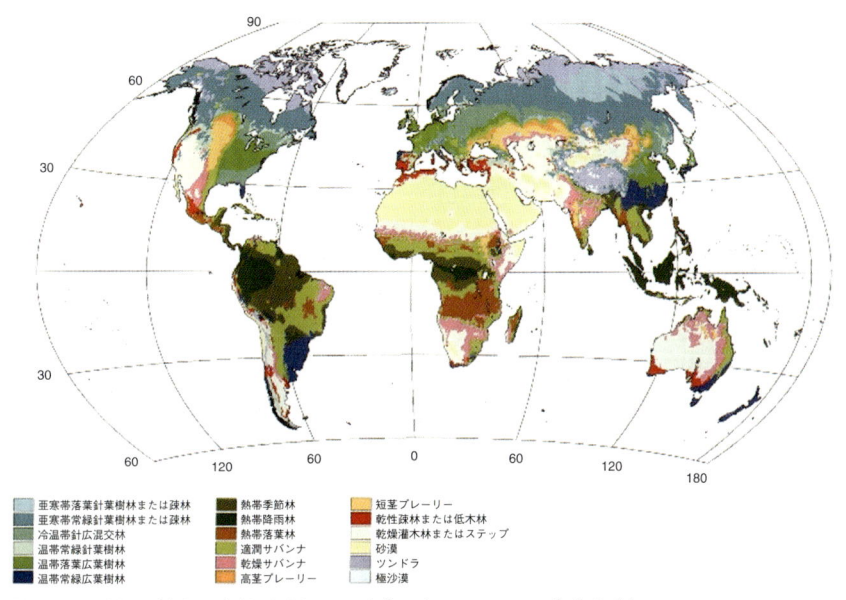

図11-3 世界の植生 / 森林区分とその分布．（Cox & Moore[7] を改変）

$$CI = -\sum^{12-n}(5-t) \quad |12-n は t < 5℃ である月の数|$$

吉良によれば温量指数に対応する気候帯は，以下のように区分される（吉良 1976[4]）．

WI＝0	極氷雪帯（Polar frost zone）
WI：0〜15	寒帯（Polar（tundra）zone）
WI：15〜45	亜寒帯（Subpolar zone）
WI：45〜85	冷温帯（Cool temperate zone）
WI：85〜180	暖温帯（Warm temperate zone）
WI：180〜240	亜熱帯（Subtropical zone）
WI＞240	熱帯（Tropical zone）

一方，森林の分布は温度の条件だけで決まるものではなく，乾湿の環境条件が同様に影響している．ケッペンが気候区分に用いた乾燥を示す数値は，降水の季節性（通年，夏雨，冬雨など）を考慮して示数の計算式を変えて求めるも

のである．年降水量を P，年平均気温を T とすると，示数の計算に用いる式は以下のようになる．

  通年雨が降る場合：P/2（T+7）
  夏雨の場合　　　：P/2（T+14）
  冬雨の場合　　　：P/2T

 ケッペンの気候区分では，この示数が5以下ならば砂漠気候，5～10ではステップ気候，10を超えると樹林が成立する森林気候と定義している．
 吉良は前述の温量示数とケッペンらが提唱した乾湿条件の組み合わせを検討し，北半球のユーラシア大陸のうち夏雨気候地域（アジア），冬雨気候地域（ヨーロッパ），そして同じ冬雨気候である北米について，森林生態系の分布と温度条件・乾湿条件との対応関係を示した[5, 6]．吉良の考案した温度と乾湿の2つの軸では，温度気候帯を，熱帯・亜熱帯・暖温帯・冷温帯・亜寒帯・寒帯・極氷雪帯の7区分に，乾湿度気候帯は，強湿潤帯・中湿潤帯・半乾燥帯（準湿潤帯）・中乾燥帯・強乾燥帯の5区分に分けている．吉良の乾湿の区分はケッペンの示数（K）を用いると以下の通りである．

  K＜5　　　　強乾燥帯（Perarid zone）
  K：5～10　　乾燥帯（Arid zone）
  K：10～18　 半乾燥帯（Semiarid zone）
  K：18～28　 湿潤帯（Humid zone）
  K＞28　　　 強湿潤帯（Perhumid zone）

 もちろん吉良以外にも多くの植物生態学者や生物地理学者の教科書には，同様の分布図と気候条件の対応関係が論じられているが，吉良の提唱した気候帯と森林分布の対応関係が他より優っているのは，ユーラシア大陸北東部の亜寒帯落葉針葉樹林帯を明確に位置づけた点にある．たいていの植物生態学の植生図が，北方針葉樹林帯，いわゆるタイガをドーナツ状に北半球の高緯度を取り巻く同じ生態系として扱っているが，実際にはユーラシア北東部には落葉針葉樹のカラマツが大森林地帯を形成している（たとえば図11-3）．常緑針葉樹とまったく生活型のことなる落葉性の針葉樹林が広く成立している環境要因とし

て，大陸内部の極度の乾燥気候と永久凍土の存在をあげている[6,8]．

4．世界の土壌と分布

　地球上に分布する植生帯と土壌は，分布パターンに類似性があるとされてきた．すなわち赤道地域から極に向かって帯状の分布，成帯性をもって分布するとされる．土壌の生成にも植生の成立と同様に温度と水分という気候要因が大きく影響する．土壌の母材となる岩石の風化や粘土鉱物の変化，そして有機物の分解には物理・化学反応を律する温度と水分が重要な因子となっているためである．そのような土壌を成帯性土壌とよんでいる．一方，気候要因よりも局所的な母材の性質や地形などに起因する排水条件などの影響で形成される土壌を成帯内性土壌，非成帯性土壌とよぶ．土壌分類は地域の植生や土壌を反映して各国独自に行われていたが，世界共通分類の必要性から，現在は，IUSS-FAO-ISRICによるWorld Reference Base（WRB）[9]とアメリカ農務省USDAのSoil Taxonomy[10]の2種類の国際土壌分類がある．

　一般には気温が高く降水量の多い赤道地域に風化の進んだ土壌が分布し，中緯度の乾燥地帯には石膏や炭酸カルシウムが表層に集積した土壌が，そしてその北側には腐植に富んだ黒色土が世界の穀倉地帯を形成し，さらに温帯から冷帯に移行するにつれて褐色森林土やポドゾル土壌が分布し，さらに北方の寒冷気候下では，グライ土壌とツンドラの泥炭土壌，そして永久凍土が分布するといわれてきた．大局的な分布はこのようなものと理解され，植生と土壌の関係が対応づけられてきた．

　しかし，今世紀になって相次いでweb上で公表されたWRBの方式による世界土壌図[11]や，Soil Taxonomy方式による土壌図（図11-4）[12]では，これまでの概念的な成帯性はやや影を潜めている．たとえば熱帯地域の土壌分類では，アフリカ大陸と南アメリカ大陸の熱帯林下の土壌と，東南アジアの熱帯林に分布する土壌は，WRB方式でもSoil Taxonomy方式でも違うグループとして分類されている．また，ポドゾルおよびポドゾル性の土壌は広く北方針葉樹林の分布域に随伴して出現するとされてきたが，新しい土壌図では，ポドゾルが卓越して分布する地域はスカンジナヴィアと北米大陸の北東部〜中北部の森林地帯に限られている．WRB方式とSoil Taxonomy方式では土壌の名称が異なるため，相互の読替えが必要となるが，WRBではPodzols，Soil TaxonomyではSpodsolsと分類される土壌は，北半球をドーナツのように取り巻くようには

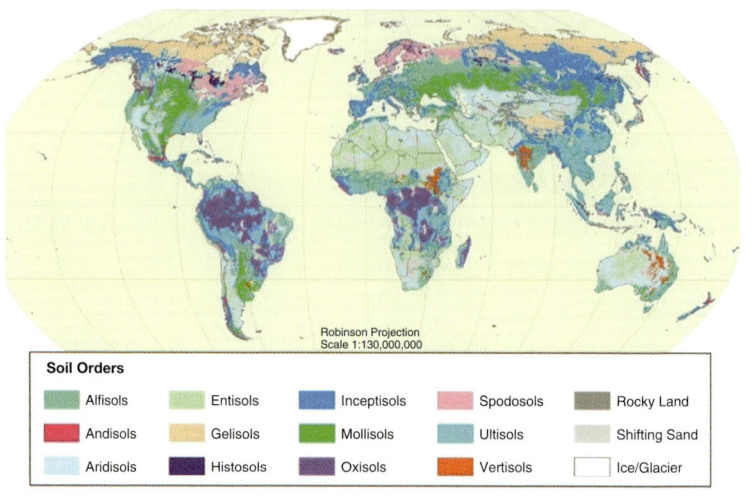

図11-4 世界の土壌区分とその分布．(USDA-NRCS [12] から転載)

分布していない．

　極域に進むにしたがって泥炭土壌が卓越するという理解も正しくないことがわかる．有機質土壌（WRB方式でもSoil Taxonomy方式のどちらでもHistosols）が比較的卓越して分布する地域は，北米カナダや西シベリアの北極圏の手前，北緯50〜60度付近である．これらの地域は，最終氷期が終わって氷床融解による巨大な湖が存在した地域で，湿地が優占している地域である．一方，最新の土壌分類には永久凍土が分類基準に取り入れられた．そのため，周極域の大部分はWRB方式ではCryosols，Soil Taxonomy方式ではGelisolsと命名された土壌が分布する．周極域は必ずしも過湿な土壌が広範に分布しているわけではなく，むしろ大陸内部に位置するために乾燥気候下の影響を受けた土壌すら分布している．さらに，北東ユーラシアでは永久凍土の分布域は北緯58度付近が南限となり，永久凍土の上に広大なカラマツ林地帯が成立している．永久凍土はツンドラ植生と組み合わせて整理されてきたが，実際の周極域では教科書とまったく異なる植生—土壌の組み合わせが存在している．従来から教科書的に暗黙の了解とされてきた概念的な植生と土壌の組み合わせは，今後，成帯性の有無や大陸レベルの違い（土壌母材の古さ，新しさ）を考慮して，実際の分布を正しく反映するものに再構築していく必要がある．

　世界的な土壌分類のレベルからみると，日本に分布する森林土壌は，ほとん

どがWRB方式ではCambisolsになり，Soil Taxonomy方式では大部分の森林土壌がInceptisolsと分類される．ポドゾルや黒色土はそれぞれWRB方式とSoil Taxonomy方式に対応した，PodzolsやSpodosols，AndosolsやAndisolsに分類される．なお，主要な土壌の物理・化学的特性や土壌生成過程の諸作用（溶脱，洗脱，ポドゾル化，赤色化，鉄アルミナ富化，グライ化など）については，第Ⅰ部第12章および土壌学の教科書などを参照されたい．

5．日本の森林と土壌

　日本の森林植生については多くの研究が蓄積され，地域ごとに植物相の研究や植生分類が進んできた．植物社会学的な手法で日本の植生を精力的に区分した時期もあったが，通常は，植物社会学的な手続きに厳格に則ってその植物群集をよぶことはあまりない．むしろ，スギ林，ブナ林，ミズナラ林のように，林冠の優占する種でその森林群落を代表させるよび方が一般的である．森林植生の地域特性については，山中[3]などに詳しいので，それらを参照されたい．

　森林土壌の分類は，第二次世界大戦後に本格的な研究が進展した．冷温帯に広範に分布する褐色森林土を中心に，黒色土，赤・黄色土などを包括的に分類する作業が進められ，1970年代後半に北海道から沖縄までを網羅した林野土壌分類の体系[13]ができた．それは，現場で判定できる特徴を手がかりとして土壌型を分類するものであり，Soil Taxonomy方式のように土壌断面に現れた特徴層位を分析値で判断する分類体系とは異なるものである．

　日本では，たいていの森林は丘陵から山地帯に広がっているため，森林土壌の特性は斜面に沿った地形の位置の影響を受ける．母材の違いと斜面位置における堆積様式の違いに加えて，斜面位置による水分環境の傾度は土壌構造や堆積有機物の形態に大きな影響を与えている．日本の森林土壌の分類では，泥炭，グライ，ポドゾル，暗赤色土，褐色森林土，黒色土，赤・黄色土などの土壌群に区分され，さらに亜群に区分されて，最終的には斜面位置によって恒常的に形成される土壌の乾湿環境で土壌型に細区分される（表11-1）．たとえば褐色森林土（B）群では，頂部斜面から斜面上部のモル型腐植を形成するような場所に典型的に現れるB_Aから同じ乾性でも土壌構造に違いがみられるB_B，弱乾性B_C，適潤性B_D，弱湿性B_E，湿性B_Fに細区分される．適潤性B_Dの土壌型の分布は広いが，その中でやや乾性の特徴をもっている場合は亜型として区分され，偏乾亜型$B_{D(d)}$となる．乾湿で土壌型を細区分したこの分類は，スギ・

表11-1 林野土壌の分類

土壌群	土壌亜群	土壌型	亜型
ポドソル P	乾性ポドソル P_D	$P_{DI}, P_{DII}, P_{DIII}$	
	湿性鉄型ポドソル $P_W(i)$	$P_W(i)_I, P_W(i)_{II}, P_W(i)_{III}$	
	湿性腐植型ポドソル $P_W(h)$	$P_W(h)_I, P_W(h)_{II}, P_W(h)_{III}$	
褐色森林土 B	褐色森林土 B	$B_A, B_B, B_C, B_D, B_E, B_F$	$B_D(d)$
	暗色系褐色森林土 dB	dB_D, dB_E	$dB_D(d)$
	赤色系褐色森林土 rB	rB_A, rB_B, rB_C, rB_D	$rB_D(d)$
	黄色系褐色森林土 yB	$yB_A, yB_B, yB_C, yB_D, yB_E$	$yB_D(d)$
	表層グライ化褐色森林土 gB	gB_B, gB_C, gB_D, gB_E	$gB_D(d)$
赤・黄色土 RY	赤色土 R	R_A, R_B, R_C, R_D	$R_D(d)$
	黄色土 Y	Y_A, Y_B, Y_C, Y_D, Y_E	$Y_D(d)$
	表層グライ系赤・黄色土 gRY	$gRY_I, gRY_{II}, gRYb_I, gRYb_{II}$	
黒色土 Bl	黒色土 Bl	$Bl_B, Bl_C, Bl_D, Bl_E, Bl_F$	$Bl_D(d)$
	淡黒色土 lBl	$lBl_B, lBl_C, lBl_D, lBl_E, lBl_F$	$lBl_D(d)$
暗赤色土 DR	塩基系暗赤色土 eDR	$eDR_A, eDR_B, eDR_C, eDR_D, eDR_E$	$eDR_D(d)$
	非塩基系暗赤色土 dDR	$dDR_A, dDR_B, dDR_C, dDR_D, dDR_E$	$dDR_D(d)$
	火山系暗赤色土 vDR	$vDR_A, vDR_B, vDR_C, vDR_D, vDR_E$	$vDR_D(d)$
グライ G	グライ G	G	
	偽似グライ psG	psG	
	グライポドゾル PG	PG	
泥炭土 Pt	泥炭土 Pt	Pt	
	黒泥土 Mc	Mc	
	泥炭ポドゾル Pp	Pp	
未熟土 Im	受蝕土 Er	Er	
	未熟土 Im	Im	

(出典:土じょう部[13])

ヒノキの造林適地判定に有用であったこと，主要造林木の生育を予想する地位指数に対応すること，林床植生と土壌型の対応が地域ごとに整理できることもあり，わが国の森林土壌の肥沃度の評価に有効な土壌区分として普及した（図11-5)[14]．

その反面，現場で判定可能な基準をより多く取り入れて土壌型の区分を行う

この方法は，土壌調査の熟練が必要であり，経験の乏しい調査者による誤判定や個人差が生じる．Soil Taxonomy方式に代表される特徴層位の分析値を用いた判定は時間と経費はかかるものの，機械的に土壌型が判定される．現段階では，現場における土壌型の判定と，分析値によるWRBやSoil Taxonomy方式で分類した場合の結果を併記するのが望ましい．

6. 森林の分布と環境を研究するために

　日本の特徴の1つに，火山の存在があげられる．降灰は火砕流，泥流などの大規模撹乱によって森林を壊滅させることもしばしばだが，火山灰の性質や軽石の堆積状況などが土壌生成や森林の群落発達に影響する．火山灰は土壌断面に埋没層位として記載されるが，火山の噴火記録が残っている場合には，土壌断面に時間軸が設定できることになり，土壌や植生発達の研究を進める上では大きな手がかりとなる．たとえば北海道の苫小牧地域で1739年の樽前山の噴火があった．その火山灰は札幌でも表層土壌の10 cm程度の深さに認められる．樽前山から10 kmほど離れた森林で土壌炭素量を推定したところ，Ta-a（樽前aテフラ）より上に蓄積した有機炭素はおよそ26 tC ha^{-1}であった．噴火から約260年経過していたので，年間の炭素蓄積速度は10 gC m^{-2} yr^{-1}と推定できた．同様に北海道の根釧地域のカラマツ林で土壌断面に現れた約2000年前のカムイヌプリ／摩周の火山灰層を使って，それより上の土壌炭素蓄積量を推定した結果，190 tC ha^{-1}であったのでおおまかな蓄積速度は9.5 gC m^{-2} yr^{-1}と推定できる．このように長期の土壌生成と生態系発達の研究に火山の大規模撹乱を役立てることができる．

　火山の大規模撹乱と植生遷移の研究には，桜島や大島の研究をはじめ年代の異なる熔岩上の植生発達を研究した古典的なものもある．北海道の有珠山や近年では三宅島の噴火後の研究が進められている．教科書ではこれらの現象を一次遷移として取り上げている．このような野外研究を進めるにあたって重要なのは，作業仮説をもつこととともに，現場の観察を重視することである．教科書に書いてあることが必ずしもすべてではなく，火山噴火後の一次遷移といっても必ずしも蘚苔・地衣類が繁茂して土壌が生成されない場合もある．鳥散布の樹種であれば，撹乱後ほどなく実生も発生するだろう．噴火後のそれほど時間のたっていない段階で，岩屑の中に草本と木本が混生することも珍しいことではなく，そのような植生パッチではリターの堆積がほかの場所より速いこと

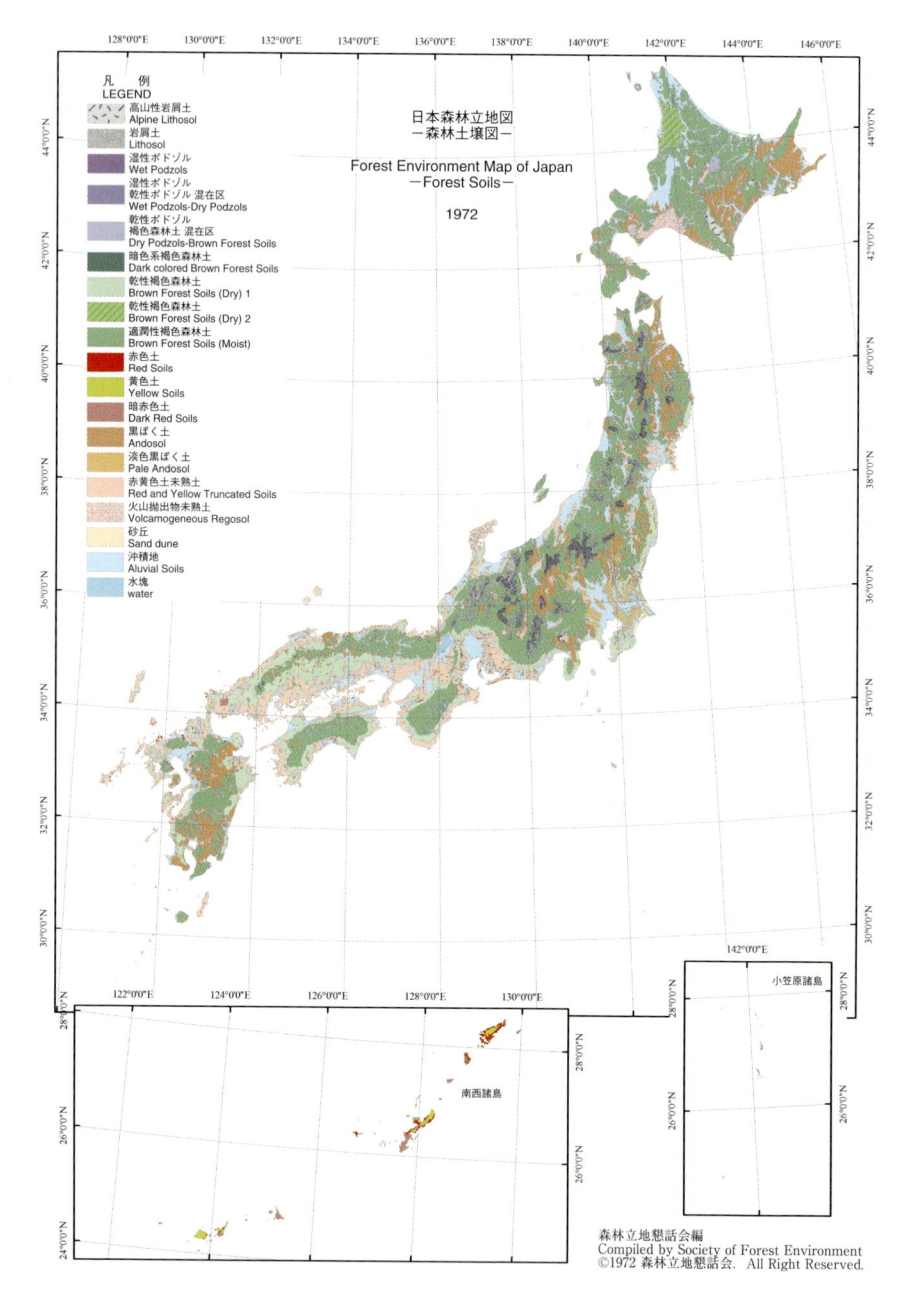

図11-5　日本の土壌区分とその分布.
（森林立地懇話会[14]より日本の森林土壌図）

もあるだろう．

　一次遷移という概念と同様，二次遷移という概念に基づいて野外研究を行う場合も，実際の現場で観察・観測したことを重視する姿勢が必要である．ある地域で土地利用変化が起こると，森林伐採－草地化－放棄－森林遷移初期－極相林というコースを想定しがちである．植生の遷移と土壌発達が果たして並行して同じ時間スケールで進むかどうかの検証をせずに，異なる発達段階とみなされた場所の土壌を一時期に採取して比較し，植生遷移と土壌発達の関係を論じるという場合がしばしば見受けられる．土壌母材や斜面位置・方位が異なれば土壌発達が異なり，物質の蓄積速度にも影響する．教科書的概念だけで森林の分布と環境について野外研究するのではなく，現場を十分に観察することを勧めたい．

　火山灰は地質の特徴を覆い隠すが，森林の分布にしばしば影響をおよぼす地質が存在する．蛇紋岩に代表される超塩基性岩といわれる岩脈付近の植物群落はしばしば矮性の形状を示すことが多く，その地域だけの固有種などが生育していることが多い．古くから日本国内でも超塩基性岩と植物相の特異性は注目されてきた．同様に石灰岩地帯も植物組成に固有種を多く含むことがある．このような特殊な母材における土壌発達や森林群落の関係なども研究されている．

　林床植生は，しばしばその立地における乾湿の環境と土壌肥沃土を示す．しかし，同じスギの人工林であっても気候条件によって，あるいは日本海側と太平洋側ではそれぞれの土壌型に優占する種に違いがある．たとえばスギ人工林の適地（地位がもっともよい）と判定される B_E 型土壌の場合，日本海側の温帯気候下ではクサソテツ－ジュウモンジシダが典型的な林床構成種となるが，太平洋側の温帯気候下ではサワアジサイ－アカソという林床構成になるという．これらは暖帯南部ではカツモウイノデ，暖帯中部ではアオキ－フユイチゴ，暖温帯北部から温帯にかけてはアブラチャン－ジュウモンジシダが B_E 型土壌に優占する林床植生となる．このような林床植生と土壌型の組み合わせと地域特性を明らかにすることは，林業的な有用性だけでなく物質循環メカニズムを理解する上で重要な知見をもたらすだろう．

　広くは地球上の森林分布と環境条件の関係から，身近に広がる森林と林床植生が示す環境条件との関係まで，森林の立地環境をめぐる研究テーマは古くて新しい．若い世代の新たな取り組みを期待したい．

引用文献

1) 宮脇昭 編（1977）日本の植生．学習研究社
2) Whitmore TC (1984) Tropical rain forest of the Far East. 2nd Edition, Oxford Univ. Press, New York
3) 山中二男（1979）日本の森林植生．築地書館（補訂版が1990に出版されている）
4) 吉良竜夫（1948）温量指数による垂直的な気候帯のわかちかたについて．寒地農学2（2），143-173
5) 吉良竜夫（1976）陸上生態系―概論―生態学講座2．共立出版
6) 吉良竜夫（2001）森林の環境・森林と環境．新思索社
7) Cox CB, Moore PD (2000) Biogeography: An Ecological and Evolutionary Approach. Blackwell, Oxford
8) 吉良竜夫（1952）落葉針葉樹林の生態学的位置づけ．（今西錦司編『大興安嶺探検』学術報告，毎日新聞社），pp476-507
9) IUSS Working Group WRB (2007) World Reference Base for Soil Resources 2006, first update (2007) World Soil Resources Reports 103. FAO, Rome
10) Soil Survey Staff. (2010) Keys to Soil Taxonomy, 11th ed. USDA-Natural Resources Conservation Service, Washington, DC
11) FAO-ISRIC (2003) ftp://ftp.fao.org/agl/agll/faomwsr/wsavcl.jpg
12) USDA Natural Resources Conservation Service (2005) http://soils.usda.gov/use/worldsoils/mapindex/order.html
13) 土じょう部（1976）林野土壌の分類 1975．林業試験場研究報告 280，1-28
14) 森林立地懇話会（1972）日本森林立地図．農林出版

第12章

土壌のでき方と性質

高橋正通・小林政広

1. はじめに

　土壌は森林の物質循環のバランスを支える上で重要な役割をもっている．土壌の重要な役割とは第一に，水と各種養分を貯蔵し，植物の成長を支えることである．第二に，有機物を分解する生物（分解者）が生息し，植物が生産した落ち葉などの有機物を分解し二酸化炭素と無機養分に戻すことである．第三に，雨などで森林にもたらされた酸性物質を中和したり，汚染物質を吸着したりして環境の変化を緩和し，バランスを維持する緩衝作用をもつことである．この章では土壌の生成に関わる要因，土壌層位の分化と発達，物質の循環に関わる土壌の物理的化学的な性質，生態系の遷移と土壌の発達について解説する．

2. 土壌の発達と土壌生成因子

1）土壌とは

　土壌とは，陸地の地表を被う柔らかい物質である．土壌は多数の粒子とそのすき間からなる多孔質な物質であり，すき間の一部には水が入っている．この物理的な構造が土壌のさまざまな機能の発揮に関係している．

　土壌の主体をなすのは岩石が砕けた鉱物粒子であるが，単に岩石の破砕物を土壌とはよばない．生物に由来する有機物が混合したものを土壌という．土壌中の粘土は岩石中の鉱物に由来するが，もとの鉱物とは異なる化学構造をもつ粘土鉱物に変化している．また根や落葉などに由来する有機物は微生物による分解や合成によって複雑な化学構造をもつ腐植物質となって，粘土とゆるやかに結合し，微生物に分解されにくい安定した形で存在している．このように土壌は，自然の作用によって生成されたものであり，自然条件が異なれば土壌の

Soil formation and its properties; Takahashi, Masamichi・Kobayashi, Masahiro

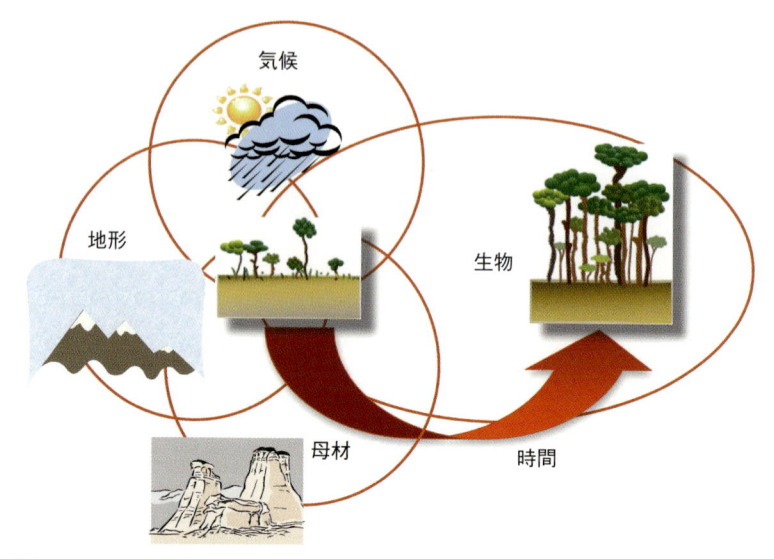

図12-1 5つの土壌生成因子による土壌生成.

性質も異なる．土壌をつくり，その性質を決める要因を土壌生成因子とよぶ[1,2]．

2）土壌生成因子

　土壌生成因子とは気候，母材，地形，生物，時間である（図12-1）．
母材：母材とは土壌の材料となる岩石やその風化物のことである．それらの種類により化学成分や硬さなどが異なるので土壌の性質に影響をおよぼす．褐色森林土など山地の土壌は土層が薄いので母材の性質を反映しやすい．ただし，その場所の地下の岩石や地層が母材であるとは限らない．関東平野には火山灰が厚く堆積しているが，それは富士山など遠方の火山から飛来したものである．また沖積平野などの河川堆積物も遠方の山から運ばれたものである．
気候：気温と降水量およびそれらの季節変動パターンは，風化の速さや土壌の水の動きを決める．わが国のように降水量が蒸発量より卓越する地域では水は下方へ移動し，水とともに物質も土壌から溶脱していく．一方で乾燥地では蒸発が卓越するので，水は上方に移動し地表付近には水に溶けやすい塩類が集積する．森林は前者の湿潤な地域に分布し，後者の乾燥地は草原や砂漠となる．気候は植生分布だけでなく，すべての生物活動に影響をおよぼす因子である．
地形：大地形では標高の違いにともなう温度差が土壌の発達に影響する．一方，

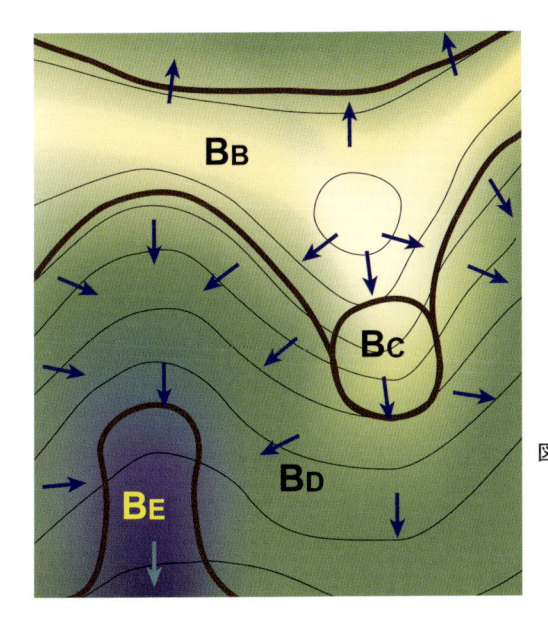

図12-2 土壌図の例．尾根に乾性褐色森林土 B_B，尾根の肩に弱乾性褐色森林土 B_C，山腹は適潤性褐色森林土 B_D，沢沿いに弱湿性褐色森林土 B_E が分布する．斜面上の水の動きを矢印で示した．

小地形では斜面の形状や向きの違いが土壌の発達に影響をおよぼす．たとえば，北向きの斜面より南向きの斜面は日当たりが良く地温は高いとか，斜面上部や尾根は排水されやすく，谷は斜面上部からの水が集まり湿りがちであるという違いがある．また急斜面は土壌が侵食されるので土層は薄く，斜面下部は侵食された土壌が堆積するので土層が厚いといった傾向がある．日本の林野土壌分類ではとくに小地形による土壌の乾湿の違いを重視している[3]（図12-2，第Ⅱ部第11章参照）．

生物：生物は土壌に多様な影響を与える．中でも植物からの落葉や枯死根などの有機物供給は重要である．土壌に生息する生物の活動も土壌生成に影響する．ミミズなどの土壌動物は土壌に穴をあけ，下層土を地表に持ち上げて土壌を混ぜる．植物の根が枯死し分解後にできる空洞は水や空気の通り道となる．土壌微生物は有機物分解の主体であるが，植物の根と共生し，養分の吸収を助けるなど土壌中のほとんどの反応に関係する．

時間：上記の各土壌生成因子の影響は時間の長さに関係するので，時間も土壌生成因子として扱う．日本は火山国でありたびたび大規模な噴火がある．2000年に三宅島が噴火したとき，山腹の樹木が枯死し，地表は新しい火山の噴出物に被われた．地表が新鮮な火山灰に被われたときから新たな土壌生成がはじま

る．また，大規模な山地崩壊，洪水や泥流などによっても土壌生成の時間がリセットされる．

3）土壌層位の区分

　土壌の発達につれて土壌内に異なる特徴をもった層が形成される．これを土壌層位といい，土壌調査では土壌層位を区分し，その深さを確認することが基本となる．土壌層位には，A_0層（O層），A層，E層，B層，C層，R層があり，各層位内での形態に違いがあればさらに細分される（B1，B2層など）．

A_0層：わが国の森林分野ではエイゼロ層とよばれるが，土壌学ではO（オー）層とよぶ[4]．森林生態学では forest floor などの表現も使われる．堆積有機物層，堆積腐植層ともいう．落葉や落枝とその腐朽途中の有機物からなる層であり，腐朽の程度により新鮮なほうからL，F，H層に細分する（図12-3，第Ⅱ部第16章参照）．

A層：A_0層の下にある黒褐色の腐植に富む，膨潤で柔らかく，軽い層．植物細根に富み，微生物や土壌動物の活動が活発である．また団粒や粒状などの小さな構造が発達する．森林土壌ではA層の最表部の深さ5〜10 cm程度までは生物活性や養分濃度がとくに高く，その層をA1層に細分することが多い．

B層：A層の下にあり，明るい色調の腐植が少ない層位．B層にみられる土壌の特徴は，A層が撹乱されても残るので，土壌を大別する基準になる．ポドゾルではA層から溶脱した鉄や腐植がB層に集積する．褐色森林土ではB層の土色が明るい褐色であること以外の際だった特徴はないが，塊状や堅果状などの比較的大きめの土壌構造がみられる．

C層：岩礫が多く，母材の性質が強く残る層位．土壌生成の作用はあまり受けていない．土壌調査ではC層が現れると通常掘削を終える．森林生態系では樹木の根がC層まで伸びており，水や塩基類の循環にC層もある程度寄与している．

E層：鉄やアルミニウムや粘土などが溶脱した層であり，A_0層やA層の下に出現する．土色はA層より明るく，ポドゾルなどの土壌では鉄，アルミニウムが溶脱してやや灰白色を帯びた層となるので漂白層ともよばれる．ポドゾルでは厚いA_0層（モル型）から有機酸が発生し，それが土壌中の鉄，アルミニウムを溶脱することでE層ができる．A層の粘土が下層に洗脱したE層は熱帯地域の土壌では広く出現する．このほかに停滞水によって酸素不足した還元状

図12-3 ポドゾルの厚い堆積有機物層の断面（栃木県）．薄いL層（原形のわかる落葉）とF層（腐朽し細片化）の下に細根が密生した厚いH層，さらに鉱物の混じるHA層が続く．

態となることで溶解度が増し鉄やアルミニウムが溶脱されてできるE層もある．日本の林野土壌分類ではE層と標記しないが[3]，土壌型と断面記載からE層を判断できる．

R層：C層の下部に出現する固結した基岩をR層とよぶ．硬くて人力による掘削は困難な層である．

4）土壌の分類と分布

　土壌生成因子の作用を受けると，土壌断面にはその作用に特有の層位のパターンが発達してくる．このため，類似の土壌断面形態をもつ土壌を同一の土壌群として区分する．土壌群は気候や母材や植生などに対応して広域にまとまって出現する．同じ土壌群でも地域内の環境の違いで土壌断面形態が変化するので，土壌群はさらに土壌型に細分する．たとえば，山地の森林にみられる褐色森林土群は，山の起伏に沿って変化するので，林野土壌分類では乾性型から湿性型まで6段階の土壌型に細分している[3]（第Ⅱ部第11章参照）．

表12-1 土壌における物質循環に関わる主な化学反応.

(1) 雨水や土壌水に大気中の二酸化炭素が溶け込む場合
 $H_2O(水) + CO_2(二酸化炭素) \rightarrow H_2CO_3(炭酸) \rightarrow H^+(水素イオン) + HCO_3^-(炭酸水素イオン)$

(2) 酸性の水が鉱物を溶かし，粘土鉱物が生成する代表的な反応例
 $4KAlSi_3O_8(正長石) + 4H^+(水素イオン) + 2H_2O(水) \rightarrow 4K^+(カリウムイオン) + Al_4Si_4O_{10}(OH)_8(カオリナイト粘土) + 8SiO_2(石英)$

(3) 方解石が二酸化炭素の溶けた炭酸水で溶解する反応
 $CaCO_3(方解石) + H_2CO_3(炭酸) \rightarrow Ca^{2+}(カルシウムイオン) + 2(HCO_3)^-(炭酸水素イオン)$

(4) 光合成により二酸化炭素と水から有機物ができる反応
 $6CO_2(二酸化炭素) + 6H_2O(水) \rightarrow C_6H_{12}O_6(グルコース) + 6O_2(酸素)$

(5) 有機物が分解し，二酸化炭素と水になる反応
 $C_6H_{12}O_6(グルコース) + 6O_2(酸素) \rightarrow 6CO_2(二酸化炭素) + 6H_2O(水)$

(6) 有機物が発酵し，アルコールと二酸化炭素になる反応
 $C_6H_{12}O_6(グルコース) \rightarrow 2C_2H_5OH(メタノール) + 2CO_2(二酸化炭素)$

3．土壌化学性

1）化学的風化

　化学的風化により鉱物から物質が溶解し，生物が直接利用することができない岩石中の元素も生態系内外を循環する．森林が成立するような降雨が多い気候では，土壌中を通過する雨水（土壌水）が多いことに加え，根や微生物の呼吸で二酸化炭素濃度が高いために土壌水は酸性となり，岩石の風化が進みやすい．近年は大気汚染物質も溶け込み，雨の酸性度も増している．

　岩石が酸性の雨水や土壌水にさらされると加水分解しミネラルが放出され，酸性環境で安定した粘土鉱物に変わったり，溶解したりする（表12-1）．岩石の風化は酸性が強いほど，また温度が高いほど促進する．

2）酸化と還元

　酸素が多い酸化的な環境と酸素が少ない還元的な環境では物質の溶解度や反応性が異なる．大気には約20％の酸素を含むため，陸上の生態系は酸化されやすい環境にある．土壌中にも空隙を通して酸素を含む大気が入るので，鉱物粒子に含まれる鉄は酸化され赤褐色の酸化鉄（このときの鉄は三価（Fe^{3+}））になり，土壌は褐色になる．しかし沢沿いや水田のように湛水する場所では，土壌中の空気は少なく，大気とのガス交換ができない．そのため土壌中の微生物や根の呼吸により水に溶存した酸素が消費されると，土壌は酸欠状態となる．酸化鉄は酸素を放出し（還元），二価鉄（Fe^{2+}）に変化して土壌は灰色になる．

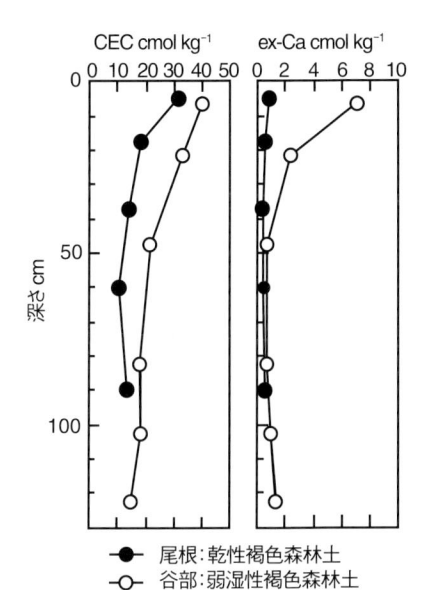

図12-4 地形によるCECと交換性カルシウム（ex-Ca）の比較（茨城県北茨城市）．沢沿いのほうがCECは大きく，交換性カルシウムも多い．

土壌断面にみられる灰色の斑紋（グライ斑）や灰色の土層（グライ層）は土壌が還元的であることの証拠である．

嫌気条件では鉄，マンガン，重金属類の溶解度が変わる．また優占する微生物が異なり有機物や窒素の代謝が異なる．温室効果ガスであるメタンは，水田のように還元的環境でつくられる．植物の根も酸素が必要なので，グライ層がみられる土壌では根は深くに入らない．森林の大部分は酸化的な土壌環境にあるが，降雨後や融雪期に一時的に還元的な状態になることがある．またミクロにみると団粒など土壌構造の内部も還元的になることがある．

3）陽イオンとイオン交換

植物の養分であるCa，Mg，Kなどのミネラル分は土壌水中でプラスに荷電し陽イオンとして存在する．これらのイオンは鉱物の風化にともない水に溶解したイオンや有機物分解にともない水に溶け出したイオンである．土壌粒子を構成する粘土鉱物と腐植はどちらもマイナスに帯電しているため，土壌水に含まれるCa^{2+}やK^+などは土壌表面に電気的な力で引きつけられており，溶脱されにくい．この電気的な力で引きつけられているCa^{2+}，Mg^{2+}，K^+，Na^+イオンを交換性陽イオンとよび，土壌粒子のマイナスの荷電の大きさを陽イオン交換容

量CECとよぶ．一般に粘土の量が多いほど，また腐植の量が多いほどCECは大きいが，熱帯土壌の粘土はCECが小さいので，粘土質土壌であっても陽イオンは溶脱されやすい．

　交換性陽イオンは土壌水中の陽イオンと入れ替わることができる．このため土壌水中の水素イオンやアルミニウムイオンは粘土鉱物や腐植の交換性陽イオンとイオン交換する．この原理により植物は根から水素イオンを出して土壌のミネラルを吸収する．CECに対する交換性陽イオンの合計量の割合（％）を塩基飽和度という．雨には二酸化炭素が溶け酸性になっていて水素イオンを含むので，雨が多いと交換性陽イオンは流亡しやすく，塩基飽和度は小さくなる．日本の森林土壌のCECは比較的大きいが，塩基飽和度は通常50％未満である．塩基飽和度が小さいほど土壌pHが低くなる関係にあり，日本の森林土壌は強い酸性を示す[5]．尾根は排水地形であり乾性褐色森林土は交換性陽イオンが少なく，沢沿いの弱湿性褐色森林土は斜面上部からの陽イオンも集まり濃度は高い（図12-4）．

4）有機物分解と腐植の生成

　森林生態系では生産者である植物が光合成によって二酸化炭素と水から有機物をつくる．消費者である動物や分解者である微生物は，呼吸によって有機物を分解しエネルギーを得るとともに再び二酸化炭素と水に戻す．光合成と呼吸のバランスの上に森林生態系は成り立っているので，土壌における有機物分解は生態系を維持する上でもっとも基本的な反応である．また微生物は還元的な条件下では有機物の発酵によってエネルギーを獲得する．発酵では酵素により有機物は二酸化炭素とともにアルコールや有機酸などの低分子の有機物に分解される．（有機物の生産と分解の化学反応は表12-1を参照）

　森林土壌における有機物の分解のしやすさは土壌の水分条件や温度条件で変化する．乾燥した土壌ではA_0層が厚く堆積し，湿地のように湛水状態では泥炭とよばれる大半が有機物からなる土壌ができる．気温が低いほど有機物の分解は進まないため，土壌中の有機物量が多くなる．

　土壌に含まれる有機物は腐植物質とよばれる．腐植物質とは有機物が土壌中の分解・無機化過程で変質しそのごく一部が土壌に蓄積したもので，暗色の無定形の高分子化合物である．腐植は化学的な溶解性の違いから腐植酸やフルボ酸などに区分される．

有機物と腐植はそれ自体に無機養分を含んでおり，分解によって養分を供給する．先に説明したように腐植は粘土とともにCECによる養分保持機能をもっている．有機物はこの後説明する土壌物理性にも大きく関係し，土壌構造，とくに団粒の形成に必須である．また有機物の分解で生成する有機酸は鉄・アルミニウムを溶解させる．また土壌の暗色の土色は腐植物質によるものである．このように有機物は土壌の特性を形作るもっとも基本的な物質である．

4．土壌物理性

1）土壌の三相と容積重

　土壌の骨格となる固体部分を固相とよぶ．固相は，岩石が物理的・化学的な風化を受けてできた無機の鉱物粒子と，落葉などが破砕された粗大な有機物およびそれが分解変質した腐植物質よりなる．固相以外のすき間の部分を孔隙（または間隙）とよぶ．孔隙の一部には，植物の養分などが溶け込んだ土壌溶液が存在しており，これを液相とよぶ．孔隙の残りの部分は土壌ガスが占め，これを気相とよぶ．固相，液相，気相の体積比率を三相組成といい，植物根の伸長や酸素の供給，土壌水の移動や保持に影響する．孔隙中の液相率は，降水や重力による排水，植物根による吸水の影響を受けて刻々変化し，気相率もそれにともなって増減する．

　一定体積中の固相の質量を容積重（または乾燥密度）とよぶ．森林土壌では一般に最表層の容積重は小さく，土壌が深くなるにつれて大きくなる．わが国の土壌は容積重が全般に小さく，とくに火山灰土壌ではその傾向が強い．容積重の値は，火山灰を母材とする膨軟な土壌の表層では0.4 Mg m^{-3}程度と小さいが，砂質で締め固まった土壌の下層では1.4 Mg m^{-3}程度と大きくなり，土壌のタイプや深度により大きく変化する．土壌が保持する物質量は，土壌中の物質量（濃度）と容積重の積として求められる．このため土壌の炭素蓄積量など計算において容積重の違いは大きく影響する．

2）土性

　土壌の固相を構成する粒子はその粒径により，砂（0.02〜2.0 mm），シルト（0.02〜0.002 mm），粘土（0.002 mm以下）に区分される．粒径2.0 mm以上の粒子は礫とよび，土壌には含めない．砂，シルト，粘土の質量比率を土性とよぶ．土性は土壌の性質を決める根本的な土壌特性であり，土壌孔隙の大きさの

分布を左右し，透水性，通気性，保水性に影響する．また，土壌の陽イオン保持に関わる CEC は，粒径が小さく単位質量あたりの表面積（比表面積）が大きい粘土で格段に大きいため，粘土の割合は養分保持力にも強く影響する．一般に，砂質の土壌は，透水性と通気性は高いが，養水分の保持力が小さい．逆に粘土質の土壌は，養水分の保持力は大きいが，透水性と通気性が低く，いったん乾燥すると極めて固くなる．植物の生育には，砂，シルト，粘土を適度に含む土性の土壌が有利である．

3）土壌構造

　土壌を構成する砂，シルト，粘土の個々の粒子を一次粒子とよぶ．土壌をよく観察すると，一次粒子同士は互いにくっつき合ってある程度大きな塊を形作っている．このような塊を二次粒子とよぶ．二次粒子同士も互いにくっつき合い，さらに高次の粒子になっていることが多い．土粒子同士がくっつき合って，ある程度の大きさの形の集合体になったものを土壌構造とよぶ．ばらばらの粒子同士を結びつけて安定した塊をつくる接着剤の働きをしているのは粘土と土壌有機物である．土壌構造の形成には，土壌の水分条件が影響している．適潤な森林土壌では，A 層に大きさ数ミリメートルの膨軟な団粒構造が発達する[1]．A 層下部から B 層にかけては大きさ数十ミリメートル程度の丸みを帯びた塊状構造がみられる（図12-5）．乾性の土壌では，緻密な構造ができやすく，A 層には大きさ数ミリメートルで内部が詰まって固い粒状構造が発達する．A 層下部から B 層にかけて大きさ数十ミリメートルの角張って固い堅果状構造が発達することが多い．土壌構造の安定には，植物根の吸水，ミミズのような土壌動物，土壌微生物の分泌物などが関与している．このような土壌構造は土壌が水に浸かっても崩れることはない．なお，地表付近の土壌構造は雨滴によって破壊されやすいが，森林土壌では A_0 層や下層植生の被覆があるため雨滴の衝撃から土壌構造は守られている．

4）孔隙と透水性・保水性

　土壌孔隙は透水性と保水性（水ポテンシャル）に関係し，どのような大きさの孔隙がどの程度存在するかで透水性と保水性が決まる．大きな孔隙は，水が抵抗なく通過できるので透水性はよいが，水の保持力は弱く保水性は低い．逆に，小さな孔隙は毛管力が強く働くので保水性は高いが，水移動の抵抗は大き

図12-5　B層に発達した塊状構造（自然につくられた1〜5cm程度の土壌のかたまり）の観察.

図12-6　スギ林の表層部分の土壌孔隙（土壌薄片による観察）.

く透水性が低い．

　森林土壌は構造間の大きな孔隙と構造内部の小さな孔隙とを併せもつ団粒構造のような土壌構造が発達しているため，透水性と保水性のバランスがとれている．構造内部の小さな孔隙によって植物が必要とする水分を土壌に貯えることができる．一方，構造間の大きな孔隙をもつことで雨水はすみやかに排水される（図12-6）．そのため強い雨も排水され地表流が発生しにくいため土壌侵食をうけにくい．また，地中では過剰な水がすみやかに排水され，植物根や土壌微生物が必要とする酸素の通り道にもなっている．土壌の下層では土壌構造は発達しないため，大きな孔隙は少ないが，小さな孔隙は多くあり，表層土壌を経由してもたらされる水はここをゆるやかに移動していく．その結果，地下水への水をかん養するとともに渓流に流出する水量を安定させている．

5．植生の遷移にともなう土壌の発達

　火山の噴火，大規模崩壊や洪水などにより地表に新しい母材が堆積すると，植生遷移と並行して母材が風化し土壌生成が新たにはじまる．このような土壌生成の初期段階にある土壌を未熟土とよぶ．未熟土が土壌生成作用を受けて成熟していく過程で土壌の特性と機能が変化する（表12-2）．

　植生遷移はさまざまなパターンがあるが[6]，典型例として温帯における火山噴出物上の一次遷移にともなう土壌の変化を想定すると，新鮮な溶岩，スコリア，火山軽石などの堆積物は，植物が利用できる養分の蓄積も保持能もない．また，粒径の細かい火山灰を除けば，小さな孔隙に乏しく保水性も低い．このような環境にあっても，これに耐えて生育可能な地衣類，イタドリやススキのような草本植物，オオバヤシャブシのような木本植物が進入する．これら先駆種の多くは，鉱物の化学的風化では供給されない窒素を空気中から取り込むことができる窒素固定菌と共生している．植物が根を張って定着した場所では，粒子が風雨により移動することなく安定し，落葉や枯死遺体が細片化し，粗粒の鉱物のすき間に有機物が蓄積する．これにより養水分の保持能がいくらか高まり，先駆種以外の種も進入しはじめる．しかし，この段階でもなお未熟な土壌の生産力は低く，生態系の物質蓄積量も循環量も小さい．

　母材が溶岩の場合，一次鉱物自体の風化による細粒の鉱物（粘土鉱物）の生成・蓄積は有機物と比べてはるかに遅い．噴出年代の異なる溶岩上で一次遷移を調査した三宅島の例では，噴出後125年経過して極相種を交えた森林が成立

表12-2 土壌の発達にともなう特性の変化

成熟度		小	中	大	大
土壌		未熟土	褐色森林土	ポドソル	フェラルソル
形態	A₀層堆積量	少	少	多	少
	土壌の深度	小	中	中	大
組成	粘土	少	多（2:1型）	少（非晶質）	多（酸化鉄,1:1型）
	腐植	少	中	多	少
化学性	CEC	小	大	中	小
	塩基	少	多	少	少
	窒素・リン	少	多	少	少
物理性	構造発達程度	弱（単粒）	強	弱	中
	孔隙率	小	大	中	大
	三相組成	液相小・気相小	液相大,気相大	液相小	液相大,気相大
	土壌硬度	硬	軟	中	軟
	透水性	小	大	小（集積層）	大
	通気性	小	大	小（集積層）	小
	保水性	小	大	小（溶脱層）	中
生物性	根	少	多	中	多
	微生物	少	多	中	少
	土壌動物	少	多	少	少
物質循環量		小	大	中	大
生産力		小	大	小	小

注：未熟土は一次鉱物がその場で風化した場合を想定

している場所でも，溶岩のすき間にわずかに存在する細粒の物質は植物遺体を起源とする細片化した有機物がほとんどであった[7]．火山灰のような細粒の物質の場合には，水との接触面積が大きい分，化学的な風化の進行と粘土鉱物の生成はより速い．また，中国などから飛来する黄砂などの風成塵も土壌への鉱物供給に寄与している[8]．

さらに長い時間が経過すると，土壌有機物の蓄積が進み[9]，一次鉱物の風化が進み粘土鉱物の蓄積もふえる．温帯のように風化が比較的ゆるやかに進行する環境では，表面のCECが大きい粘土鉱物（2:1型粘土鉱物）が主に生成される．このような粘土鉱物に腐植物質が結びついて安定し，鉱質土壌の炭素蓄積量が増加する．この段階では，微生物バイオマスも増大し，多種多様な土壌動物も進入してくる．植物と微生物の増加により，土壌溶液中の有機酸や二酸

化炭素濃度が上昇し，一次鉱物の化学的風化が促進される．ばらばらだった一次粒子は有機物や粘土の接着剤としての作用と土壌動物の働きを受け，互いに寄り集まった状態になり，膨軟な土壌構造が生成され，孔隙率が増加する．地表付近の腐植含量や土壌構造の違いなどから，土壌層位が明瞭に分化してくる．表層土壌は保水性と透水性を兼ね備えた状態に変化し，養分保持能も高まる．このように土壌が成熟し，たとえば褐色森林土にまで達すると，土壌中の炭素蓄積量が地上部の植物体の蓄積量に匹敵するレベルまで増大する．生態系としての物質蓄積量，循環量が増大し，生産力が高くなる．一次鉱物のみの状態からこの段階まで土壌が成熟するのに要する時間は，地域によって幅はあるが，数千年から数万年と考えられている．

アフリカや南米の熱帯では高温多雨のため土壌は強く風化作用を受け，CECの小さな粘土鉱物（鉄やアルミニウムの酸化物とカオリナイトなどの1:1型粘土鉱物）が主体となるため，時間の経過とともに粘土鉱物がふえても養分保持能が高くならない．落葉などの有機物の分解・無機化は速く，多雨のため水溶性の養分は土壌中から容易に流亡する．おう盛な光合成により生産される物質は主に地上部の樹体に貯えられ，生態系としての物質蓄積量も循環量も大きいが，鉱質土壌中の有機物および無機の栄養塩類の蓄積は増加しない．農地に転換した場合の土壌生産力は低く，焼き畑は地上部に蓄積した養分を利用する農法である．

寒帯の冷涼な気候下では，堆積有機物の分解が遅く地表に厚く堆積し，強酸であるフルボ酸類が生成される．フルボ酸の働きにより土壌の表層部では鉱物が激しく分解され，無機の栄養塩類が流亡する．さらに，鉄やアルミニウムも下層に移動し，珪酸ばかりの漂白層が生成される（ポドゾル）．このような表層部の漂白層は，粘土鉱物も有機物も少なく，強い酸性のため微生物や土壌動物の活性も低い．土壌の養水分保持能は低く，生産力は低い．

このように，土壌の物理化学的特性は生態系の状態を表す指標である[10]．土壌は生態系の植生遷移とともに変化するが，生態系の変化は土壌の性質に依存しており，必ずしも一定の方向を示さない．言い換えると，土壌の情報がなければ，生態系の植生遷移や物質循環，気候変動に対する生態系の反応やその将来予測はできないといっても過言ではない．

引用文献

1) 森林土壌研究会編（1993）森林土壌の調べ方とその性質（改訂版）．林野弘済会
2) Jenney H (1994) Factor of soil formation–A System of Quantitative Pedology. Dover Publications, New York
3) 土じょう部（1976）林野土壌分類 1975．林業試験場研究報告 280，1-28
4) 日本ペドロジー学会（1997）土壌調査ハンドブック改訂版．博友社
5) Takahashi M et al. (2001) Chemical characteristics and acid buffering capacity of surface soils in japanese forests. Water, Air, & Soil Pollution 130, 727-732
6) 露崎史朗（2001）火山遷移初期動態に関する研究．日本生態学会誌 51，13-22
7) Kamijo T et al. (2002) Primary succession of the warm-temperate broad-leaved forest on a volcanic island, Miyake-jima Island, Japan. Folia Geobotanica 37, 71-91
8) 吉永秀一郎（1996）関東ローム層中に含まれる微細石英の堆積速度の約10万年間の変化．—北関東喜連川丘陵早乙女の例—．第四紀研究 35，87-98．
9) Morisada K. et al. (2002) Temporal changes in organic carbon of soils developed on volcanic andesitic deposits in Japan. Forest Ecology and Management 171, 113-120
10) Schoenholtz SH et al. (2000) A review of chemical and physical properties as indicators of forest soil quality: challenges and opportunities. Forest Ecology and Management 138, 335-356

参考文献

河田弘（1989）森林土壌学概論（POD版）．博友社
岩坪五郎編（1996）森林生態学．文永堂出版
有光一登（2006）森をささえる土壌の世界．全国林業改良普及協会
岡崎正規（2010）図説日本の土壌．朝倉書店
宮崎毅・粕渕辰昭・長谷川周一（2005）土壌物理学．朝倉書店

第13章

森林の生産

丹下 健

1. 光合成と呼吸

　森林の物質生産は，その主要な構成要素である樹木が行う光合成によっている．光合成は，CO_2と水を基質とし，光エネルギーを吸収利用して糖（有機物）を生産する過程であり，太陽エネルギーを生物が利用可能な化学エネルギーの形態に変換する過程でもある（図13-1）．光合成の諸過程は，光化学系による光エネルギーの捕捉と，捕捉したエネルギーを用いたCO_2の固定に大別される．いずれの過程でも物質の生合成や代謝には多数の酵素が関わり，また光合成に関わる器官や組織等には多種の元素が含まれており，CO_2と水という基質だけがあれば成り立つものではない．光合成によってつくられた有機物は，植物体の成長や繁殖のための材料として使われるだけではなく，呼吸によってCO_2と水に分解される過程でエネルギーが取り出され生命活動に利用される[9,15]．

　植物は光合成におけるCO_2の固定の仕組みの違いによって，C3植物とC4植物，CAM植物に大別される．C3植物とC4植物の光合成と環境条件との関係は図13-2のように整理される．C4植物に比べてC3植物の光合成は，光飽和点が低く，高温域での低下が著しく，CO_2飽和点と補償点が高いという特徴をもっている．これまでに1,000種を超えるC4植物がみつかっているが，樹木はすべてC3植物である．

　樹木などのC3植物では，葉肉細胞に含まれる葉緑体でCO_2がリブロース1,5-ビスリン酸に固定されホスホグリセリン酸が生成される．その反応を触媒する酵素はリブロース1,5-ビスリン酸カルボキシラーゼ/オキシゲナーゼ（Rubisco）である．Rubiscoは，植物が出現したときのCO_2濃度の高い大気組成に適応した酵素であるためCO_2との親和性が低く，現在のような低いCO_2濃度条件では

$C_6H_{12}O_6 + 6O_2$

光合成　　　呼吸

光エネルギー　　686kcal　　生物エネルギー

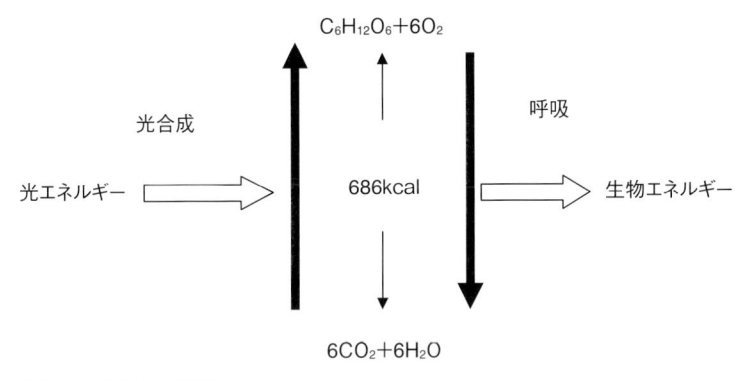

$6CO_2 + 6H_2O$

図13-1　光合成と呼吸.
　光合成は，二酸化炭素と水を基質として，光エネルギーを用いて糖を生合成する作用である．呼吸は，糖を二酸化炭素と水に分解する過程で生物が利用可能な形態のエネルギーを取り出す作用である．

純光合成速度

C4
C3

光強度　　　温度　　　CO_2濃度

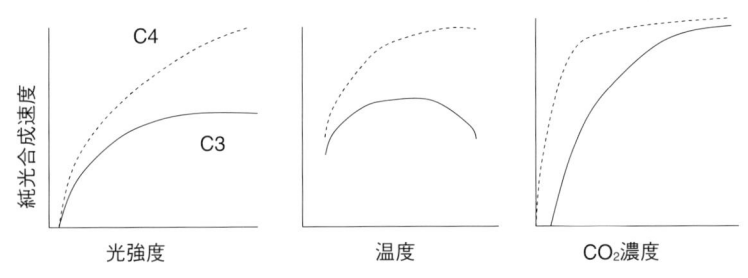

図13-2　C3植物とC4植物の光合成特性.
　実線：C3植物　破線：C4植物

効率よくCO_2の固定が行えない．効率の低さを酵素の量で補っているため，葉に含まれる窒素の半分以上がRubiscoなどの光合成に関わる酵素に含まれるので，葉の窒素濃度と光合成能力は高い相関が認められている．またRubiscoは現在のような高酸素濃度・低CO_2濃度条件下でオキシゲナーゼとしても働き，日中の強光条件では光合成産物が酸化されて二酸化炭素として放出される光呼吸が行われる．光呼吸は，過剰に捕捉された光エネルギーを消費して，光合成器官の損傷を防ぐ機能もある．C3植物から派生したC4植物は，クランツ構造とよばれる発達した維管束鞘細胞を有しており，低CO_2濃度条件でも効率よく光合成が行える仕組みを有している．C4植物は，葉肉細胞でホスホエノールピルビン酸カルボキシラーゼ（PEPC）という酵素でCO_2をオキサロ酢酸として

固定し，リンゴ酸やアスパラギン酸に変換して維管束鞘細胞に輸送し，そこでCO_2を再放出してC3植物と同様にRubiscoによるCO_2固定を行う．PEPCのCO_2との親和性は高いため，低いCO_2濃度でも効率よくCO_2固定が行われ，維管束鞘細胞でリンゴ酸等からCO_2を高濃度で再放出することによりRubiscoでも効率よくCO_2固定が行われる．C3植物でみられる光呼吸はC4植物では認められない．つまり，C4植物は大気CO_2を濃縮する機能を備えているといえる．そのためC3植物では，CO_2濃度を現在の大気中の濃度よりも高くすると光合成速度が高まるのに対して，C4植物ではそのような効果は顕著ではない．一方，乾燥地の多肉植物にみられるCAM植物は，日中に気孔を開かずに光合成を行う仕組みを備えている．日中は大気の水蒸気圧飽差が大きく気孔を開くと大量の水分が失われるので，水蒸気圧飽差が小さい夜間に気孔を開いてCO_2を取り込み，PEPCによってリンゴ酸に固定し液胞に蓄積し，光エネルギーを捕捉できる日中にリンゴ酸からCO_2を再放出させてRubiscoにより炭酸固定を行う．C4植物が葉内の組織を変えて行っているのと同様な仕組みのCO_2固定を，CAM植物は夜間と昼間という時間を変えて行っている．

　光合成では，大気中のCO_2は拡散によって気孔から取り込まれ，細胞間隙を拡散し，葉肉細胞の細胞壁と細胞膜，細胞質，葉緑体包膜を通過し，ストロマで固定される（図13-3）．拡散は，濃度勾配によって濃度の高いほうから低いほうへ分子が移動する現象であり，光合成によって葉内のCO_2が使われ，濃度が低下することによって起きる．大気からストロマまでの拡散するときの抵抗は，葉表面の境界層抵抗と気孔抵抗，気孔内からストロマまでの葉肉抵抗に分けられる．葉のクチクラ層を介したガス交換については，通常の気孔からのに比べて非常に小さいため無視される．境界層抵抗は，小さく細い葉ほど，また風が強いほど小さくなるが，植物が能動的に抵抗の大きさを変えることはできない．植物は植物体からの水分の放出を制御するために気孔を開閉するので，その結果としてCO_2の拡散に関わる気孔抵抗も変化する．光合成速度をP，CO_2の境界層拡散抵抗Rb，気孔抵抗Rs，葉肉抵抗Rl，大気CO_2濃度Ca，葉内CO_2濃度Ci，葉緑体内CO_2濃度Ccとすると，電圧と電流，抵抗の関係を模して以下のように表される．

$$P = (Ca - Ci)/(Rb + Rs)$$
$$= (Ci - Cc)/Rl$$

大気から細胞間隙までは気相中の拡散であり，細胞壁からストロマまでは液

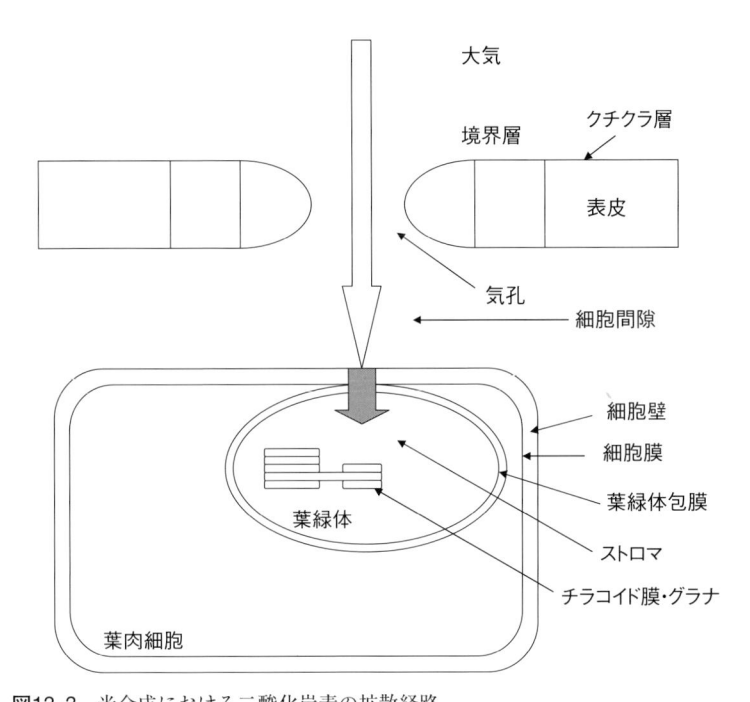

図13-3 光合成における二酸化炭素の拡散経路.
大気から細胞間隙までは気相中の拡散（白い矢印）であり，細胞壁からストロマまでは液相中の拡散（灰色の矢印）である．境界層と気孔，細胞間隙，細胞壁，細胞膜，細胞質，葉緑体包膜，ストロマの拡散抵抗がある．

相中の拡散となる．気相中ではCO_2に比べて水蒸気のほうが拡散しやすく，同じ境界層と気孔開度の条件におけるCO_2の拡散抵抗は水蒸気の拡散抵抗のおよそ1.6倍とされる．気相中に比べて液相中の拡散抵抗は10,000倍と大きいので，葉肉抵抗のうちの細胞壁からストロマまでの拡散抵抗は，拡散距離は短くともCO_2の拡散において大きな抵抗となる[2]．細胞壁の厚さと葉肉抵抗とは相関があること，また，細胞膜や葉緑体包膜の通過には，水チャネルとして知られる膜タンパク質のアクアポリンがCO_2のチャネルとしても機能していることが知られている[12]．さらに，樹高が高いほど葉肉抵抗が大きいことや，乾燥条件で育てたときに葉肉抵抗が大きくなることが針葉樹で報告されており，気孔抵抗だけではなく葉肉抵抗も高齢で樹高の高い樹木の光合成を規定する要因の1つになっているものと考えられる[17]．

　好気呼吸は，糖や脂肪などをCO_2と水に分解する過程でエネルギーを取り出

す反応である．吸収された酸素の分子量と放出されたCO_2の分子量の比を呼吸商といい，糖や脂肪はそれぞれの分子種によって炭素と酸素の比率が異なるので，呼吸商から呼吸に用いられた材料を推定できる．この過程は，酸素を必要とせず糖をピルビン酸に分解する解糖系と，酸素を必要としピルビン酸をCO_2と水に分解するTCA回路と電子伝達系からなる．好気呼吸では，1分子のグルコースから30分子以上のアデノシン3リン酸（ATP）を生成することができる．土壌が湛水状態にあるときの根のように酸素不足な状況では，解糖系を経て生成されたピルビン酸がアルコール発酵系や乳酸発酵系によって分解されるが，生成されるATPは2分子と好気呼吸に比べて著しく少ない．呼吸で生成されたエネルギーは，生体の維持と成長のために使われ，前者を維持呼吸，後者を構成呼吸（もしくは成長呼吸）とよぶ．維持呼吸は生細胞数に比例し，温度の上昇にともなって指数関数的に増大する．温度が10℃上昇したときの呼吸速度の増加率であるQ_{10}は2〜3の値をとり，温暖化にともなう呼吸速度の増大に関与する部分である．一方，構成呼吸は成長速度に比例し，温度の直接的な影響は受けない．

2．蒸散

蒸散は，土壌から吸い上げられた水が葉の気孔から水蒸気として大気中に放出される現象である．根と茎，葉をつなぐ道管や仮道管の通水組織の中の水（樹液）は土壌中の水とつながっていて，葉と土壌の間の水ポテンシャル勾配にしたがって吸い上げられる．ここでいう水ポテンシャルは，対象とする水のGibbsの自由エネルギー（$J\ mol^{-1}$）と標準状態の水のGibbsの自由エネルギー（$J\ mol^{-1}$）との差を，水のモル体積（$m^3\ mol^{-1}$）で除したものとして定義され，水移動におよぼす力（単位：Pa［パスカル］で表示）を表す．マイナスは水を引き込む方向を，プラスは水を押し出す方向を意味し，その絶対値が大きいほどその力が強いことを示す．土壌中の水は，さまざまな大きさの土壌孔隙に保持されている．土壌の水ポテンシャルは，土壌孔隙の毛管力によるマトリックポテンシャル（マイナス値）であり，小さな土壌孔隙ほど水を引き込み保持する力が強い．土壌の乾燥過程では大きな土壌孔隙の水から失われて水ポテンシャルは低下する．葉の水ポテンシャルは植物細胞の水ポテンシャルに相当し，溶質のモル濃度によって決まる浸透ポテンシャル（マイナス値）と細胞壁が細胞内の水を押し出そうとする圧ポテンシャル（プラス値）の和で表される．植

物細胞の含水率が低下すると,溶質濃度が高まるために浸透ポテンシャルが低下し,細胞体積が減少するために圧ポテンシャルも低下するので,葉の水ポテンシャルも低下する.葉の水ポテンシャルはマイナスの値を示す.

　樹液流は,夜明け前には停止しており,日の出後に動きはじめ,日射量の増大にともない徐々に流速が高くなり,日中は高い流速で安定し,日射量の減少する夕方以降,徐々に低下し夜間から翌日の夜明け前にかけて停止するという日変化を示す(図13-4).樹液流は,葉と土壌の間に水ポテンシャル勾配が生じることによって流れるが,土壌の水ポテンシャルは短時間では変化しないので,樹液流速度を決めているのは葉の水ポテンシャルの低下度合いである.葉の水ポテンシャルは,葉の含水率の低下にともなって低下するため,蒸散によって葉から水分が失われることが,樹液が流れはじめるためにはまず必要である.樹体内の通水組織には通水抵抗があるため,葉からの蒸散に対して葉への樹液の供給が遅れ気味になる.蒸散速度が上昇する早朝は,葉の含水率の低下にともなう水ポテンシャルの低下が起き,葉と土壌との間の水ポテンシャル差が大きくなることにより樹液流速度の増加が起きる.蒸散速度が安定する日中には樹液流速度も安定する.

　水は,水ポテンシャルの高いほうから低いほうに移動するため,土壌から葉に水を吸い上げるためには,葉の水ポテンシャルは土壌よりも低い必要がある.また,土壌から葉までの水柱には,高さ1 mあたり0.01 MPa m^{-1}の重力ポテンシャル(細胞内の水を引き出そうとする力でプラス値)がかかっており,土壌と葉との水ポテンシャル差を小さくする(水が吸い上げられにくくなる)要因となる.樹高が高くなると重力ポテンシャルの影響を無視できなくなる(図13-5).土壌から葉までの通水経路では,土壌から根の通水組織までの通水抵抗と幹から枝へ分枝する箇所で通水抵抗が大きいとされる.土壌から根の通水組織への水の流れは,細胞壁や細胞間隙を通るアポプラスト経路と細胞内を通るシンプラスト経路がある.シンプラスト経路の場合,細胞膜を通過する必要があり,膜タンパク質であるアクアポリンという水チャネルが水の膜輸送を制御している.また,根には不透水性のカスパリー線があり,アポプラスト経路であっても一度は細胞内を通過する必要がある.

　土壌から葉への吸水速度(SFV)は,電流と電圧,抵抗の関係を模して,土壌と葉の水ポテンシャルをそれぞれΨsとΨl,土壌から葉までの水柱にかかる重力ポテンシャルをΨg,通水抵抗をRとすると以下のように表される.

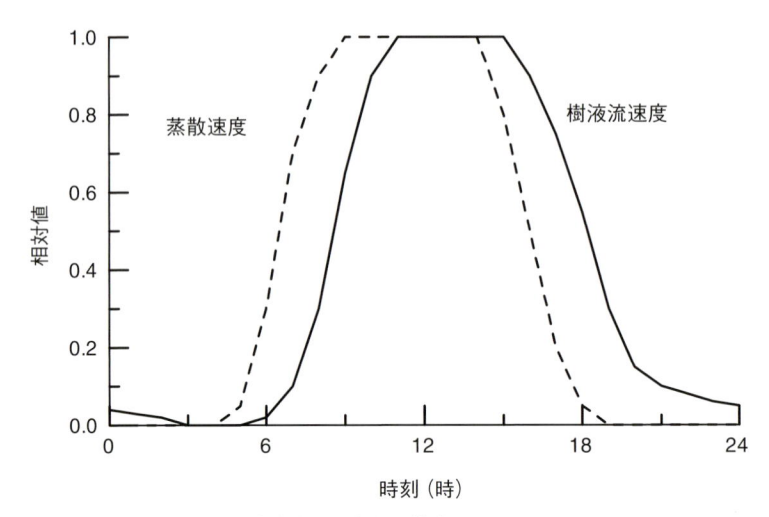

図13-4 樹液流速度と蒸散速度の日変化の模式図.
　蒸散によって葉の含水率が低下し，水ポテンシャルが低下することによって樹液流が流れはじめる．受光量が減少すると蒸散速度は急激に低下するが葉の水ポテンシャルの上昇には時間がかかり，それに対応して樹液流速度の低下も緩慢である．

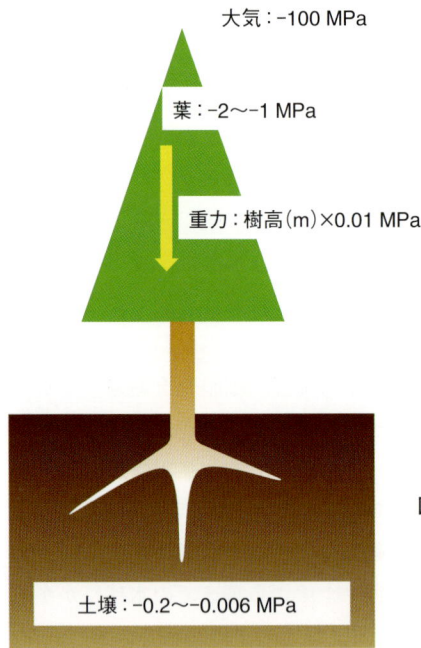

図13-5 大気から樹木，土壌の水ポテンシャル勾配.
　図中の値は，水ポテンシャルのおおよその範囲を示す．土壌から葉への樹液流の流速は，土壌と葉の水ポテンシャル差から重力ポテンシャルを減じた値に比例する．

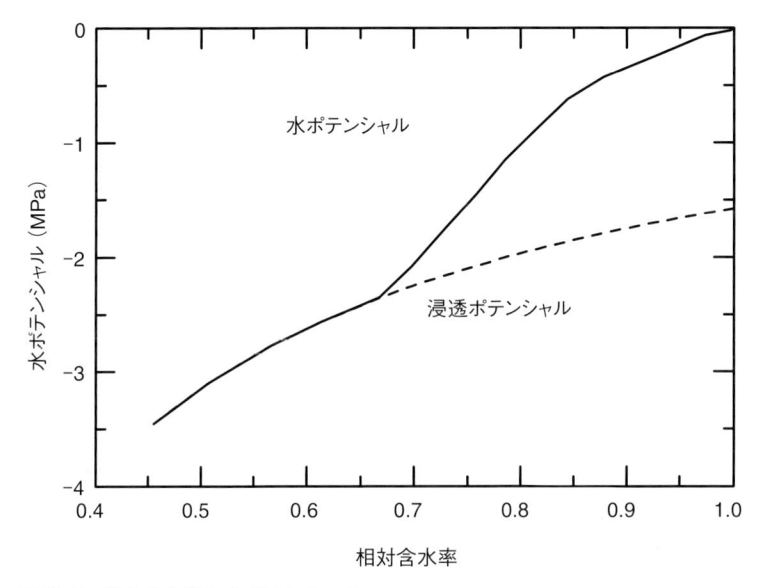

図13-6 葉の含水率と水ポテンシャル.
相対含水率は,水ポテンシャルが0のときの細胞内の水分量を1としたときの相対値を表す.水ポテンシャル(実線)は,圧ポテンシャルの分だけ浸透ポテンシャル(破線)より高い.圧ポテンシャルが0となった含水率よりもさらに含水率が低下すると原形質分離が起きる.

$$SFV = (\Psi s - \Psi l - \Psi g)/R$$

　土壌が乾燥していく(土壌の水ポテンシャルが低下していく)過程において同じ吸水速度を維持するためには,土壌と葉の水ポテンシャル差を維持する必要があり,植物は葉の水ポテンシャルをより低下させる必要がある.葉の水ポテンシャルの低下は含水率の低下と細胞体積の減少をともなう.含水率の低下は圧ポテンシャルがゼロになるまでは細胞体積の減少をともなうが,それ以上の含水率の低下は,細胞壁と細胞膜の分離,いわゆる原形質分離を起こすため,正常な生理状態での水ポテンシャルの低下には限界がある(図13-6).植物が利用可能な土壌水(有効水)は,水ポテンシャルが-1.5〜-0.006 MPaの張力で土壌孔隙に保持されている水分とされる.-0.006 MPaより弱い張力で保持されている水分は,重力によってすみやかに排水されるため有効水に含まれない.土壌水が毛管でつながっている状態(-0.05〜-0.006 MPa)の有効水を易有効水,つながっていない状態(-1.5〜-0.05 MPa)の土壌水を難有効水として区別しており,その境目の土壌水分状態を毛管連絡切断点とよんでいる.易

有効水が存在する場合（湿潤な土壌水分状態）は，根に接触している土壌水が吸収されると周囲から土壌水がすみやかに供給されるが，難有効水しか存在しない場合（乾燥した土壌水分状態）には，根に接触している土壌水が吸収された後に周囲から土壌水が供給されるには，毛管がつながっていないためより長い時間がかかるとされる．難有効水しか存在しない場合には，土壌全体の平均的な水ポテンシャルよりも根に接触している土壌の水ポテンシャルのほうが低く，植物は水をより吸収しにくくなっている可能性がある．

蒸散速度（Tr）も，土壌から葉への吸水速度と同様に，電流と電圧，抵抗の関係を模して，気孔内（葉内）の水蒸気圧を Ps，大気の水蒸気圧を Pa，気孔と大気の間の水蒸気の拡散抵抗を r とすると以下のように表される．

$$Tr = (Ps - Pa)/r$$

気孔と大気の間の水蒸気の拡散抵抗 r は気孔抵抗と境界層抵抗の和である．また，気孔内の水蒸気圧は葉温の飽和水蒸気圧に等しいとみなされている．蒸散速度は，気孔内と大気の水蒸気圧の差が大きいほど，気孔開度が大きいほど，風が強く境界層抵抗が小さいほど大きくなる傾向にある．

蒸散も光合成も，ともに気孔を介した気体の拡散である．水蒸気と CO_2 の拡散抵抗は，それぞれの気体種の拡散しやすさによって差があるが，気孔開度と境界層の厚さに比例する傾向は変わらない．蒸散速度と光合成速度の違いは，気孔内と大気の間の濃度差の違いによって決まる．大気中の水蒸気濃度は気温と相対湿度によって変わるが2～4％であるのに対して，CO_2 濃度は0.04％程度と大きな差がある．当然，気孔内と大気中との濃度差も，日中には100倍以上となる場合が多い．そのため蒸散速度（水蒸気の放出）に対する純光合成速度（CO_2 の取り込み）の比で表される水利用効率は0.002～0.005 $\mu molCO_2/\mu molH_2O$ 程度であり，光合成によって CO_2 1分子を取り込むときに，数百倍の分子数の水蒸気が蒸散によって放出されることを意味している．蒸散には日射による葉温上昇を抑制する効果があるが，そもそも気孔を開いて光合成を行うためには蒸散が必要である．気孔開度を大きく保つためには，それに見合う水分が土壌から葉に供給される必要がある．夏期の日中など気温が高いときに土壌の乾燥等によって十分な水分の供給がなされないと，気孔開度の減少による CO_2 の取り込み不足による総光合成速度の低下に加え，葉温上昇による呼吸速度の上昇によって純光合成速度がさらに低下することになる．

3. 物質生産

　物質生産や呼吸，有機物分解にともなう大気と森林生態系の間でのCO_2や水蒸気の交換は，地球規模での炭素循環や水循環，物質循環において主要な役割を果たし，地域や地球の環境に影響を与える．植物は，太陽エネルギーを有機物生産に利用できる唯一の生物であり，植物による物質生産が生態系を構成する動物や微生物のエネルギー源となっている．また，枯葉などの植物遺体の有機物は，動物や微生物によって無機化されることによって植物が利用できる養分になる．植物遺体を動物や微生物が利用し，その結果できる無機養分を植物が再吸収するという物質循環を介した植物と動物，微生物との間に共生関係が成り立っており，植物による物質生産量が，その生態系における生育可能な生物量を規定し，生態系の規模を決めることになる．

　植物の物質生産は，日射や温度，降水量などの生育地の環境の影響を強く受ける．一般的には，温暖で湿潤なほど物質生産量が大きい傾向にある．環境要因に対する応答特性は種によって異なっており，その結果，生育地の環境によって異なる植生が成立し，環境の変化によって植生が交代したり，植生遷移が進行したりする．個々の種の物質生産と環境要因との関係を理解することが，それぞれの種個体群の維持機構や植生の種構成を理解することの基盤となる．近年問題となっている，温暖化などの地球規模での環境変動が生態系に与える影響を予測するためにも，生態系を構成するそれぞれの種について環境要因と物質生産との関わりを理解することが必須となる．

　光合成生産の総量を総生産量といい，総生産量から呼吸量を減じた量を純生産量（純一次生産量ともいう．第Ⅲ部第20章参照）という（図13-7）．純生産量は新たな器官をつくる資源として使われるため，単位面積あたりの生体量を意味する現存量を増加させるもととなる．しかし現存量の一部は落葉や落枝として脱落し，昆虫や動物によって食べられることから，現存量増加量は純生産量よりそれらの量だけ少ない値となる．実際の植物群落の純生産量は，現存量増加量に枯死脱落量，被食量を加えることで求められる．総生産量は，純生産量の実測値に呼吸量を加えることで推定される．森林全体の呼吸量を実測することは困難であり，少数の試料の測定結果から推定されることが多いため，純生産量よりも大きな推定誤差を含む可能性がある．森林の平均的な純生産量は総生産量の50％程度で，光合成で生産され有機物のおよそ半分が呼吸で消費さ

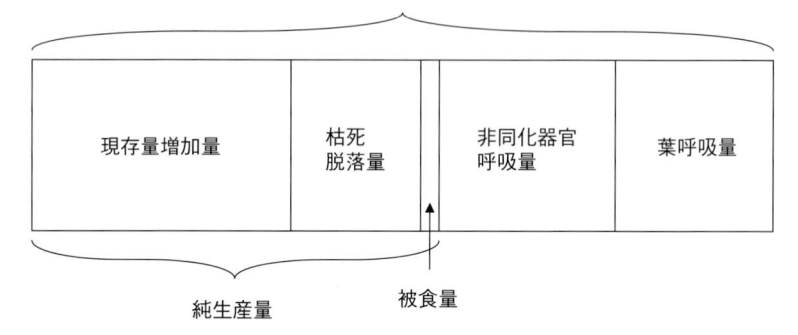

図13-7 総生産量と純生産量.
総生産量から呼吸量を減じたものが純生産量である．純生産量は，2時期の現存量とその間の枯死脱落量と被食量を測定することによって算出することができる．

れるものと推定されている[16]．

　植物の物質生産量は，光合成の諸過程と光合成産物により葉や根などの器官が新たに形成され，それらの器官による物質再生産の過程によって規定されている．つまり，そのときそのときの光合成生産と，そこで生産された有機物のうちどれだけが光合成器官である葉に配分されるかによって，その後の生産量が規定されることを意味している．生産量をP，葉量をFとすると，以下の式が成り立つ[14]．

$$P = P/F \times F$$

　つまり，生産量は，単位葉量あたりの生産量（生産効率：P/F）と葉量（F）によって決まるといえる．葉の生産効率は，生育期間の平均的な光合成速度に相当する．葉の生産効率に関わる要因としては，葉の光合成能力とその能力の発揮に関わる光や温度，CO_2濃度といった環境要因とがある．光合成能力を低下させる要因としては，土壌の肥沃度と加齢があり，能力の発揮を低下させる要因として土壌乾燥や高温，低温などがある．葉の光合成能力は，一般に陰性の植物より陽性の植物で高く，成熟した葉では葉齢が高いほど低い傾向にある．葉量は，光合成を行った葉の量と期間の積に相当する．林冠が閉鎖する前の林分では，生産量の多少だけではなく生産量のうちのどれだけが葉の生産に使われるかによって葉量の増加速度が異なる．森林が発達する過程における葉量の増加は，光合成産物の葉の生産への配分割合によって規定される[12]．光合成生

産量の多少だけでなく，貧栄養な，また乾燥した土壌条件に生育する個体ほど，葉への配分が少なく根への配分が多い傾向にあり，土壌の養水分の吸収を高めるように光合成産物が配分される．植物は，それぞれの生育環境に応じて，根と葉のバランスをとりながら成長しているといえる．乾燥や貧栄養な土壌条件では生産量（成長量）は小さいが，それは葉の生産効率が低いことに加え，葉の増加速度が低いことも原因となっている．葉量は，葉の生存が受光量によって規定されることから，林冠が閉鎖した後は，樹高成長にともない樹冠上部の葉量が増加すると樹冠下部の葉の受光量が減少し枯死するため，樹種によってほぼ一定の値が維持されるものとみなされている．林冠が閉鎖していれば，密度や土地の生産力の違いによる葉量の差は小さいことが知られている．そのため十分に発達した森林における生産量は，光合成を低下させる環境ストレスがなく，葉をつけている期間（成長期間）が長いほど多くなる．したがって気温が高く，湿潤な環境にある生態系で大きい傾向にある．

　群落内において同化器官である葉と非同化器官の垂直分布に光の減衰曲線を示した図を生産構造図という（図13-8）．群落内での光の減衰は，群落内に階層状に分布する葉が光を吸収したり反射したりすることによって起こるため，林冠内のある高さにおける光強度はそれより上にある葉の積算量によって規定される．つまり，ある高さの葉はそこの場所の光環境のもとで光合成生産を行うことになる．このような群落内での葉の分布に規定される光の減衰と光合成との関係を用いた群落光合成モデルは，Monsi & Saeki[10]によって世界で初めて提案され，その後，林冠内の光環境の違いにともなう葉の光合成特性の違いを組み入れたモデルなど多様なモデルに発展した．

　地球上には炭素換算で654 P（P：ペタ＝10^{15}）gC のバイオマス（現存量）が存在し，そのうち森林には536 PgC が存在する（表13-1）．つまりもっとも規模の大きい生態系である森林は，面積的には陸地の3割に満たないが，地球全体の現存量の8割強を貯留していることになる．さらに深さ1mまでの森林土壌中には炭素換算で704 PgC という植物体現存量を大きく上回る有機物が貯留されており，その起源は植物によって生産され，枯葉などの植物遺体として土壌に供給された有機物である．

　森林が大きな現存量を維持できるのは，森林の主要な構成要素である木本植物が，草本植物に比べて長寿命で巨大になれるという成長特性によっている．これは，（1）すべての頂芽が花芽に分化して分裂機能を失うことがなく一次

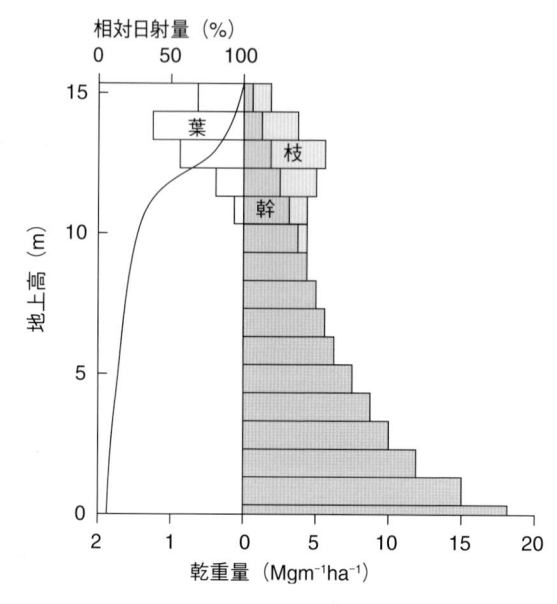

図13-8 生産構造図.
地上部の非同化器官（幹と枝）と同化器官（葉）の垂直分布（高さ1mあたりの各器官の現存量（haあたり乾重量）と光の減衰曲線を合わせて示した図）．林冠内では主に葉による遮光によって光が減衰するため，測定高よりの上方の葉現存量と光強度とは負の相関がある．イネ科草本のように葉が立って着生している程，光の減衰が小さい．陽樹冠の葉は立って着生し，陰樹冠の葉は水平に着生する傾向にあり，光の減衰と上方の葉現存量との関係は林冠内で一定ではない．森林の場合は，幹や枝によって林冠下でも光の減衰が起きる．

表13-1 陸上植生の炭素貯留量と純一次生産量．

	面積 10^9 ha	炭素貯留量 PgC		haあたり炭素貯留量 MgCha^{-1}		純一次生産量 PgCyr^{-1}	MgCyr^{-1}ha^{-1}
		植生	土壌	植生	土壌		
森林							
熱帯	1.75	340	213	194	122	21.9	12.5
温帯	1.04	139	153	134	147	8.1	7.8
亜寒帯	1.37	57	338	42	247	2.6	1.9
疎林・草原							
熱帯	2.76	79	247	29	90	14.9	5.4
温帯	1.78	23	176	13	99	7.0	3.9
乾燥地・半乾燥地	2.77	10	159	4	57	3.5	1.3
ツンドラ	0.56	2	115	4	206	0.5	0.9
耕地	1.35	4	165	3	122	4.1	3.0
計	13.38	654	1567			62.6	

IPCC（2001）から作成．

分裂組織が維持されること，（2）低温や乾燥などの生育に不適な環境でも枯死せず成長点を維持できる耐性を備えていること，（3）細胞壁へのリグニンの沈着による木化によって巨大な樹体を支えうる堅固な細胞が形成されること，（4）二次分裂組織である形成層が樹体の最表層にあり物理的障害のない外側に向かって細胞をふやしていくこと，（5）古い木部細胞は死細胞となって心材化するために樹体が巨大になっても生細胞数がふえ続けることはなく呼吸によるエネルギー消費が抑制されること，（6）重力に逆らって水を頂端の葉まで，また光合成産物を根まですみやかに大量に輸送することができるシステムである維管束が発達していることによって，樹高が高くなり葉の着生位置が高くなっても気孔を開いて光合成を行うことができること，などである．木本植物は長寿命で巨大になれるので，樹木を主体とする森林は非常に大きな現存量を保持できる．これが温暖化の原因とされる大気 CO_2 の貯留機能が期待される所以である．

　また，地球上の植生による年間の純生産量はおよそ60 PgC と見積もられており，そのおよそ5割を森林が担っている[1,3]．森林が高い物質生産速度を発揮できるのは，常緑樹林であれば年間を通じて高い葉現存量を維持し，落葉樹林であっても林冠全体に芽が配置され，開芽期に短時間で最大の葉現存量に達し，物質生産を行えることによる．また，木本植物が低温や乾燥といったストレス条件であっても，地上高の高い位置に芽（成長点）を維持できることが高い物質生産に寄与している．

　森林の現存量は巨大であるが，いくらまででも大きくなれるわけではない．森林が占める地上部の空間あたりの現存量で表される地上部現存量密度には上限（約1.3 kg m^{-3}）がある[5]．このことは，樹高成長によって占有空間を拡大できなくなると，林分としての成長量と枯死量とが均衡し現存量の増加はみられなくなることを意味している（図13-9）．樹木の樹高成長の速さやその樹高がどこまで高くなるかは，樹種ごとの成長特性だけではなく，その場所の土壌特性に代表される立地条件にも依存する．土壌が肥沃で深いほど樹高成長がよく，根系を発達できる土層が50 cm 以下と浅い土壌条件では低い樹高で樹高成長が頭打ちになる傾向にある[7]．

　1年生の作物と異なり，加齢にともなって樹木は樹高が高くなり葉の着生する位置も高くなる．近年，樹木の特性である巨大性の発揮にともなって葉の生産効率が低下することが明らかになってきた[6,8]．この原因としては，高い位

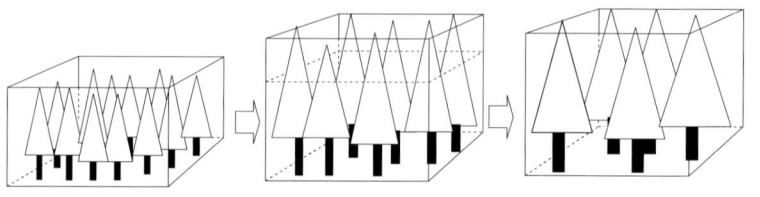

図13-9 樹高成長による占有空間の増大と地上部現存量の増大.
地上部現存量は現存量密度と林分高の積で表され，現存量密度には上限があることから，樹高成長が停止し，林分高が高くならない森林では，生立木の成長量と被圧木等の枯死量が釣り合い，現存量は増加しない状態となる.

置に着生した葉が重力に逆らって高い位置まで水を引き上げなければならないことと，通水距離が長くなることによって日中により水ポテンシャルを低下させないと吸水できないことがあげられている．樹高の高い木の葉ほど，日中に水ポテンシャルがより低下すること，気孔コンダクタンスが小さいこと，光合成速度が低いことが報告されている（図13-10，図13-11）．また，炭素安定同位体比は気孔閉鎖による光合成速度の低下の程度の指標として用いられており，光合成産物（たとえば葉など）の炭素安定同位体比は樹高の高い個体ほど高い傾向がある．これは，大気中には分子量44のCO_2に混じって炭素の安定同位体である^{13}Cを含む分子量45の$^{13}CO_2$が約1％含まれており，分子量45の$^{13}CO_2$のほうが拡散しにくく，またRubiscoによる炭酸固定がされにくいので，同位体分別が起きるためである．同位体分別効果は，拡散よりもRubiscoによるもののほうが大きく，葉緑体内のCO_2濃度が光合成産物の炭素安定同位体比を規定している．葉緑体内のCO_2濃度が低いほど同位体分別効果が小さくなるため，分子量45の$^{13}CO_2$が炭酸固定に使われやすくなり，光合成産物の炭素安定同位体比は大きくなる．葉緑体内のCO_2濃度が低下する要因としては，気孔閉鎖によって大気からのCO_2の取り込みが制限され，葉内CO_2濃度が低下することがあげられている．さらに，気孔閉鎖は光合成の水利用効率を高めるため，水利用効率の指標として炭素安定同位体比が用いられることも多い．この場合，葉肉拡散によるCO_2濃度の低下は同様に起きるものとみなしているが，樹高が高くなるほどCO_2の葉肉拡散抵抗が大きいことが報告されている．樹高の高い高齢木で光合成速度が低い原因として，気孔閉鎖による葉内CO_2濃度の低下と，葉肉拡散抵抗が大きいことによる葉緑体内CO_2濃度の低下のどちらの影響が大き

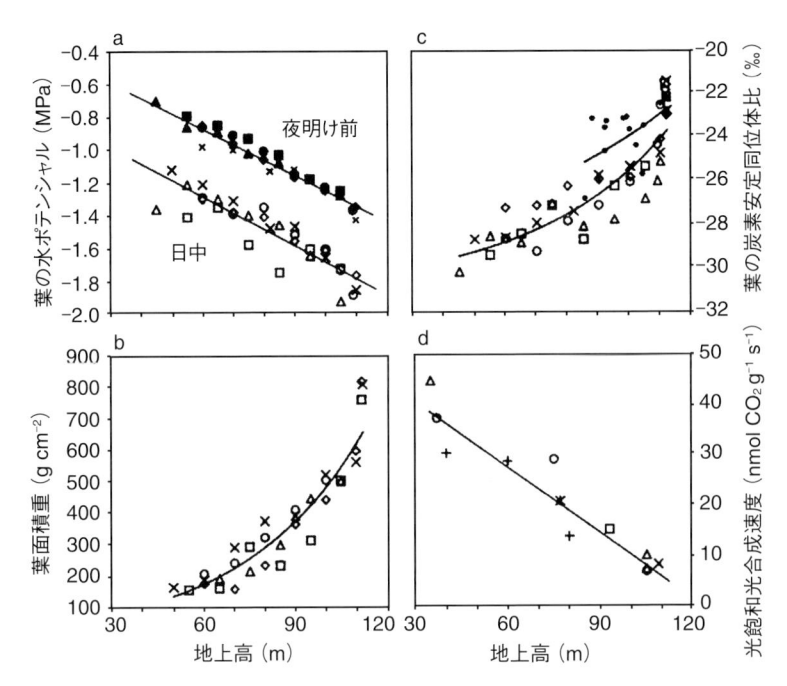

図13-10 センペルセコイアの葉の着生高と木部圧ポテンシャル (a), 葉面積重 (b), 炭素安定同位体分別値 (c), 光飽和光合成速度 (d) (Koch et al.[6] を改変). シンボルの違いは異なる個体のデータであることを表す. 着生高が高い葉ほど, 水ポテンシャルが低く, 光合成速度が低く, Rubisco による炭酸固定が行われる葉緑体のストロマでの二酸化炭素濃度が低い傾向が認められる.

いのかについてはさらに検討が必要である[11]. 樹高の高い高齢林の光合成の制限要因を明らかにすることは, 大気の CO_2 濃度上昇や温暖化が森林の物質生産にどのような影響を与えるのかを予測する上でも重要である. また, 樹高が高くなることによる葉の生産効率の低下は, 葉の物質収支がプラスを維持できる光条件にも影響するため, 若く樹高の低い森林に比べて葉量が少なくなることも推測されるが, 高齢な森林についてのデータが不足していて明確になっていないのが現状である.

森林の物質生産に影響する要因として, 地球温暖化などの近年の気候変動が注目されている. 森林は, これまでの気候条件に適応した種で構成されていることから, 気温の上昇や降雨パターンの変化によって種組成そのものが変化する可能性があり, また新たな病虫害の蔓延等による物質生産量の減少も危惧さ

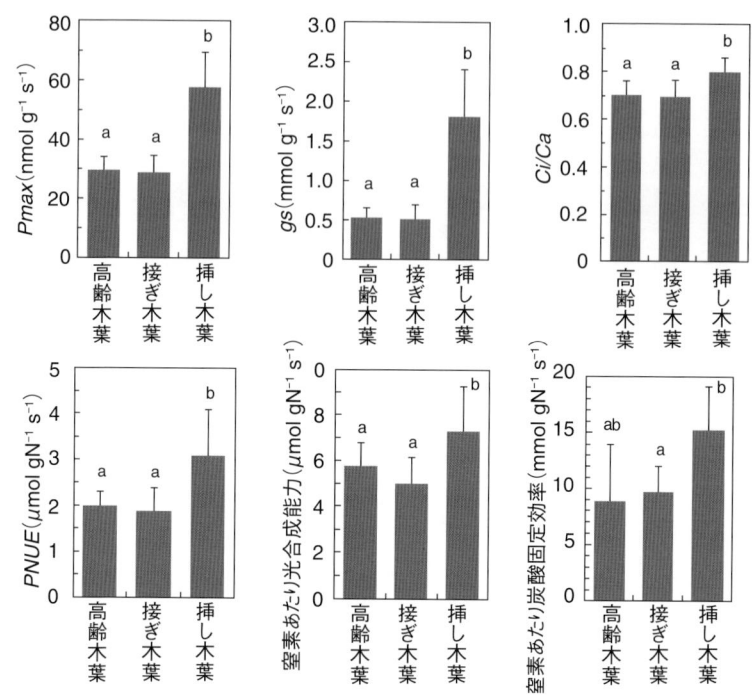

図13-11 スギ高齢木の光合成特性．(Matsuzaki et al.[8] を改変)
同じ個体から採取した穂を樹高30 m の高齢木の陽樹冠に継ぎ木した後に展開した葉（接ぎ木葉）と挿し木苗を育成した後に展開した葉（挿し木葉），高齢木の葉の光合成特性を比較した．Pmax：光飽和純光合成速度，gs：気孔コンダクタンス，Ci/Ca：チャンバー内二酸化炭素濃度に対する葉内二酸化炭素濃度の比率，PNUE：葉内窒素含有量あたりの光飽和純光合成速度.

れる．近年の温暖化は，化石燃料の大量消費による大気 CO_2 濃度の上昇が主要な原因とされており，温暖化の進行は気温の上昇だけではなく，森林生態系への化石燃料由来の窒素降下物の増大と大気 CO_2 濃度の上昇という環境変化をもたらす．大気 CO_2 濃度の上昇と光合成速度との関係では，C3植物を高い CO_2 濃度条件で長期間栽培すると，根からの養分吸収や根の成長が制限される条件では，図13-2で示したような CO_2 濃度に見合った光合成速度の上昇を示さない，いわゆる光合成の順化が起きることが知られている（図13-12）．養分が制限要因となって，葉の光合成産物の生産（ソース）に見合う成長（シンク）がなされないと，生産物過剰な状態で葉に光合成産物が蓄積し光合成が抑制されることになる．苗木を用いた実験や野外条件での CO_2 付加実験の結果から，将来，

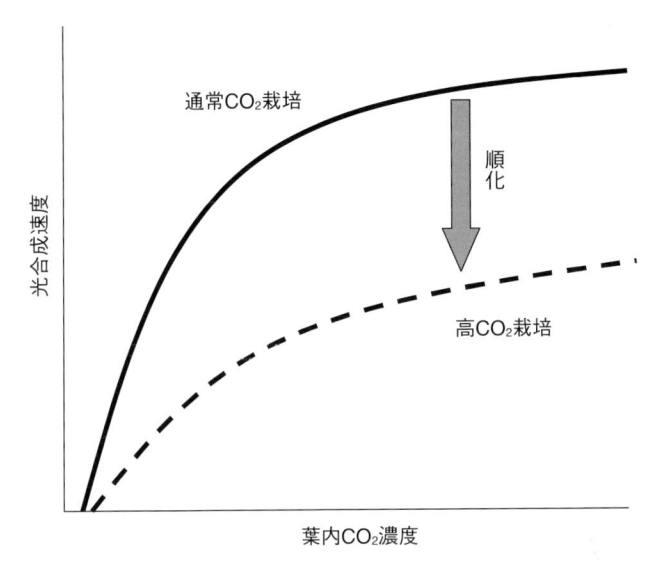

図13-12 高二酸化炭素濃度条件での栽培による光合成の順化.
土壌養分の不足などによってCO_2濃度の上昇による光合成産物の増加に見合う
成長増加がなされないと,生産物過剰による光合成の順化が起き,CO_2濃度が
上昇しても生育時の光合成量が増加しなくなる.

大気CO_2濃度が上昇しても,森林の物質生産量はそれに見合うような増加を示さないであろうと予測されている.化石燃料由来の窒素降下物の増大は,これまで土壌の酸性化や森林衰退との関係で注目されてきたが,大気CO_2濃度上昇と森林の物質生産との関係にどのような影響を与えるのかについては未知な部分が多い.

4. 根の成長と機能

根は地上部を支える器官であるとともに,土壌から養分や水分を吸収し地上部に供給する器官でもあり,樹木の成長を規定する重要な器官である.しかし地上部に比べて調査に多くの労力がかかることから地下部についての情報は少ない.根系発達の形態的な特性として深根性と浅根性があり,ヒノキなどの浅根性樹種に比べて,アカマツやスギなどの深根性樹種では主根が深くまで伸長した根系が発達する.ローム質の土壌に生育するスギ高齢木では主根は2.5～3 mの深さに達するのに対して,同様な土壌条件でもヒノキ高齢木の根系は1.5 m程度までしか達しないことが報告されている[4].ヒノキに比べてスギの

成長が速いため地位指数（40年生時の優勢木の樹高）の範囲は異なる（スギ：7～25 m，ヒノキ：5～18 m）が，同じ地位指数の範囲では，土壌の深さ50 cmまでの各層位の透水速度と層厚の積和である透水指数と地位指数との間にはヒノキもスギも同様の相関が認められる[7]．ただし，個体サイズのもっと大きくなる高齢期の成長が，根系発達の可能な土層厚の影響を受け深根性のスギと浅根性のヒノキで異なるかについては明らかになっていない．

総現存量に占める地下部現存量の割合は，針葉樹と広葉樹ともにおよそ20%（地上部8：地下部2）とされ，京都議定書報告において森林のCO_2吸収量を算出する場合に，地上部現存量から地下部現存量を推定する係数として地下部現存量／地上部現存量比0.25が使われている．地下部乾重量は，個体の成長にともなって増大していくが，養分や水分の吸収を担っている細根は成長と枯死をくり返している．スギやヒノキの細根の年生産量はおよそ2 t ha^{-1} yr^{-1}で，葉の年生産量のおよそ半分に相当する[13]．細根の現存量は生育地の土壌水分条件によって異なり，乾燥気味な斜面上部で多く，湿潤な斜面下部で少ない傾向が報告されている．また，根の伸長は土壌の養分状態の影響を受ける．酸性土壌ではアルミニウムイオンの可溶性が高まり根の伸長を阻害することから，過剰なアルミニウムイオンは土壌の強酸性化にともなう樹木の衰退原因の1つと考えられている．貧栄養な土壌条件では，根は細根を分岐せずに伸長し，養分濃度の高い土壌に達すると多数の細根を分岐するような成長を示すことも知られている．

根による水分吸収は，木化していない細根の根端付近で主に行われる．根の中の通水経路には，細胞壁や細胞間隙を通るアポプラスト経路と細胞内を通るシンプラスト経路があるが，根内には菌類等の侵入を抑えるカスパリー線があるため，アポプラスト経路であっても一度は細胞内を通過する（図13-13）．また，細胞を通過するには細胞膜を通過する必要がある．水分は細胞膜を構成する脂質二重層を面的に通過するのではなく，細胞膜を貫くように存在し細胞の内外をつないでいる膜タンパク質であるアクアポリンという水チャネルを介して，細胞内外の水ポテンシャル勾配を利用して細胞膜を通過する．水チャネルの存在によって，植物は水を高速で細胞膜を通水させることができる[12]．

養分吸収も主に細根の根端付近で行われる．根での養分吸収は，養分が溶け込んでいる土壌溶液をそのまま吸収するのではなく，土壌溶液中の養分の中から必要なものを選択的に吸収している．選択的な養分吸収は細胞膜で行われ，

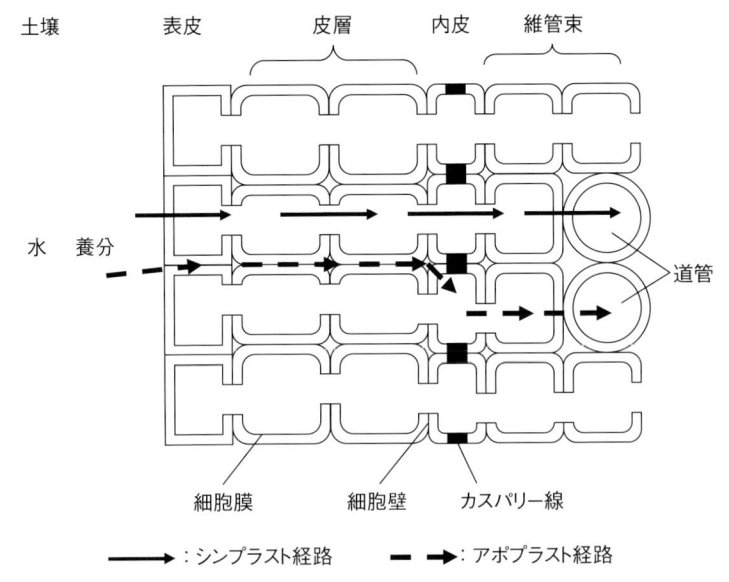

図13-13　土壌から根の道管への水と養分の移動経路模式図.

　養分も，膜タンパク質であるチャネルやトランスポーターを介して膜輸送が行われる．チャネルやトランスポーターは特定の養分を選択的に通過させ，またその開閉により植物が通過量を制御できる．チャネルでは濃度差や電位差を利用した受動的な膜輸送が行われ，トランスポーターでは濃度差や電位差に逆らうような能動的な膜輸送が行われる．養分の膜輸送に作用する膜内外の電位差形成に関わる膜タンパク質はポンプとよばれ，カルシウムポンプやプロトンポンプなどがある．プロトンポンプの働きによって細胞内のプロトン（水素イオン）が細胞外に膜輸送され，膜の内側の電位が低下し，外側が上昇する．膜内外の電位差にしたがって，陽イオンが細胞外から細胞内に，陰イオンが細胞内から細胞外に膜輸送される．電位差に逆って硝酸イオンやリン酸イオンなどの陰イオンが細胞外から細胞内に膜輸送される場合や，逆に陽イオンが細胞内から細胞外に膜輸送される場合には，細胞外のプロトンが電位差にしたがってトランスポーターを介して細胞内に膜輸送されるのにともなう共輸送が起こる．以上のように養分吸収には植物によりさまざまな制御が行われており，それにエネルギーが使われている．

　窒素は植物が大量に必要とする養分である．アンモニア態と硝酸態の2種類の無機態窒素があり，その両方が植物に吸収され利用される．植物の中には，

主にアンモニア態を吸収する好アンモニア性植物と主に硝酸態を吸収する好硝酸性植物とよばれる植物がある．アンモニアと硝酸は，植物にとって大きな違いがある．アンモニアイオンは陽イオンであるのに対して，硝酸イオンは陰イオンであるため，硝酸イオンの膜輸送はプロトンとの共輸送で行われる．またアンモニアイオンはそのままアミノ酸合成の材料となるのに対して，硝酸イオンはアンモニアイオンに一度還元される必要があり，利用のためにはエネルギーが必要である．硝酸イオンは，アンモニアイオンに比べて毒性が低いため，明るい場所に生育する植物では吸収した硝酸イオンを葉に輸送し，光合成の際に生じる還元力を用いてアンモニアイオンに還元する．一方，林床などの光環境が不良で十分な光合成が行えない場所に生育する植物では，呼吸によって生じた還元力を用いることになり，光合成産物は窒素利用のために使われる（第Ⅲ部第21章参照）．

　土壌溶液中の濃度が異常に高い場合には，上記のようなチャネルやトランスポーターを介した選択的な膜輸送の機能を用いて，万能ではないが養分の過剰障害の発生を抑制している．一方，植物が利用可能な可給態の養分が土壌に少ない場合には，養分の可給化に関わる物質を根から分泌することによって欠乏障害の発生を抑制する仕組みを有している．たとえば，土壌中の窒素の大半は有機態で存在する．ほとんどの植物は有機態窒素をそのままでは利用できないが，植物によってはタンパク質などの有機態窒素を分解するプロテアーゼなどの酵素を根から分泌し可給化する．一方，土壌中のリン酸は鉄やアルミニウムと結びついて難溶性となっている無機態リン酸が多い．植物は，それらの鉄やアルミニウムとキレート結合する有機酸を根から分泌し，リン酸と結合しているアルミニウム等を切り離し，遊離したリン酸を吸収利用する．また有機態リン酸に対しても，ホスファターゼなどの分解酵素を分泌し無機化して吸収する．このような有機酸や分解酵素の分泌は，欠乏状態を感知することによって誘導される（第Ⅲ部第22章参照）．

　樹木の多くは，内生菌根菌や外生菌根菌などと共生し菌根を形成している．菌根から土壌中に伸長した菌糸によってより広い範囲から，より効率よく養分や水分を吸収することができる．菌根菌との共生は，土壌と接触する吸収面の増大という物理的な面だけではなく，菌糸からの分泌物による土壌養分の可給化効果も明らかになっている．とくに，難溶性の塩を形成している養分や有機態の養分を効率よく可溶化することによって樹木が生育できる環境範囲を拡大

している．樹木は菌根菌との共生関係を維持するために多くの光合成産物を菌根菌に提供しているとされるが，森林の純生産量の測定では，その量を評価できておらず純生産量を過少評価している可能性がある．また，大気二酸化炭素濃度の上昇によって光合成産物が過剰になったとき，菌根菌との共生関係がどのように変化し，樹木の成長にどのような影響を与えるのかについてはよくわかっていない．

引用文献

1) Dixon RK, Brown S, Houghton RA, Solomon AM, Trexler MC, Wisniewski J (1994) Carbon pools and flux of global forest ecosystems. Science 263, 185-190
2) Evans JR, Kaldenhoff R, Genty B, Terashima I (2009) Resistances along the CO_2 diffusion pathway inside leaves. Journal of Experimental Botany 60, 2235-2248
3) IPCC (2001) Climate Change 2001: The Scientific Basis. Combridge University Press, Cambridge
4) 苅住昇（1979）樹木根系図説．誠文堂新光社，東京
5) Kira T, Shidei T (1967) Primary production and turnover of organic matter in different forest ecosystem of the Western Pacific. Jpn. J. Ecol. 17, 70-87
6) Koch GW, Sillett SC, Jennings GM, Davis SD (2004) The limits to tree height. Nature 428, 851-854
7) 真下育久（1960）森林土壌の理学的性質とスギ・ヒノキの成長に関する研究．林野土壌調査報告 11, 1-182
8) Matsuzaki J, Norisada M, Kodaira J, Suzuki M, Tange T (2005) Shoots grafted into the upper crowns of tall Japanese cedars (*Cryptomeria japonica* D. Don) show foliar gas exchange characteristics similar to those of intact shoots. Trees 19, 198-203
9) 宮地重遠（編著）（1992）現代植物生理学 1 光合成．朝倉書店，東京
10) Monsi S, Saeki T (1953) Über den Lichtfactor in den Pflanzengessellschaften und seine Bedeutung für die Stoffproduktion. Jap. Bot. 14, 22-52
11) Mullin LP, Sillett SC, Koch GW, Tu K, Antoine ME (2009) Physiological consequences of height-related morphological variation in *Sequoia sempervirens* foliage. Tree Physiol. 29, 999-1010
12) 村岡裕由・可知直毅（2003）光と水と植物のかたち．文一総合出版，東京
13) Noguchi K, Konopka B, Satomura T, Kaneko S, Takahashi M (2007) Biomass and production of fine roots on Japanese forests. J For Res 12, 83-95
14) 佐藤大七郎（1973）陸上植物群落の物質生産 Ia ―森林―．共立出版，東京
15) 寺島一郎ほか（編著）（2004）植物生態学．朝倉書店，東京
16) Waring RH, Landsberg JJ, Williams M. (1998) Net primary production of forest: a constant fraction of gross primary production? Tree Physiol. 18, 129-134
17) Woodruff DR, Meinzer FC, Lachenbruch B, Johnson DM (2009) Coordination of leaf structure and gas exchange along a height gradient in a tall conifer. Tree Physiol. 29, 261-272

第14章

リター

米田　健

1. はじめに

　リターとは，林内に存在する動植物遺体すべてのことである．量的には落葉落枝などの植物遺体がその大部分を占めるが，生きた木（生木）に着く枯枝，幹の上端や幹内部で枯死した部分も，広義にはリターに入る．この章ではリターに関わる次のようなことを中心に解説した．

　リターの質や量は樹木の成長過程や立地環境に大きく影響を受けるので，その特性が分解過程にも受け継がれる．そのため，分解過程で生成した養分は，樹木の成長過程を左右する（3節）．すなわち，リターの質や量には森林の構成種および森林群集の生存戦略が反映されている（4節および5節）．

　大形枯死材は生物多様性保全に重要な機能をもつ．強風による風倒などを除き，通常，病気や乾燥等による衰弱で生木段階から部分的に枯れが進行する．枯死した部位は，分解者のみでなく多様な動物群集も直接的・間接的に利用している．したがって，生木段階からはじまる材の分解過程と食物連鎖を解明することは生物多様性保全の観点からも重要である（4節）．

　森林動態への影響としては，林冠木の枯死によるギャップの形成にともなう物質循環機能の時空間変動がある．たとえば，森林内のパッチ状のギャップにおける炭素代謝を考えるとき，更新単位となるパッチでの植生回復は炭素の蓄積過程（シンク）であるが，発生した大量リターの分解は炭素の放出過程（ソース）となる．蓄積速度と分解速度が同じであれば更新過程における炭素収支はゼロであるが，温暖・湿潤な気候下では大量のリター分解によるソースは植生回復によるシンクを上回る．これによりパッチ単位で炭素収支に時間的変動が発生し，さらにパッチの集合体としての森林に空間的変動が発生する．森林

Litter; Yoneda, Tsuyoshi

表14-1 森林生態系のリター（堆積有機物）蓄積量．(Vogt et al.[22] Table 1を一部和訳引用)
＊：本文で引用した観測値．a：マレーシア Pasohの熱帯雨林，b：熊本県水俣市の常緑照葉樹林，c：ワシントン州のダグラスモミ林，d：屋久島のスギ林．

森林型	気候，リター量，リター供給速度＊				材リター＊	
	年平均気温(℃)	年降水量(mm)	林床リター蓄積量(Mg ha^{-1})	リター供給速度(Mg ha^{-1}yr^{-1})	蓄積量(Mg ha^{-1})	供給速度(Mg ha^{-1}yr^{-1})
熱帯季節林	23.0	2,147	8.8	9.45		
熱帯雨林	26.1	2,504	22.5	9.37	49[a]	9.3[a]
暖温帯落葉広葉樹林	13.9	1,391	11.5	4.25		
暖温帯常緑広葉樹林	12.8	1,409	19.1	6.48	8[b]	2.7[b]
暖温帯常緑針葉樹林	13.9	1,374	20.0	4.43		
冷温帯落葉広葉樹林	5.4	875	32.2	3.85		
冷温帯常緑針葉樹林	8.1	1,278	44.6	3.14	249～490[c], 71[d]	4.5[c]
亜寒帯常緑針葉樹林	2.1	694	44.7	2.43		

減少や温暖化が進行する状況下において，ローカルまたグローバルな炭素動態の観点から，その影響評価が重要である（5節）．

2．リターの量

1）リター供給速度

　植物体の地上部から供給されるリターは落葉落枝からなる微細なリター（fine litter）と大形の枝や枯死木からなる大形木質リター（coarse woody litter）に区分される．微細リターの組成は，落葉が年間供給速度の50～70％，落枝が10～30％程度を占め，それに繁殖器官・樹皮・昆虫やその糞などが加わる．リター供給速度は，低温・乾燥・貧栄養土壌など環境の変化にともない低下する．熱帯から亜寒帯にかけては気温の低下によってリター供給速度は低下するが（表14-1），同じ気候下であっても土壌養分や水分条件により異なる．さらに，狭い地域内であっても斜面の下部から上部にかけて供給速度は低下する．この低下には，土壌の乾湿度が影響している[1]．

　管理された人工林のリターは落葉の割合が多く，森林の発達とともに枝などの大形木質リターがふえる．熊本県水俣市での約50年生の薪炭林跡の照葉樹二次林では，直径1.5 cm以上の木質リターが2.7 Mg ha^{-1} yr^{-1}あり，落葉など微細なリター量の47％に相当した[2]．マレーシア・パソー森林保護区の発達した

熱帯雨林では，直径10 cm以上の大形木質リターが9.3 Mg ha^{-1} yr^{-1}で微細なリター量の90％に相当した[3]．温帯では，アメリカ合衆国の西海岸ワシントン州のダグラスモミ（*Psedotsuga menziesii*）が優占する成熟した冷温帯性針葉樹林における倒木供給速度は4.5 Mg ha^{-1} yr^{-1}と推定されている[4]．この値は冷温帯常緑針葉樹林の微細リター供給速度にほぼ相当する（表14-1）．つまり，成熟した段階の森林では，分解過程により放出される炭素量の約半分が大形木質リターであることを示唆している．また，大形木質リターの供給速度が個体の枯死と関連するならば，地下部の枯死量も増大することになる．太根と根茎は地下部現存量の大半を占め，たとえば，薪炭林跡照葉樹林では直径2 cm以上の太根と根茎が地下部現存量の80％を占めていた[5]．このことは，成熟林では地下部の大形木質リターによるものが，細根とともに主要なリター供給源であることを示唆している．ただし，大形木質リターは時空間変動が大きいため，推定精度を確保するには，たとえば，直径1 mの倒木が分布している森林では最低1ヘクタールの調査面積が必要で，調査には労力を要する[6]．

2）リター蓄積量

　林床には分解途中のリターが大量に蓄積している．林床のリター蓄積量は供給速度と分解速度のバランスできまる．リター供給速度を抑制するような温度や水分などの環境要因は，分解者である微生物等の活性も一層制約する．その結果として，供給速度以上に分解速度が低下することになり，リター層（堆積有機物層）の蓄積量が多くなる．その現象は，低緯度から高緯度への変化（表14-1），また斜面下部から上部への変化として現れる．微生物活性の低下により貧栄養となった場所では，菌糸によりリターは固められモル型（mor）腐植となって厚く堆積し，F層・H層を形成する．一方，温暖湿潤な条件下では分解活性も高まり，リターの蓄積量の少ないムル型（mull）腐植となる．活発な分解作用によりF・H層を形成することなくL層リターが鉱質土壌に接し，浸透した有機物により厚い黒色のA層が形成される（第Ⅱ部第17章参照）．

　林床に蓄積しているリターの組成をみると，落葉よりも分解の遅い木質リターの割合が多い．照葉樹二次林では，直径1 cm以上の木質リターの蓄積量は8.0 Mg ha^{-1}で微細リター蓄積量の1.5倍，パソーの熱帯雨林では立枯れ木まで含めると49 Mg ha^{-1}で15倍，屋久島の標高1,200 mのスギ林では立枯れ木を含めると71 Mg ha^{-1}で微細リターの10倍に相当した．アメリカのダグラスモミ林

表14-2 樹木における主要な有機物成分含有率（%）．(Swift et al.[7] Table4.6を一部改変) 1：アルカリ可溶性細胞壁多糖類，2：強酸水溶性成分，3：残渣リグニン，4：窒素量×6.25.

有機物成分	落葉種の葉 ナラ類	針葉樹の葉 マツ類	落葉樹の材	針葉樹の材
エステル脂質	4	24	2〜6	3〜10
水溶性炭水化物	15	7	1〜2	2〜8
ヘミセルロース[1]	16	19	19〜24	13〜17
セルロース[2]	18	16	45〜48	48〜55
リグニン[3]	30	23	17〜26	23〜30
タンパク質[4]	3	2	—	—
灰分	5	2	0.3〜1.1	0.2〜0.5

では直径20 cm以上の倒木は249〜490 Mg ha^{-1}と巨大な蓄積量であった[4]．

3．リターの質

　分解基質としてのリターの質は，温度や降水量などと同様に，その分解過程に大きく影響する．リターの物理・化学的特性は種間・器官間で異なり，また環境により可塑的に変化する．生活形や器官により多少の違いがあるが，高分子の有機成分であるセルロース，ヘミセルロース，リグニンは全重量の約60〜70%を占める（表14-2）．多糖類であるセルロース，ヘミセルロース（あわせてホロセルロースという）が繊維成分として，リグニンが接着剤的成分として細胞壁を形成している．リグニンは芳香族重化合物で細胞二次壁に多く分布し難分解性であるため，その含有率が分解速度を制限する1つの要因である．リグニンの含有率は多くが20〜30%の範囲をとるが，マツやトウヒの仲間には40%を超すものもある．低分子の有機成分としては，分解・溶脱を受けやすい単糖やオリゴ糖を主体とする水溶性物質が普通10%程度含まれるが，セイヨウハンノキ（*Alnus incana*）の落葉では30%も占めている．エーテル可溶性のエステル脂質は葉や新梢の表面にワックスとして存在し，食害や病原菌に対する防護物質として機能している[7]．エステル脂質は針葉樹でとくに高い含有率を示す．

　樹体の主要栄養塩（養分），すなわち，窒素（N），リン（P），カリウム（K），カルシウム（Ca），マグネシウム（Mg）は，葉でもっとも濃度が高く，枝，幹の順に低下する傾向がある（表14-3）．葉のN，P，K濃度は，それぞれ1.0〜

表14-3 樹体の養分含有率（％）．（堤[1] 表19を許可を得て転載）

		N	P	K	Ca	Mg
常緑針葉樹 （12林分）	葉	1.0〜1.2	0.04〜0.12	0.35〜0.87	0.46〜1.40	0.08〜0.20
	枝	0.2〜0.43	0.02〜0.05	0.08〜0.47	0.40〜1.02	0.03〜0.14
	幹	0.07〜0.14	0.005〜0.01	0.05〜0.11	0.09〜0.34	0.006〜0.06
落葉広葉樹 （4林分）	葉	1.7〜2.4	0.10〜0.12	0.73〜1.40	0.85〜1.46	0.22〜0.71
	枝	0.4〜0.50	0.04〜0.05	0.12〜0.21	0.59〜1.01	0.07〜0.11
	幹	0.16〜0.20	0.01〜0.02	0.04〜0.12	0.30〜0.53	0.01〜0.06
常緑広葉樹林 （7林分）	葉	1.22〜1.92	0.06〜0.10	0.49〜0.95	0.52〜1.19	0.26〜0.46
	枝	0.34〜0.51	0.03〜0.12	0.18〜0.50	0.34〜0.64	0.07〜0.15
	幹	0.12〜0.24	0.008〜0.04	0.11〜0.23	0.14〜0.32	0.04〜0.09
タイ国熱帯林 （3林分）	葉	1.75〜1.83	0.09〜0.16	0.84〜0.96	0.86〜2.12	0.49〜0.92
	枝	0.51〜0.64	0.04〜0.08	0.34〜0.45	0.76〜1.26	0.16〜0.27
	幹	0.25〜0.34	0.02〜0.05	0.16〜0.27	0.44〜0.74	0.08〜0.25

2.5％，0.05〜0.15％，0.35〜1.50％程度の範囲をとり，落葉広葉樹で高く，常緑広葉樹さらに常緑針葉樹の順で低くなる傾向がある[1]．常緑針葉樹の主要栄養塩濃度は，いずれの器官においても他の樹木より低い．植物体の堅さを高める効果をもつCaは，樹皮などの組織に集積し非常に高い値をもつことがある．とくに石灰岩地では植物体中に大量にCaが蓄積している例がある[8]．Mgはさまざまな生理的機能をもつが，とくにクロロフィルの成分として重要な成分である．表14-3によるとMgはPと同様に熱帯林で高い傾向があるが，確実なことはわかっていない．生育中の組織における栄養塩類の濃度とリターの濃度とは必ずしも等しいわけでない．貧栄養土壌に生育する樹木では，落葉前に栄養塩の一部を樹体へ引き戻すので，リターの栄養塩濃度は生葉より大幅に低下する．東南アジア熱帯で急速に分布を広げつつある潅木性樹種であるコショウ科の *Piper aduncum* などのように，早期から種子生産に多くの養分を配分している先駆樹種の中にも引戻し率が高い種がある[9]．

気温，乾燥，土壌など環境条件の悪化にともないリターの生産量は低下するが，栄養塩類濃度も同時に低下するため，栄養塩の循環量は乾物量以上に大きな減少となる．このことは，生産者である樹木側からすれば，環境の悪化にともない栄養塩あたりの乾物生産量が高い状態，すなわち養分の利用効率が高いことを意味する．一方，異化・代謝を担当する分解者にとっては，目的とする

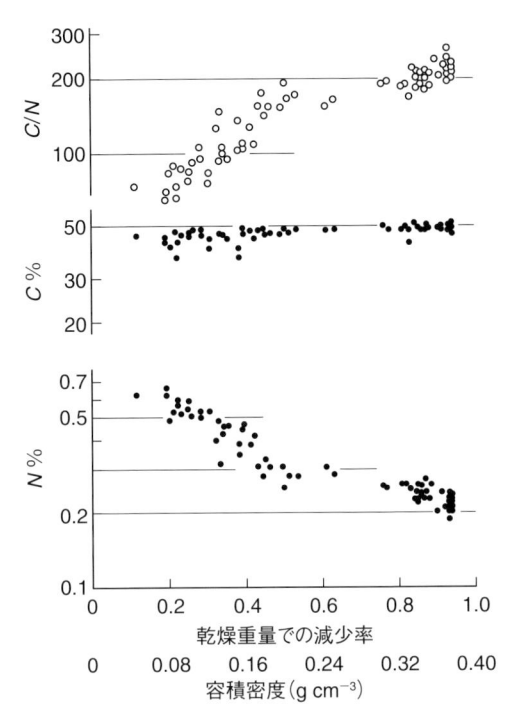

図14-1 林床の枯死材分解過程における炭素（C），窒素（N）含有率とC/N比の変化．市販角材を実験材料とした5.4年間の継続観測結果．(Yoneda & Kirita[21] Fig. 4-4-6より和訳改変)

栄養塩を得るために余分な炭素を除去するコストがかかり，低品質なリターといえる．これが分解速度の低下の一因となり，ひいては生産者である樹木の代謝速度の低下につながる．このような関係から，リターの炭素濃度（C）と栄養塩類濃度（X）との比（C/X比，C：X比）で，リターの質を評価できる．たとえば，循環量が多い窒素濃度（N）を用いC/N比で評価したり，熱帯林ではC/P比で分解速度を評価したりする[10,11]．先にあげた難分解性のリグニン含有率との比も有効である（第Ⅱ部第16章参照）．

　リターの物理的分解特性としては，含水率，通気性，リターの表面構造，強度，細片（砕片）サイズなどが重要である[7]．葉リターの表面構造では，菌の侵入を抑制するワックス成分，動物による摂食を抑えるクチクラ成分，表面の毛状体の量も摂食されやすさに関連している．菌糸の侵入や細片化に関わるリターの強度・硬度に影響する「丈夫さ（toughness）」には，クチクラ層の厚さ

が関係している．また，細片サイズは基質重量当りの表面積と関連している．サイズが小さいほど，通気性や含水率が増加し，表面積の拡大により分解者から攻撃を受けやすくなるので，分解速度は速くなる．

　木質リターにおいても，toughnessと細片サイズに関連する材の容積密度が重要な物理特性である．木質リターでは樹皮に覆われた外部形態はあまり変化せず，材内部で分解が進行する傾向がある．その結果，材の容積密度は低下し，材強度の低下と細片化が同時に進行し，これが分解速度を加速させる要因となる．倒木では，材内部の基質の大部分が消失する終期まで樹皮が残存することが多く，樹皮は材の保水性・保温性を維持する機能をもち，分解過程に重要な役割を果たしている．みかけの容積密度を腐朽度の指標とした場合，分解の進行にともなうCとNの含有率の変化が図14-1に示すように明瞭に読み取れる．この図は，分解初期の材はC/N比が葉リターに比べて一桁大きく，分解者にとっては低品質なリターであるが，有機物の炭素が分解し二酸化炭素として放出される一方，窒素が分解者の体の構築に使われ材中に蓄積することで，C/N比が徐々に低下してゆく過程を示している．

4．環境におけるリターの機能

　リター分解に関わる多様な土壌生物（edaphon）の生息環境は，落葉落枝が林床を覆うことで守られている（マルチング効果という）．水分・温度環境が安定することにより，分解者の活性と恒常性を高め，そのことが土壌の物理・化学特性に反映し一次生産者の生産力にもつながる．ここに，分解者と生産者の関係が成立する．

　リターによる土壌流出の防止効果は，とくに森林伐採により地表面がむき出しになった傾斜地で重要である．斜面傾斜角21°〜24°のカラマツ人工林における観測では，皆伐跡地からの年間土壌流出量（39 kg ha^{-1}）は，森林区（35 kg ha^{-1}）と大差ないが，伐採後にリターを除去した場合は29,000 kg ha^{-1}も流出した[12]．土壌流出量はリター蓄積量がふえれば急減したが，葉形によってもマルチング効果は異なった．人工降雨実験では，地表傾斜角25°で強度100 mm hr^{-1}の降雨が1時間続くと，裸地では約25 Mg ha^{-1}の土砂が流出したが，広葉樹の落葉（コナラ・ウワミズザクラ）の場合は厚さ約0.8 cm以上，アカマツ落葉では厚さ約1.5 cm以上のリター量で土壌流出量を0.1 Mg ha^{-1}以下に抑えることができた[13]．同様に，ヒノキの落葉は細かく鱗片状になるため，傾斜地では流

図14-2 屋久島のスギ林帯には多様な広葉樹が倒木更新する．切り株を包み込むように成長するサクラツツジ．（著者撮影）

出しやすく A_0 層リターが蓄積しにくい[14]．このことが土壌の流出にもつながり，他の樹種の人工林より系外への養分の流出割合が大きくなる（第Ⅰ部第6章参照）．

　リターは樹木の更新の場でもある．腐朽が進み多孔質となった枯死木は適度の水分を含み，ゆるやかに進行する分解過程で放出される養分は遅効性肥料として作用する．また，切り株や大きな倒木の上は林床より明るいことも有利である．この枯死木を発芽床とする倒木更新は，エゾマツ・トドマツ・スギ・ヒノキなどの針葉樹で多いが，屋久島ではスギ以外にもヤマグルマ・サクラツツジ・カゴノキなど多様な広葉樹も倒木更新する（図14-2）．また，林冠木の枯死・伐採によって発生したギャップは森林の更新サイトでもある．明るくなった林床の光環境が，陽樹の発芽・定着，また後継樹の成長を促進し，さらにギャップ内に発生した大量の枝・葉からなる小形リターは速効性肥料として，大形枯死材は遅効性肥料として機能し栄養面からも更新を支えている．

　リターの分解においては，多様な無脊椎動物や脊椎動物が腐食連鎖網でつな

がっている（第Ⅰ部第3章）．立枯れ木（Snag）や倒木（Log）は餌場として
だけでなく，生息場所さらには営巣場所として利用される．たとえば，立枯れ
木はキツツキの餌場であり，また主要な営巣場所でもある．放棄された巣穴は，
他の鳥類や多様な哺乳類さらには爬虫類が生息場所として活用している．絶滅
危惧種であるクマゲラを含め大型のキツツキの生息には大径木の立枯れ木が必
要である．多様なキツツキ類が共存することは，林内の生息場所の生物多様性，
森林の健全度の指標となる[15]．大形枯死材の動態は物質循環の観点だけでなく，
野生生物の保全・回復の観点からも注目されている[16]．

5. 木質リターと森林動態

　分解は溶脱，砕片化，異化・代謝の3つのプロセスにより進行する（第Ⅱ部
第15章）．落葉落枝などの微細リターの場合は，分解にともない重量はほぼ指
数関数的に減少する．このことは，分解過程を通じて分解率（分解速度）が一
定であることを意味している．リターの構成成分は多様で，また分解の進行に
ともないリターの質が変化するので厳密には分解率も変化してゆくが，リター
バッグ実験によるリター総重量（w）の変化から分解率を評価する限り一定と
みなせる場合が多い．一方，大形の木質リターの分解率は分解過程の進行にと
もない明瞭に変化し，容積密度（ρ）との間に下記の近似式が成立する[17]．

$$分解率 = \frac{1}{w}\frac{dw}{dt} = \beta\left(1 - \frac{\rho}{\rho^*}\right)$$

　定数ρ^*は，分解率がゼロになる容積密度を示す定数である．木質リターの
外見上の体積は，腐朽の進行に関わらず原形を保つことが多いことから，同一
の材の分解過程を追跡した場合，その容積密度変化を腐朽の速度とすることが
できる．したがって，上式は腐朽の進行にともない分解率がしだいに高まり，
分解係数βに漸近していくことを示している．同じ容積密度の木質リター間で
も分解率の変動は大きいものの，上式は熱帯雨林から亜寒帯の針葉樹林までの
さまざまな森林において成立することが確認されている．またこの関係は，生
木時での容積密度が異なる多種の木質リター間でも成立することから，分解率
を支配する主要因は容積密度であることがわかる．

　定数ρ^*は直径が大きいほど小さくなり，結果として分解率に負の要因とし
て作用する（図14-3）．すなわち，木質リターの分解率には容積密度と直径が

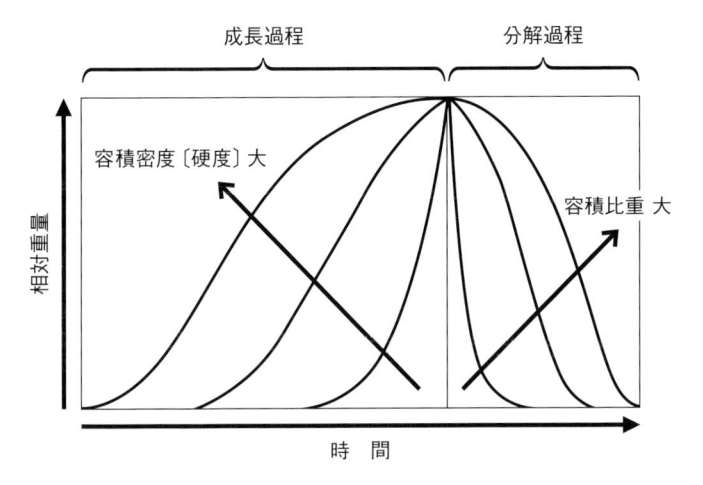

図14-3 材器官の成長・分解曲線の模式図．（米田[20] 図1より改変）

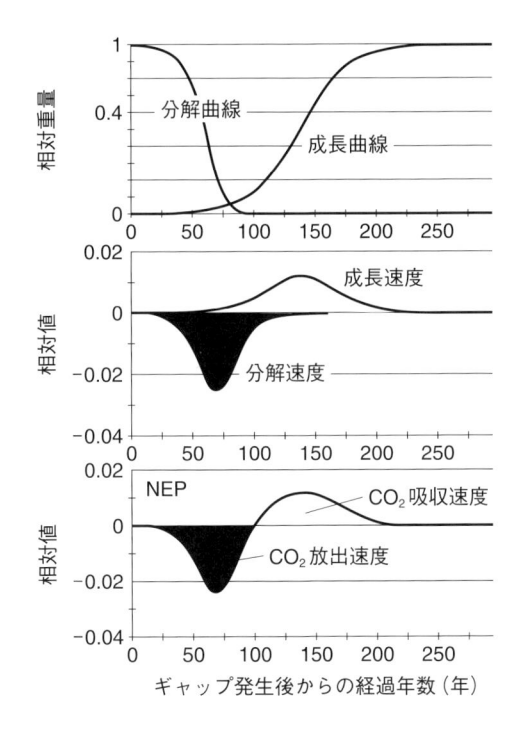

図14-4 林冠木の枯死で誕生した1つのパッチでの再生過程にともなう生態系純生産力（NEP）の経年変化モデル概念図．Y軸はいずれも相対値を示す．中段と下段のY軸は，上段（最大値＝1）の年間変化量をあらわす．

大きく影響する．これらを考慮して，スマトラ熱帯雨林において，強風撹乱で発生した大量リター（約300 Mg ha^{-1}）の分解過程を推定した場合，落葉落枝からなる微細リターは1年以内にほぼ消失するが，木質リターを含めた全リターが95％まで消失するのに11年を必要する[18]．しかし，この11年という期間は，同量のバイオマスをこの森林が生産するのに要する期間のわずか1/9～1/7にすぎない．つまり，有機物の分解速度（分解能）のほうが合成速度（同化能）より圧倒的に速い．

　これらの考え方を，森林の維持機構であるパッチダイナミックス（パッチダイナミックスとはギャップダイナミックスともよばれ，林冠木の枯死により誕生した小班（パッチ）を更新の単位とする森林の維持メカニズムを説明するモデル）[19]に応用してみよう．バイオマスの9割以上を占める大形材器官の動態をパッチ単位における炭素収支（生態系純生産力，NEP）としてとらえれば，植生回復の初期段階（ギャップ期）では，リター分解により放出される炭素量は光合成で固定される炭素量を上回る．その後，リター量の減少と植生の発達にともない炭素固定量が放出量を上回る建設期に移り，最終的には固定量と放出量とが動的平衡状態となる成熟期に達する（図14-4）．先に示したスマトラの強風撹乱で誕生したギャップでは，ギャップ発生時から初期約10年間がギャップ期，その後70～80年間が建設期，それ以降が成熟期に相当した．このように森林全体をパッチの集合体ととらえれば，森林の炭素貯蔵量としての機能は，動的平衡状態にある成熟期のパッチ数がどれだけ存在するかが鍵となる．すなわち，林冠木の死亡率が森林の炭素動態を支配する要因といえるのである．

引用文献

1) 　堤利夫（1987）森林の物質循環．124pp, 東京大学出版会，東京
2) 　Nishioka M, Kirita H (1978) Litterfall. In "Biological Production in a Warm-Temperate Evergreen Oak Forest of Japan", Kira T, Ono Y, Hosokawa(eds.), JIBP Synthesis 18, Univ. Tokyo Press, Tokyo, pp231-238
3) 　Yoneda T, Yoda K, Kira T (1977) Accumulation and decomposition of big wood litter in Pasoh forest, West Malaysia. Japanese Journal of Ecology 27, 53-60
4) 　Harmon ME et al. (1986) Ecology of coarse woody debris in temperate ecosystems. Advances in Ecological Research 15, 133-302. Academic Press, London
5) 　Karizumi N (1978) Underground biomass. In "Biological Production in a Warm-Temperate Evergreen Oak Forest of Japan", Kira T, Ono Y, Hosokawa T(eds.), JIBP Synthesis 18, Univ. Tokyo Press, Tokyo, pp82-88
6) 　米田健（1998）枯れ木の量．シリーズ「森をはかる」．森林科学 22, 37

7) Swift MJ, Heal OW, Anderson JM (1979) Decomposition in Terrestrial Ecosystems. Studies in Ecology 5, 372pp, Blackwell Scientific Publication, Oxford
8) 吉良竜夫（1976）陸上生態系―概論― 生態学講座2. 166pp, 共立出版, 東京
9) Yoneda T (2006) Fruit production and leaf longevity in the tropical shrub *Piper aduncum* L. in Sumatra. Tropics 15, 209-217
10) Vitousek P (1984) Litterfall, nutrient cycling, and nutrient limitation in tropical forests. Ecology 65, 285-298
11) Wieder WR, Cleveland CC, Townsend AR (2009) Controls over leaf litter decomposition in wet tropical forests. Ecology 90, 3333-3341
12) 村井宏・岩崎勇作（1976）林地の水および土壌保全機能に関する研究（第2報）―林床かく乱が地表流下浸透および浸食に及ぼす影響と林地の保全対策. 林業試験場研究報告 286, 1-52.
13) 村井宏・岩崎勇作（1975）林地の水および土壌保全機能に関する研究（第1報）―森林状態の差異が地表流下, 浸透および浸食に及ぼす影響. 林業試験場研究報告 274, 23-84
14) 斎藤秀樹（1974）ヒノキ人工林生態系の物質生産機構.（ヒノキ林：その生態と天然更新. 四手井綱英・赤井龍男・斎藤秀樹・河原輝彦共著, 地球社, 東京), pp49-210
15) Styring AR, Ickes K (2003) Woodpeckers (*Picidae*) at Pasoh: Foraging ecology, flocking and the impacts of logging on abundance and diversity. In "Pasoh-Ecology of a Lowland Rain Forest in Southeast Asia", Okuda T et al.(eds.), Springer, Tokyo, pp547-557
16) Morrison ML, Raphael MG (1993) Modeling the dynamics of snags. Ecological Applications 3, 322-330
17) 米田健（1986）森林における枯死材の分解. 日本生態学会誌 36, 117-129
18) Yoneda T (1997) Decomposition of storm generated litter in a tropical foothill rain forest, West Sumatra, Indonesia. Tropics 7, 81-92
19) Pickett STA, White PS (eds.) (1985) The ecology of natural disturbance and patch dynamics. 472pp, Academic Press, London
20) 米田健（2000）森林生態系における物質分解の地域性と普遍性. Tropics 9, 179-193
21) Yoneda T, Kirita H (1978) Fall rate, accumulation and decomposition of wood litter. In "Biological Production in a Warm-Temperate Evergreen Oak Forest of Japan" Kira T et al. (ed.), JIBP Synthesis 18, Univ. of Tokyo Press, Tokyo, pp258-272
22) Vogt KA, Grire CC, Vogt DJ (1986) Production, turnover, and nutrient dynamics of above- and belowground detritus of world forests. Advances in Ecological Research 15, 303-377

第15章

分解者

菱　拓雄

1. はじめに

　生態系において生物の機能群は大きく生産者（producer），消費者（consumer），分解者（decomposer）に分けられる．分解者は直接，間接的に土壌有機物の分解過程に影響する生物群をさす．分解者は有機態の動植物遺体を無機化し，生産者が利用できる資源を提供するので，生態系における分解者の機能とは分解活動を通して間接的に植物の生産機能に対して影響を与えることにほかならない．
　土壌の機能はさまざまな物理化学量によって評価できるが，その過程のほとんどには分解者として土壌生物（soil organisms）の働きが関わる．したがって，気候，地域，地形など立地条件の相違に応じた土壌生物群集の働きを理解することは，立地環境と森林生態系の関係を解明する上で重要である．
　分解者は微小スケールにおいても生態系スケールにおいても，極めて多様で複雑な生物分類群から構成され，有機物分解という重要な働きを担う機能群集である．したがって，分解者の研究では種や機能群構造の多様性が分解過程や植物生産にいかに作用するかという研究が多い．そして分解者は，さまざまなスケールで多様な生物の生活と生態系の機能の関係を実証的に明らかにできる重要なモデル生物群として扱われている．
　ここでは分解者が，分解過程にどのように関与しているのかについて紹介する．

2. 分解者を機能群に分ける有用性

　分解者の役割を模式的に理解するには，サイズ，餌，空間分布，生活史などを類型化し，よく似た生物同士を機能群（functional group）としてまとめる

表15-1 ブナの落葉分解菌79菌株を用いた室内ブナ落葉分解実験のまとめ．(Osono & Takeda[13] Table1を要約)

分類群	分解力	機能
子嚢菌門の クロサイワイタケ科	高い	ホロセルロース選択的分解菌 白色腐朽型
担子菌門 キシメジ科などの6種	とても高い	リグニン，ホロセルロース同時分解菌 白色腐朽型
その他子嚢菌門 および接合菌門	低い	セルロース分解，炭水化物食

ことが有効である．これは分解者が古細菌界，真正細菌界，菌界などの微生物に加え，原生動物，節足動物，軟体動物など，おびただしい数の分類群を含むため，種を中心にした分類群では全貌がみえにくいためである．分解者機能群の働きは，分解基質や立地条件の違いが有機物の分解速度や土壌呼吸量，養分生成量にどのくらい影響するか，そして，それらが植物成長やリターフォール量などの生産者機能にどのくらいフィードバックされるかによって定量的に評価される．

3．微生物の機能群

　菌類や細菌類などの微生物が有機物の分解・無機化を直接行う．森林土壌から放出される二酸化炭素のうち植物根による呼吸を除くと，動物によるものは5～10%であるのに対し，微生物による放出は全体の90%を超える．

　森林生態系では，分解者のエネルギー源のほとんどは，植物の根からの低分子有機物，落葉落枝，材，枯死根といった植物リターである．微生物はこれら植物リターの分解に必要な消化酵素の種類や，それらの利用速度などによって異なる機能群として分けられる（表15-1）．大形木質リター分解における機能群は，分解作用を受けている木材の見た目の状態によって白色腐朽菌（white rot fugi），褐色腐朽菌（brown rot fungi），軟腐朽菌（soft rot fungi）に分けられる．これらの菌の間には，生理的特徴や酵素系に違いがある．白色腐朽菌はセルロースとリグニンを同時に分解し，褐色腐朽菌はリグニンをあまり分解せずにセルロースの選択的な分解を行う．軟腐朽菌もリグニン分解能力は低く，主に含水率の高い条件下でセルロースを分解する[1]．分解能力の異なる機能群は，野外におけるリター分解過程に沿って遷移しており，リターの分解過程は，菌類の機能群の変化によって異なるフェーズをもつ．

表15-2　分解者のサイズクラスと主要な機能．（Coleman et al.[14] Fig. 4.3とTable 4.12より作成）

サイズクラス	機能	主な分類群
微生物	有機物の異化作用 養分物質の無機化と不動化 団粒の接着	バクテリア 菌類
微小動物	バクテリア，菌類の制御 養分回転率の改変	原生生物 線虫綱 クマムシ門
中型動物	菌類，小型動物の制御 養分回転率の改変 有機物の砕片化 腐植形成	ダニ目 トビムシ目 ヒメミミズ科
大型動物	有機物の砕片化 微生物活性の促進 有機物，無機物の混合 有機物と微生物の分布改変 腐植形成	甲殻綱 ヤスデ綱 ムカデ綱 クモ目 ザトウムシ目 ハエ目 半翅目 アリ科 シロアリ目 ナガミミズ目

4．土壌動物の機能群

　分解者全体の現存量や呼吸代謝速度に対して土壌動物が占める割合はわずかだが，養分循環への寄与は無視できず，窒素ではしばしば30％を超える．微生物単独の環境よりも，動物群集を加えたほうが植物成長は明らかによくなるという実験も多くみられる[2]．

　土壌動物研究では，サイズによる分類が一般的である（表15-2）．体幅や体長は，それぞれの動物の生活空間や作用する機能のスケールに関係しており，それぞれの動物の採取法も異なる．したがって，サイズによる分類は動物の生活，機能における空間スケールや，採取方法をそろえることができる点で有効な分類方法である．Swift et al.[3] にしたがえば，体幅が0.1 mm以下の動物は微小動物（Microfauna）とよばれ，土壌の液相で生活する生物が中心である．原生動物や線虫が含まれ，これらの動物の抽出には，主に湿式抽出装置（ベールマン装置，オコナー装置）が用いられる．2 mm以下の動物は，中型土壌動物（Mesofauna）とよばれる．土壌団粒間の気相に生活し，ダニやトビムシなど，

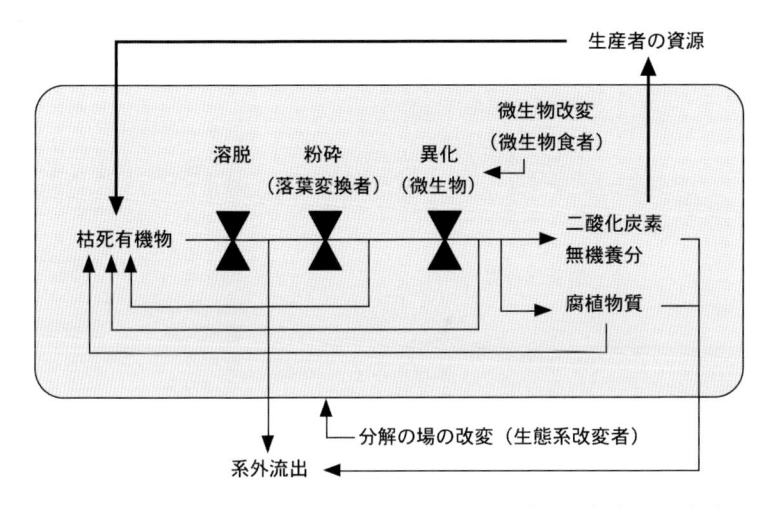

図15-1 有機物の分解過程と分解者の機能群の関係．枯死有機物は溶脱され，粉砕や異化作用を分解者の各機能群から受けながら，質を変えて分解者群集に何度も再利用される．生態系改変者は，土壌構造の物理的改変を通して分解の場全体に影響する．これらは最終的に無機栄養分として生産者に再利用されるか，系外に流出するか，あるいは難分解性の腐植物質として系内に留まる．

小型節足動物（Micro-arthropods）が多く含まれる．これらは乾式抽出装置（ツルグレン装置，マクファーデン装置）によって採取する．2 mmよりも大きな生物は，大型土壌動物（Macrofauna）とよばれる．これらは自分で穴を掘って空間をつくる．ミミズやダンゴムシ，アリ，シロアリ，または地表徘徊性の大型甲虫などを含む．土壌から直接手やピンセット，吸虫管を使って採取するハンドソーティング法で採取する．

分解者の分解作用に着目した機能群として，微生物食者（micrograzer），落葉変換者（litter transformer），生態系改変者（ecosystem engineer）に類別する方法が近年定着している[4]．これらはサイズ分類よりも分解過程に対する機能を表わしている．土壌に供給される有機物は，溶脱（leaching），粉砕（comminution），異化・代謝（catabolism）を受け，二酸化炭素，養分物質に変換されて，一部は腐植物質として生態系に蓄積する[3]．分解者の機能群は，これら分解諸過程において異なるスケールで異なる作用をもたらす（図15-1）．

微生物食者は細菌や菌類などを直接摂食し，微生物の現存量変化，特定の微生物が摂食されることによる群集構造の改変や代謝速度の変化などを通して微生物の働きに影響する．落葉変換者は微生物を含んだ落葉落枝などのリターを

表15-3 各分類群の中で分けられている機能群.

分類群	サイズクラス (機能分類基準)	機能群
線虫綱	小型動物 (口器形状)	バクテリア食者 菌食者 根食者 捕食者
ササラダニ	小型動物 (腸管内容物・鋏角)	砕片食者 菌食者 菌,腐植両食者 腐植食者
トビムシ	中型動物 (口器形状)	菌食者 腐植食者 吸汁者 捕食者
ミミズ	大型動物 (ハビタット・腸管内容物)	表層種 深層種 表層採食深層種

摂食し，有機物の構造を砕片化，ペレット化することで，リターの物理，化学的構造を改変する．生態系改変者は土壌を積極的に利用し，土壌の三相組成などの物理構造を長期的に改変する能力をもつ．生態系改変者による土壌の物理化学的変化は，土壌生物の生活空間を大きく変えることで，分解活動の場としての土壌全体に大きな変化をもたらす．大型の落葉変換者や生態系改変者は，しばしば微生物や微小動物の生活環境を何度も摂食し，微生物活性が高い糞を再摂食することで，利用しにくい枯死有機物を効率的に利用する．これら3つの分解機能群を上位消費者として，被食者のサイズに応じたサイズの捕食者(predator)がいる．こうした機能群が微生物群集や土壌の物理化学性にどのように関わるのかを理解することにより，分解の各過程に分解者群集が果たす役割が明確になる．

　表15-2に示したように，分類群を大まかに目レベルで機能群に分けることは可能だが，実際に各分類群を詳細にみた場合，複数の機能群をもっている場合が多い（表15-3）．たとえば線虫は口器形状の違いにより，細菌食者，菌食者と植物寄生者，捕食者を含んでいる．ササラダニの多くは微生物食だが，イレコダニなどの有機物直接摂食者は落葉変換者として位置づけされる．

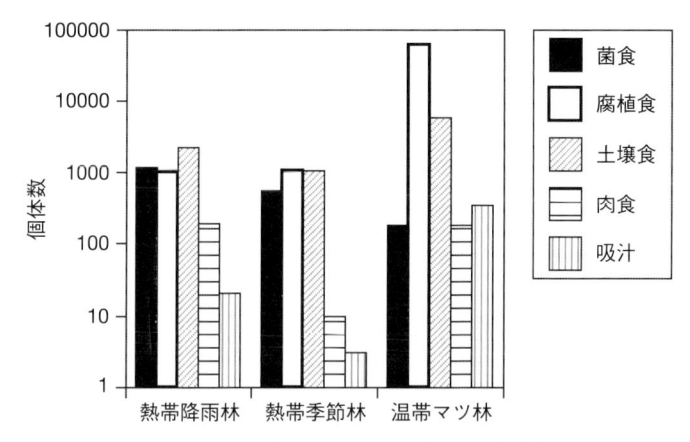

図15-2 気候タイプによって異なる森林のトビムシ食性群構造．分解が速く，菌類の働きがおう盛な熱帯では菌食者が，温帯よりも1オーダー多い．一方，分解が遅く，腐植が蓄積する温帯のマツ林では，腐植食のトビムシが熱帯よりも1～2オーダー多い．(Takeda & Abe[5] Table2より作図)

5．分解過程や土壌環境に応じた分解者機能群構造

　土壌動物ではリターの分解段階に応じた機能群の遷移がみられる．トビムシ群集は，アカマツ針葉のリター分解過程で分解初期の葉が食べにくい時期には菌食者が多く，葉が食べやすくなった後期には腐植食の種に移行する．近年では，有機物の腐植化が進行するにともない，炭素，窒素の安定同位体比が増加することに着目し，各種群が利用する植物遺体の腐植段階の違いが，トビムシ，ミミズ，シロアリなどで定量的に調べられている．分解者群集では，多数の種が異なる分解段階に関わることで資源分割による同所的共存を可能にしている．

　分解者の機能群構造や多様性を調べれば，生態系の分解システムの特徴をとらえることができる．Takeda & Abe[5] は緯度の違いによる森林の炭素貯蔵様式とトビムシ群集の関係を明らかにした．熱帯では，土壌に腐植が蓄積せず，落ち葉上の菌食者が優占し，温帯よりも種数が多く，一方冷温帯では，腐植層が蓄積して腐植食性のトビムシが優占し，種数も多い（図15-2）．微生物食者の機能群構造は，餌としての微生物の群集構造に強く左右される．乾燥したモルやモダー型土壌では，湿潤なムル型土壌と比較して，乾燥に強い菌類が細菌に対して高い活動性を示す．これを反映して，モダー型土壌では，ムル型土壌よりも細菌食に対する菌食線虫の割合が高くなる．こうした動物の機能群の違いか

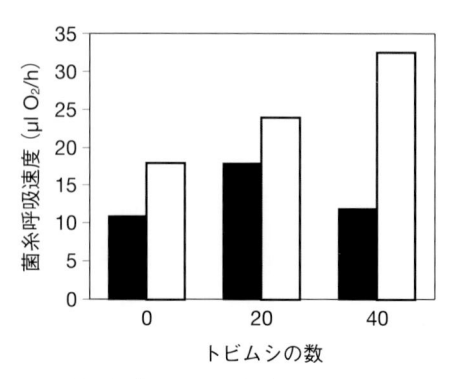

図15-3 トビムシの菌類摂食に対する菌（*Botrytis cinerea*）の呼吸速度．黒棒は低栄養培地（Czapek-Dox 培地濃度33.36 g/l），白抜きは高栄養培地（同133.36 g/l）．菌糸は摂食されることで呼吸活性が変わり，菌の資源量に応じて呼吸速度が最大となる摂食圧は異なる．（Hanlon[15] Fig.4を改変）

ら，土壌生態系の分解システムや，エネルギー経路の大きさの違いを判断できる．

6．分解者機能群が分解系に与える影響

分解者生物の機能群構造は土壌の特徴を反映するのと同時に，さまざまなスケールで生態系に対して影響をおよぼす．微生物食者は落葉変換者や生態系改変者を含む大型動物と比べて，微生物を選択的に摂食できる小さな口器をもつ．菌類の呼吸活性は，分解基質の状態だけでなく微生物食者からの摂食圧にも強く影響される（図15-3）．微生物の選択的な摂食は，特定の微生物活性に影響し，微生物同士の競争関係や群集構造に変化を与える．Klironomos & Kendrick[6] はサトウカエデのポット実験により，トビムシやササラダニの多くが菌根菌よりも腐生菌や病原菌を好んで摂食することを示した．さらに，トビムシやササラダニのこうした餌選択が，腐生菌や病原菌に対する菌根菌の相対的な競争力を増加させ，植物の養分獲得速度を向上させることを示した．彼らは，実験を過度に単純化することは多様な生物からなる実際の生物間関係を見誤る可能性を指摘している．Hishi & Takeda[7] はヒノキ林において，トビムシ，ダニなどの小型節足動物の密度が高いと，土壌中の腐生菌胞子が減少し，腐生菌と競争関係にある菌根化率が増加する代わりに細根の成長量が低下し，菌根菌‐細根系の土壌の水消費が増加することを示した．

微生物食者は，面積あたりの種数が非常に多いため，生物多様性と生態系機

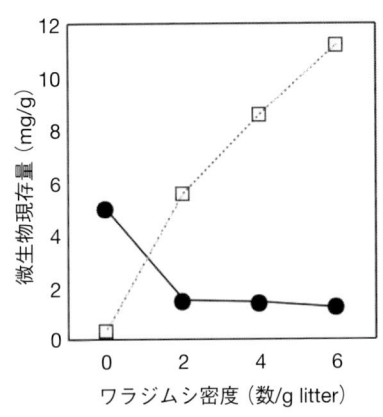

図15-4 ワラジムシの密度と微生物現存量の関係．白抜きは細菌，黒塗りは菌糸の現存量を示す．(Hanlon & Anderson[16] Fig. 5 を改変)

能の関係について多くの研究が行われてきた．植物成長に対する微生物と動物群集の種多様性，栄養段階の数，機能群の組み合わせを操作し，これらの影響を調べたところ，動物の種多様性よりも，栄養段階の数や，機能群の複雑性が増す効果のほうが植物にとって重要だった[2]．

　落葉変換者が分解に関わる際，有機物の粉砕をともなう物理的な変化をともなう．餌として落葉の消化効率が低いために，多くの場合，粉砕有機物を再度微生物に分解させ，それをくり返し摂食することで有機物やそこに定着する微生物から栄養を取り出している（外部ルーメン）．大型動物による摂食は，土壌の三相組成を変化させて，微生物の生活空間を変えることで微生物に影響する．ワラジムシをリターに導入した場合，比較的撹乱に強い細菌が増加し，撹乱に弱い菌類の現存量は減少する（図15-4）．このときワラジムシが少なくても多すぎても微生物全体の呼吸量は低く，中程度のときに最大となった．

　生態系改変者は落葉変換者と比較して時空間的により大きなスケールでの土壌改変を行い，土壌の層位形成などに大きな影響を長期的に与える．ミミズは有機物を風化鉱物とともに摂食することで，林床のリターを有機物に富む安定的な土壌団粒に変換する．また，その効果の強さはミミズの機能群に関係している．カナダのヤマナラシ林では，ヨーロッパ産の外来ミミズ（*Lumbricus terrestris*，*Octolasion tyrtaeum*）の侵入による林床変化が顕著であり，問題となっている．この森林では，表層性のミミズ（*Dendrobaena octaedra*）が優占

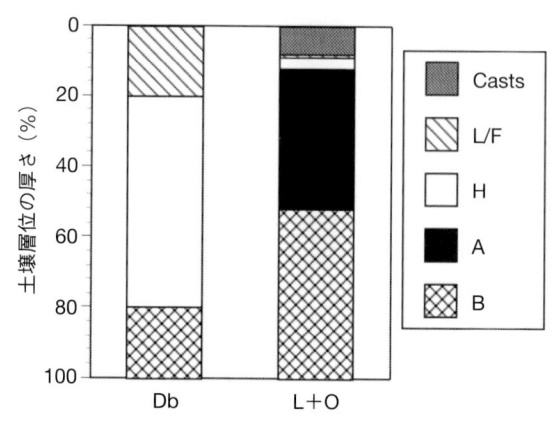

図15-5 生活形の異なるミミズによる土壌層位の改変効果．
（Eisenhauer et al.[8] Fig. 2を改変して作図）
地中種，表層採食種によって，林床のリターや腐植（L, F, H）層はほとんど消失し，糞塊（Casts）やA層の発達が促される．Db: *Dendrobaena octaedra*（表層種），L: *Lumbricus terrestris*（表層採食種）O: *Octolasion tyrtaeum*（地中種）．

する土壌では有機物層が十分に残存しているが，表層採食性のミミズ（*L. terrestris*）および地中性の *O. tyrtaeum* が優占する土壌では，有機物層はほとんど消失し，黒色のA層が発達している（図15-5）．こうしたミミズによる土壌生態系改変機能は，土壌pHや炭素，窒素濃度などの化学性改変，微生物現存量および呼吸速度，小型節足動物の群集構造などの生物相改変，さらにこれらの影響を通した下層植生の披度や種構成と広範囲に影響をおよぼしていた[8]．

7．腐植食物網

生物は生産者による生産物を基盤に，摂食を通して被食者，捕食者相互に個体群の制御がなされ，群集の構造と機能を維持している．土壌の腐植食物網（detrital food-web）は，分解基質を資源とする微生物から開始する．有機物分解に土壌生物群集が与える重要な作用は，土壌の物理化学環境の改変，食物網を介した微生物群集の分解過程に対する機能の改変，そして，生物体に保持される養分の摂食による解放である．

腐植食物網では，根からの滲出物などの利用しやすい炭素源と枯死有機物など利用しにくい炭素源の2つを主要な栄養基盤としており，それぞれ細菌と菌類を起点とする（図15-6）．利用しやすい炭素源を資源に，細菌からはじまる

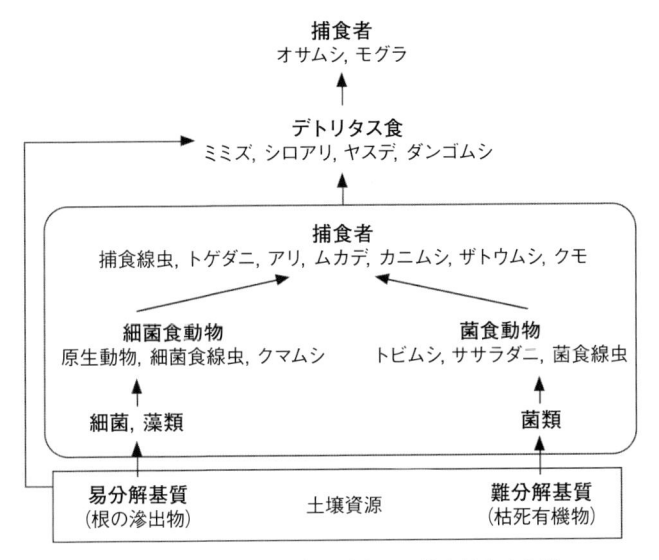

```
                        捕食者
                     オサムシ, モグラ
                          ↑
                       デトリタス食
                 ミミズ, シロアリ, ヤスデ, ダンゴムシ
                          ↑
        ┌─────────────────────────────────────────┐
        │              捕食者                      │
        │   捕食線虫, トゲダニ, アリ, ムカデ, カニムシ, ザトウムシ, クモ │
        │          ↑              ↑               │
        │      細菌食動物          菌食動物          │
        │  原生動物, 細菌食線虫, クマムシ  トビムシ, ササラダニ, 菌食線虫 │
        │          ↑              ↑               │
        │       細菌, 藻類           菌類            │
        └─────────────────────────────────────────┘
             ↑                        ↑
          易分解基質      土壌資源    難分解基質
          (根の滲出物)               (枯死有機物)
```

図15-6 腐植食物網の構造と各栄養段階の代表的な生物群.

食物網の系列を細菌経路（bacteria channel）とよぶ．難分解性の枯死有機物からはじまり，菌食者，上位捕食者につながる腐植食物網の経路を，菌類経路（fungal channel）とよぶ．細菌経路と菌類経路は，上位捕食者を共通とし，互いに結合する．また，ミミズやヤスデなどの大型腐植食動物は，より小さな生物を生活環境ごと摂食することから，微小生物環境を内部構造とする入れ子状の食物網構造となる[9]．

　根の滲出物は，低分子の可溶性アミノ酸や糖類など，食物利用が容易な栄養源として土壌分解系に供給され，これらを利用する細菌が養分を固定する．さらに，細菌，細菌食動物を上位捕食者が捕食し，養分解放が促進され，近傍の植物根がこの養分を吸収する．このような植物根の栄養供給にはじまる細菌経路を介した養分獲得の過程を，根圏効果（rhizosphere effect）という．根圏効果では，捕食によって細菌が摂食されることで低窒素環境下における細菌による養分独占を防ぎ，生産者への養分還元機能を高めている．根圏効果による植物の養分獲得戦略は，単なる植物と微生物との共生機能としてではなく，植物と腐植連鎖系群集の相互作用としてとらえることに留意する必要がある．植物枯死遺体は，セルロースやリグニンなど食物としての可給性が低い高分子から構成されており，これを主として菌類が酵素分解しながら利用する．図15-3に

植食者
高消費量・高分解性の糞・遷移を停滞
（リターの質が高い群落へ誘導）

植食者
低消費量・抗分解性の糞・遷移を促進
（リターの質が低い群落へ誘導）

植物
成長投資・高成長速度・短寿命
薄い葉・短葉寿命・防御物質少

植物
二次組織投資・低成長速度・長寿命
厚い葉・長葉寿命・防御物質多

リター
リグニン低・N濃度高

リター
リグニン高・N濃度低

土壌食物網
細菌経路・ミミズ優占

土壌食物網
菌類ループ・小型節足動物優占

土壌
高養分供給速度・低炭素蓄積・高土壌撹拌

土壌
低養分供給速度・高炭素蓄積・低土壌撹拌

フィードバック　　　　　　　　　　　　　　　　　　　　フィードバック

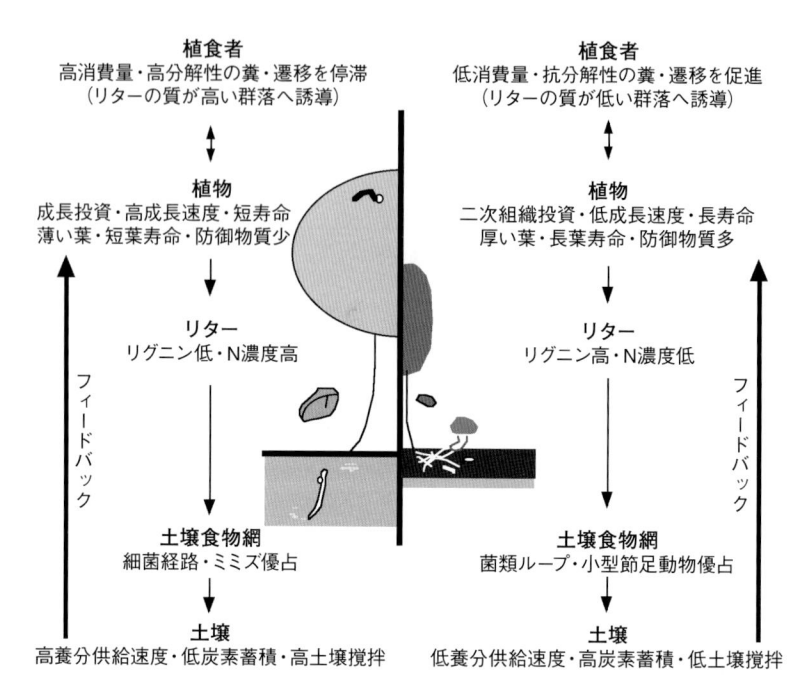

図15-7　地上部群集と地下部群集のフィードバックを介したつながり．肥沃で生産性の高い系（左）と生産性の低い系（右）．（Wardle et al.[17] より作図）

示したように，菌類の分解活動は適度な摂食を受けることで活性化する．また，土壌動物の機能群の複雑性や栄養段階の多さは，根圏効果を通じて植物成長に影響する[2]．

食物網の構造は，実際の被食・捕食関係を直接観察したり，腸管内容物を調べたりすることで判断してきたが，土壌生態系では，直接の観察が困難だったり，比較的広食性の生物が多かったりするために，食物網構造の把握は難しかった．近年では被食者に対して捕食者の窒素安定同位体比が3.4‰ずつ増加することを利用し，栄養関係が定量的に明らかにされてきている[10]．しかしトビムシの中には，資源の複数回利用（図15-1），腐植段階の違い，生活史の違いなどを反映して，生活場所によって窒素安定同位体比は7‰異なる[11]など，実際の腐植連鎖系における同位体比の解釈は単純ではない．そのため先端の化学的方法を用いる際にも，従来通り，野外の個体群，生活史情報などは，重要な情報となる．

分解者生物は，土壌型に応じた腐植食物網群集を構成しており，これらは立地の生産性の違いを通して地上部の生食食物網と間接的につながってフィードバックシステムを形成する（図15-7）．近年の食物網研究では，こうした生産者を介した地上部の生食食物網（消費者系）と，地下部の腐植食物網（分解者系）の相互フィードバックに関する研究が注目されている[12]．したがって土壌生態学では，生態系における生産・分解といった大きな機能の中に，小さな分解者たちをどう位置づけるかが重要である．

引用文献

1) Berg B, McClaugherty C (2003) Plant Litter, Decomposition, Humus Formation, Carbon Sequestration. Springer-Verlag, Berlin（バーグ B, マクラルティー C（著），大園享司（邦訳）(2004) 森林生態系の落葉分解と腐植形成．シュプリンガー・フェアラーク東京）
2) Setälä H (2002) Sensitivity of ecosystem functioning to changes in trophic structure, functional group composition and species diversity in belowground food webs. Ecol Res 17, 207-215
3) Swift MJ, Heal OW, Anderson JM (1979) Decomposition in Terrestrial Ecosystems. Blackwell Scientific Publication, Oxford
4) Lavelle P (1998) Soil Function in a changing world: the role of invertebrate ecosystem engineers. European Journal of Soil Biology 33, 159-193
5) Takeda H, Abe T (2001) Temperates of food-habtat resources for the organization of soil animals in temperate and tropical forests. Ecol Res 16, 961-973
6) Klironomos JN, Kendrick WB (1996) Palatability of microfungi to soil arthropods in relation to the functioning of arbuscular mycorrhizae. Biol. Fertil. Soils 21, 43-52
7) Hishi T, Takeda H (2008) Soil microarthropods alter the growth and morphology of fungi and fine roots of *Chamaecyparis obtusa* 52, 97-110
8) Eisenhauer N, Partsch S, Parkinson D, Scheu S (2007) Invation of a deciduous forest by earthworms: Changes in soil chemistry, microflora, microarthropods and vegetation. Soil Biol Biochem 39, 1099-1110
9) Pokarzhevskii AD, van Straalen NM, Zaboev DP, Zaisev AS (2003) Microbial links and element flows in nested detrital food-webs. Pedobiologia 47, 213-224
10) Scheu S, Falca M (2000) The soil food web of two beech forests (*Fagus sylvatica*) of contrasting humus type: stable isotope analysis of a macro- and a mesofauna-dominated community. Oecologia 123, 285-296
11) Hishi T, Hyodo F, Saitoh S, Takeda H (2007) The feeding habits of collembola along decomposition gradients using stable carbon and nitrogen isotope analyses. Soil Biol Biochem 39, 1820-1823
12) van der Putten WH, Bardgett RD, de Ruiter PC, Hol WHG, Meyer KM, Bezemer TM, Bradford MA, Christensen S, Eppinga MB, Fukami T, Hemerik L, Molofsky J, Scädler M, Scherber C, Strauss SY, Vos M, Wardle DA (2009) Empirical and

theoretical challenges in aboveground-belowground ecology. Oecologia 161, 1-14
13) Osono T, Takeda H (2002) Comparison of litter decomposing ability among diverse fungi in a cool temperate deciduous forest in Japan. Mycologia 94, 421-427
14) Coleman DC, Crossley DA Jr., Hendrix PF (2004) Fundamentals of Soil Ecology. Elsevier Academic Press., London
15) Hanlon RDG (1981) Influence of grazing by Collembola on the activity of senescent fungal colonies grown on media of different nutrient concentration. OIKOS 36, 362-367
16) Hanlon RDG, Anderson JM (1980) Influence of macroarthropod feeding activities on microflora in decomposing oak leaves. Soil Biol Biochem 12, 255-261
17) Wardle DA, Bardgett RD, Klironomos JN, Setälä H, van der Putten WH, Wall DH (2004) Ecological linkages between aboveground and belowground biota. Science 304, 1629-1633

第16章

分　解

大園享司

１．分解のプロセス

　落葉や枯死木などをリターとよび，これらは時間の経過にともなって分解していく．この分解のプロセスには，大きく溶脱，細片化（砕片化），異化・代謝の３つがある．
溶脱：物理的な水の移動にともなって，リターから可溶性の物質が抜け落ちるプロセスを溶脱という．低分子量の単糖類，オリゴ糖類や，ポリフェノール，アミノ酸，ポリペプチドなどの有機物や，無機態の窒素，リン，カリウムといった栄養塩も溶脱を受ける．
細片化（砕片化）：細片化は，リターの物理的なサイズが減少するプロセスである．乾湿のくり返し，凍結融解のくり返し，および土壌動物の摂食作用などにより細片化が進行する．
異化・代謝：これらに加えて，リターへの微生物の定着にともなって起こるのが異化・代謝のプロセスである．微生物が生産する細胞外酵素の働きによって有機物が低分子化される．この低分子化した有機物の一部は微生物細胞に吸収されたのちに代謝されて，最終的には二酸化炭素に変化する．
　これらの分解プロセスを受けたリターは，森林土壌に分解残渣や腐植として堆積するが，最終的には二酸化炭素と水，無機態の養分物質にまで変化する．

２．分解速度

　リター分解にともなう溶脱，細片化，異化・代謝のプロセスによって，リターのサイズや化学組成，重量が変化していく．リターバッグ法は，野外におけるこのようなリターの分解の過程と速度を調べる方法の１つである（図16-1）．

Decomposition; Osono, Takashi

図16-1　林床に設置されたリターバッグ．右上の白いバーは5 cm．

　メッシュバッグに一定量のリターを封入して林床に設置し，一定期間ごとにバッグを回収して，バッグ内に残存するリターの重量や化学組成の変化を調べる．バッグの回収を1～5年間あるいはそれ以上にわたって継続して実施することで，リターの分解プロセスと分解速度を明らかにするのがこのリターバッグ法である．
　リターバッグ法により調べたリター重量の時間経過にともなう変化（分解速度）は，次式のような指数関数にしたがうことが一般に知られている：

$$W_t/W_0 = \exp(-kt)$$

　ただし，W_tは時間tにおけるリター重量，W_0は時間0におけるリターの初期重量，kは分解速度定数，tは時間である．リターの重量変化のデータにこの指数関数式を当てはめることで，分解速度を指数関数の傾きkとして記述できる（図16-2）．森林樹木の葉の分解速度定数kとして，熱帯林で0.2～15.3（平均

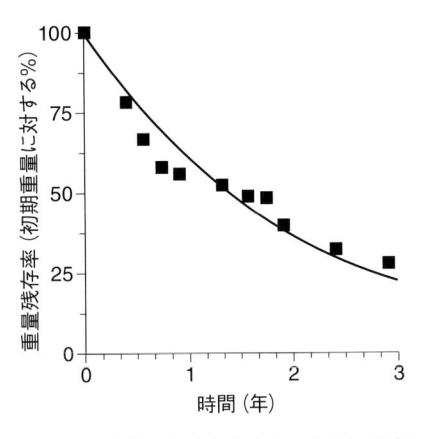

図16-2 分解にともなうリターの重量残存率の変化と指数関数の当てはめの例．京都芦生の冷温帯林で35カ月間にわたって調べたクリ落葉の重量変化．(Osono & Takeda[12] Fig.1から作図) $k = 0.500$（/年），$R^2 = 0.948$.

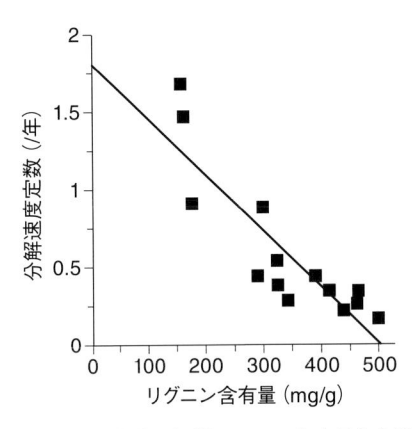

図16-3 落葉の初期リグニン含有量と分解速度定数との関係．京都芦生の冷温帯林で調べた14樹種の落葉の例．(大園[6] 表2から作図)

1.85)，温帯林で0.1〜3.5（平均0.93）という値が得られている[1]．

3．分解を律速する要因

　世界中で，さまざまな植物種，さまざまなタイプのリター（落葉，木質リター，細根など）の分解速度定数 k が測定されており，分解速度は場所，植物種，リターのタイプによって大きく異なる．分解速度に影響をおよぼす要因は，大きく環境条件，リターの質，分解者群集の3つに分けられる．

環境条件：気温や降水量といった気候条件，斜面位置（尾根部か谷部か）といった立地条件などの物理的な環境要因が，分解速度に影響する．たとえば，熱帯林から温帯林，北方林，ツンドラまでの気候帯で比較すると，一般的に寒冷な気候帯ほど分解が遅い．森林の大部分が北方林であるカナダでは，年平均気温が高いサイトほど，また夏期の降水量が多いサイトほど，リターの分解が速い[2]．標高の変化による気温の低下にともなって分解は遅くなる．より小スケールでは森林の斜面において，乾燥した尾根部よりも湿潤な谷部で分解が速いのが一般的である．このような温度や水分条件といった環境要因は，分解者である土壌生物の活性を直接コントロールすることで，リターの分解速度に影響をおよぼしている．

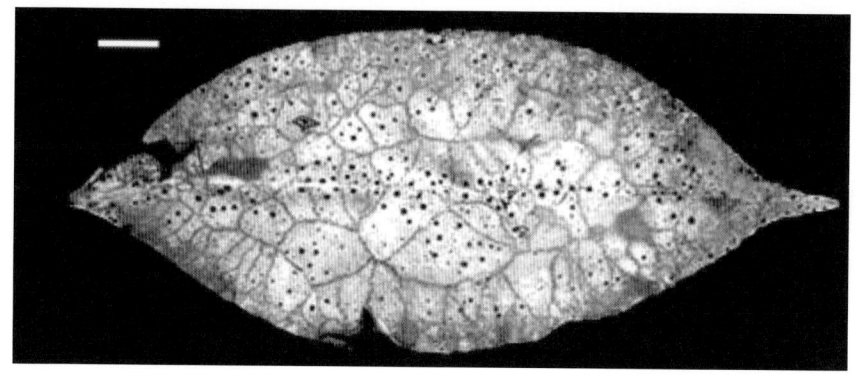

図16-4　ヤブツバキ落葉の漂白．バーは1 cm．

リターの質：リターの物理的・化学的な性質は，リターを食物資源として利用する土壌生物の活性に影響をおよぼし，それを通じて分解速度を変化させる．たとえば，リグニンの含有量と分解速度との間には負の相関関係が（図16-3），また窒素やリンの含有量と分解速度との間には正の相関関係がしばしば認められる．リグニンの含有量が低いリターほど分解が速いのは，リグニンが難分解性の高分子化合物であり，土壌生物が異化・代謝するのにエネルギー的なコストがかかること，またリグニンを効率的に分解できるのは土壌生物のなかで担子菌類や一部の子嚢菌類に限られることによる．窒素やリンが多く含まれるリターほど分解が速いのは，これらの養分物質が土壌生物の成長にとって制限的であるためと考えられている．

分解者群集：分解者としての土壌生物の群集組成の違いが，リターの分解速度に影響する．たとえば熱帯林では，大型土壌動物であるシロアリが分解に大きく寄与している．マレーシアの熱帯フタバガキ林で行われた分解実験では，シロアリが入れないサイズ（0.5 mmメッシュ）と入れるサイズ（2.0 mmメッシュ）の金網でつくったリターバッグで落葉の分解実験を行ったところ，シロアリの排除により分解速度が有意に低下した[3]．難分解性のリグニンを活発に分解する菌類（白色腐朽菌）の存在は，その菌類の定着場所（コロニー）におけるリターの分解速度を促進する．落葉上では，リグニン分解性の菌類が定着した部位で白色化が認められる（図16-4）．この白色化の現象は漂白とよばれる．ヤブツバキの落葉上で漂白を受けた部位の分解速度は，漂白を受けていない，つまり白色腐朽菌が定着していない部位に比べて有意に高かった（図16-5）．

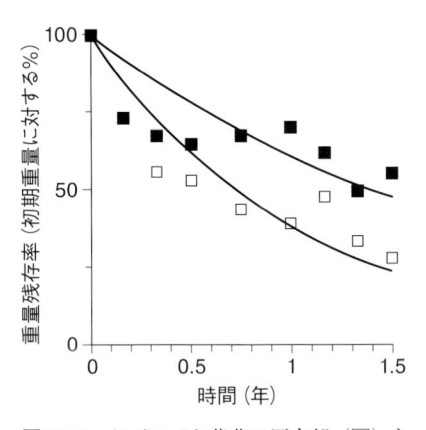

図16-5 ヤブツバキ落葉の漂白部（□）と非漂白部（■）における重量残存率の変化．京都西山の里山二次林で調べた．(Osono[4] Fig. 2から作図)

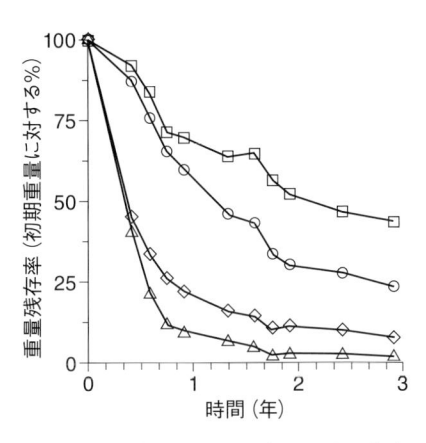

図16-6 ミズナラ落葉の分解にともなう有機物の重量変化．京都芦生の冷温帯林で調べた．(Osono & Takeda[12] Figs. 2-5から作図) □リグニン，○ホロセルロース，◇可溶性糖類，△ポリフェノール．

このような白色腐朽菌のリターへの定着は，一般に温帯林よりも熱帯林で活発であり[4]，このことが熱帯林の林床におけるすみやかなリター消失の一因と考えられている．

4．有機化合物の分解パターン

リターにはリグニンやホロセルロースといった構造性の有機物や可溶性糖類などの水溶性の有機物など，さまざまな有機化合物が含まれる．可溶性の有機物は構造性の有機物よりも一般に分解が速い（図16-6）．可溶性糖類やポリフェノールは溶脱や異化・代謝を受けやすいため，分解開始直後に初期重量の多くの割合が失われる．それに比べて，リグニンやホロセルロースといった構造性の有機物は落葉の主要な構成成分であるが分解はゆるやかであり，これは主に微生物の異化・代謝にともなって分解されるためである．さらに，リグニンはホロセルロースよりも難分解性であり，重量減少が一般的に遅い．落葉に含まれるリグニン量とホロセルロース量の比率は，リグノセルロース指数（lignocellulose index, LCI）とよばれ次式で表される：

$$LCI = ホロセルロース含有量/(リグニン含有量+ホロセルロース含有量)$$

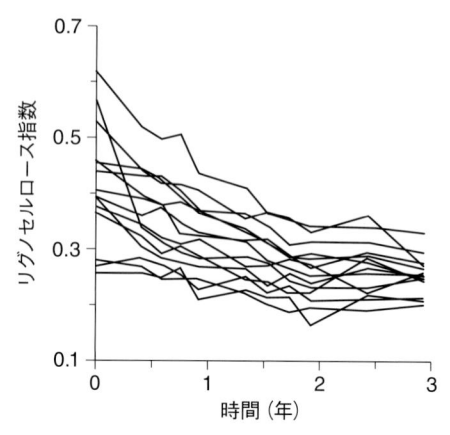

図16-7 落葉の分解にともなうリグノセルロース指数(LCI)の変化. 京都芦生の冷温帯林で35カ月間にわたって調べた14樹種の落葉の分解プロセスの例. (Osono & Takeda[13] Fig. 1から作図)

リター分解プロセスではホロセルロースがリグニンより選択的に分解されるため,このLCIは分解にともない減少する傾向が一般に認められている(図16-7).このような傾向はとくに,温帯林での落葉分解プロセスに典型的である.丸太や立枯れなどの木質リターの分解プロセスにおいても,同様のLCIの変化が認められる場合がある[5].

リグニンがホロセルロースより難分解なのは,セルロースはグルコースがβ1-4結合により直鎖状に重合した化合物であるのに対し,リグニンは3種類のフェニルプロパノイド単量体がさまざまな結合様式により三次元的に重合した複雑な化合物であるためと考えられている.加えて,先に述べた通り,活発なリグニン分解酵素活性が限られた菌類にのみ認められることも関係している.さらに,落葉分解研究では硫酸法とよばれるリグニンの定量法が頻繁に用いられるが,この方法ではリグニンの重量減少速度が過小評価される場合がある.つまり,リター分解のプロセスで二次的に合成された難分解性の化合物には酸不溶性のものがある(後述).このため酸不溶性残渣を"リグニン"として定量する硫酸法を用いると,みかけ上の"リグニン"の重量変化が小さくなってしまう.いずれにしても,これらのリグニンや分解の過程で二次的に合成された難分解性の化合物は,腐植の主要な構成要素として,林床に長期的に集積すると考えられている.

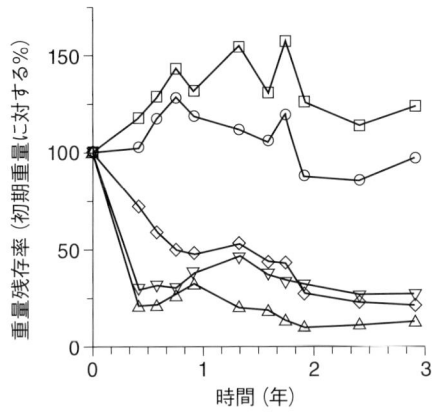

図16-8 ミズナラ落葉の分解にともなう養分物質の重量変化．京都芦生の冷温帯林で調べた．(Osono & Takeda[11] Fig. 1, 2 と Osono & Takeda[14] Fig. 2, 5, 7から作図) □窒素，○リン，◇カルシウム，△カリウム，▽マグネシウム．

5．養分物質の動態

　林床に供給されたリターからは，分解にともなって窒素やリン，カリウムといった養分物質が放出される．分解にともなう養分物質の放出パターンは，元素ごとに大きく異なるが，大きくは次の3パターンに類別される（図16-8）．
窒素，リン：リター分解にともなう窒素・リンの動態は，溶脱期，不動化期，無機化期の3段階に区分されるのが一般的である．1）溶脱期：分解開始直後に水溶性の窒素・リン化合物が落葉から溶脱される．2）不動化期：窒素・リンは落葉中に保持されるか，あるいは落葉外から落葉中に窒素・リンが取り込まれる（有機化ともいう）．このとき重量ベースでみた落葉中の窒素・リン濃度は増加する．3）無機化期：最終的に窒素・リンの重量減少が認められる．ただし，リターの窒素・リン濃度が高い場合や，後述のようにリグニン濃度が低いリターでは，溶脱期のあと不動化が起こらず，そのまま無機化期に入る場合もある．窒素やリンがすぐに放出されず，リターに一時的に不動化される理由はよくわかっていないが，微生物体での保持および微生物による効率的な再利用，二次的に合成される難分解性の物質への取り込みといったメカニズムが提案されている（後述）（第Ⅲ部第21章参照）．

カリウム，マグネシウム：カリウムやマグネシウムは，その多くが植物の細胞質内でイオンとして存在している．このため溶脱を受けやすく，リター分解の開始直後に大部分が溶脱される．

カルシウム：カルシウムは窒素・リンとカリウム・マグネシウムの中間的な動態を示す．分解開始直後にはあまり溶脱されず，リター分解にともなって重量が減少する．これはカルシウムが植物細胞間の結合に関与するため主に細胞間隙に存在しており，リグニンやホロセルロースといった構造性の有機物の分解にともなって無機化されるためと考えられている．

6. 有機物分解と養分物質の相互作用

　リター分解のプロセスにおいて，リグニンの分解と窒素動態とは相互に密接に関係している．リター中のリグニン含有量が，窒素の不動化－無機化の動態をコントロールすることが経験的に知られている[6]．窒素がリター中に保持されるか，あるいは落葉から放出されるかには，リター中の窒素の含有量が大きく影響する．しかし最近の研究から，窒素の含有量が高い落葉でもリグニンの含有量が高いと窒素が不動化される例も知られるようになった．窒素の含有量それ自体より，リグニンと窒素の相対的な割合が窒素動態の指標として有効と考えられている．そのような指標の1つがリグニン－窒素比（L/N比）である：

　　　L/N比＝リグニン含有量/窒素含有量

　窒素の不動化期から無機化期に切り替わるときのL/N比の値（臨界値）は，多くの落葉で25～30程度となる（図16-9）．L/N比がこの臨界値より高い，すなわちリグニンに対して窒素が相対的に少ない落葉では，一般に窒素の不動化が認められる．一方，L/N比が臨界値より低い落葉では，リグニンに対して窒素が「飽和」しており，それ以上窒素を取り込むことができず窒素は落葉から放出される．このリグニンによる窒素の不動化の化学的なメカニズムについては，ほとんどわかっていない．スウェーデンのBergは，窒素が落葉中の有機物と結合して難分解性の物質が二次的に合成されるという窒素の不動化のモデルを提案している[7]．窒素の安定同位体をトレーサーに用いた野外でのリター分解研究でも，土壌中の窒素がリター中の酸不溶性画分に不動化されることが実証されている[8]．

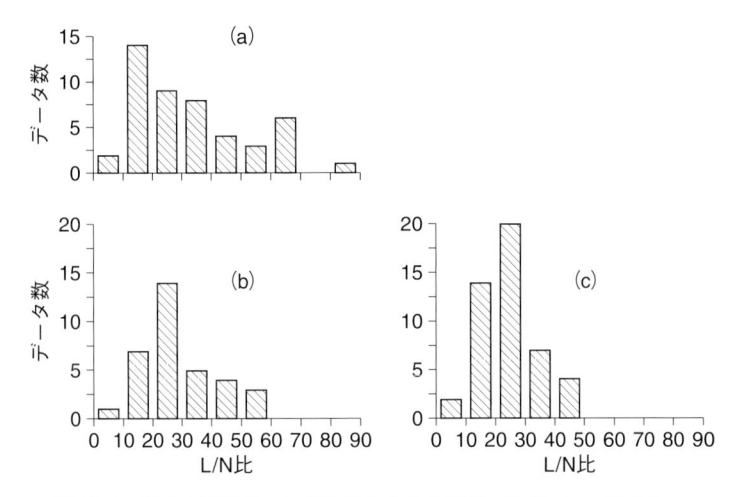

図16-9 窒素の不動化・無機化にともなう落葉のリグニン－窒素比（L/N 比）の変化. 冷温帯林におけるデータ[8]. 初期値（a）= 32.7 ± 19.8（平均 ± 標準偏差, N = 47）, 不動化期から無機化期に切り替わる時点での値（臨界値）, (b) = 29.8 ± 12.8（N = 34）, 分解実験終了時の値（c）= 24.2 ± 9.6（N = 47）.

　過剰な窒素供給がリター中の有機物の分解を変化させることがある. 酸性雨や海鳥類のフンとして過剰な窒素が森林土壌に供給されると, リター中に含まれるリグニンの重量減少速度が低下する[9]. 過剰の窒素が有機物に不動化され酸不溶性画分に取り込まれることで, みかけ上の"リグニン"の重量減少速度が低下するだけでなく（前述）, 過剰な窒素が菌類のリグニン分解酵素活性を抑制するためである. 事実, 過剰な窒素供給を受けている森林土壌でリグニン分解酵素活性が低下する研究例や, 培養系における過剰な窒素供給がリグニン分解性の菌類の酵素活性を抑制する事例が多数報告されている.（第Ⅲ部第21章参照）

引用文献

1) Takeda H (1998) Decomposition processes of litter along a latitudinal gradient. Ed by Sassa K. Environmental Forest Science. pp197-206, Published by Springer
2) 大園享司（2008）カナダにおけるリター分解の地域間比較：CIDETプロジェクトの成果と課題. 日生誌 58, 87-101
3) Yamashita T, Takeda H (1998) Decomposition and nutrient dynamics of leaf litter in litter bags of two mesh sizes set in two dipterocarpus forest sites in Peninsular

Malaysia. Pedobiologia 42, 11-21
4) Osono T (2006) Fungal decomposition of lignin in leaf litter: comparison between tropical and temperate forests. Eds by Meyer W. and Pearce C. Proceedings for the 8th International Mycological Congress, August 20-25, 2006. Cairns, Australia. pp 111-117, Published by Medimond, Italy
5) Fukasawa Y, Osono T, Takeda H (2009) Dynamics of physicochemical properties and occurrence of fungal fruit bodies during decomposition of coarse woody debris of *Fagus crenata*. J For Res 14, 20-29
6) 大園享司（2007）冷温帯林における落葉の分解過程と菌類群集．日生誌 57, 304-318
7) Berg B, McClaugherty C (2003) Plant Litter, decomposition, humus formation, carbon sequestration. Springer-Verlag, Berlin（大園享司訳．森林生態系の落葉分解と腐植形成．シュプリンガー・フェアラーク，東京，2004）
8) Osono T, Hobara S, Koba K, Kameda K, Takeda H (2006) Immobilization of avian excreta-derived nutrients and reduced lignin decomposition in needle and twig litter in a temperate coniferous forest. Soil Biol Biochem 38, 517-525
9) Carreiro MM, Sinsabaugh RL, Repert DA, Parkhurst DF (2000) Microbial enzyme shifts explain litter decay responses to simulated nitrogen deposition. Ecology 81, 2359-2365
10) Koide K, Osono T, Takeda H (2005) Fungal succession and decomposition of *Camellia japonica* leaf litter. Ecol Res 20, 599-609
11) Osono T, Takeda H (2004) Accumulation and release of nitrogen and phosphorus in relation to lignin decomposition in leaf litter of 14 tree species in a cool temperate forest. Ecol Res 19, 593-602
12) Osono T, Takeda H (2005) Decomposition of organic chemical components in relation to nitrogen dynamics in leaf litter of 14 tree species in a cool temperate forest. Ecol Res 20, 41-49
13) Osono T, Takeda H (2005) Limit values for decomposition and convergence process of lignocellulose fraction in decomposing leaf litter of 14 tree species in a cool temperate forest. Ecol Res 20, 51-58
14) Osono T, Takeda H (2004) Potassium, calcium, and magnesium dynamics during litter decomposition in a cool temperate forest. J For Res 9, 23-31

第17章

腐植の蓄積

鳥居厚志

1. 腐植とは

　前章までに述べてきたように，リターは林床で分解され，その多くの部分は無機化するが，一部は種々の過程を経て土壌固有の腐植物質に再合成される．この過程を腐植化とよび，腐植が土壌中で多量に蓄積する作用を腐植集積（蓄積）作用という（図17-1）．土壌の生成には生物の関与が必要であり，腐植化の過程は多かれ少なかれすべての種類の土壌にみられる共通の現象である．腐植化の過程や腐植物質の化学組成などの詳細は省略するが，その過程の複雑さや組成の不均一さのためにいまだ十分に解明されているわけではない．

　腐植は一般的には黒色～黄色を示し，分子量が数百～数万の中～高分子の酸性物質の集合体であり，土壌表層の黒味は通常腐植によるものである．アルカリおよび酸に対する溶解性から，主に腐植酸，フルボ酸，ヒューミンの3画分に分別され，腐植酸は分光学的特性によりA, B, Rp, P型に分類できる．A型はもっとも腐植化が進行しており黒色土（黒ボク土）や石灰質土壌で卓越する．Rp型はもっとも腐植化の程度が低く沖積水田土壌や畑土壌，ポドソルなどに多く含まれる．B型やP型はA型とRp型の中間的性質を示し褐色森林土に多いが，土壌型との対応はあまり明確ではない．腐植物質の元素組成は炭素が40～60％，酸素が30～50％を占め，水素と窒素がそれぞれ10％未満，微量の硫黄やリンなどを含む．官能基としてカルボキシル基，フェノール性水酸基，カルボニル基，キノン，アルコール性水酸基などをもち，土壌中では金属元素イオンや粘土鉱物などの無機成分と複合体を形成している．

　腐植は酸性物質を含みキレート作用をもつ．そのため土壌鉱物の分解を促進させるとともに，土壌生成や植物への養分・微量要素の供給という点で重要な

Humus accumulation; Torii, Atsushi

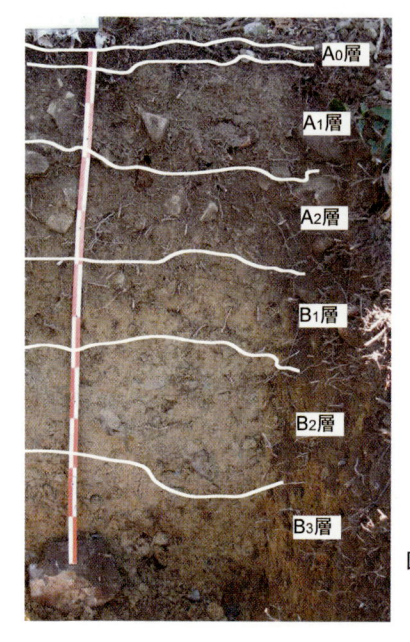

図17-1 土壌表層に集積する腐植（$B_D(d)$）型土壌，高知県四万十町，著者撮影）スケールは紅白の一目盛が10 cm

働きを担っている．また陽イオン交換能が大きいため，植物の養分の一時的な貯蔵庫となるほか，pHの緩衝作用をもつ．また，さまざまなサイズの団粒を形成するため，通気性・保水性の向上など土壌物理性の改良にも寄与する．

無機土壌への腐植の蓄積速度は，有機物の供給速度や有機物の無機化速度，生成した腐植の安定化などの兼ね合いで決まるが，一般的には以下のような3点が多量の腐植の蓄積条件としてあげられている．
① 多量の有機物が毎年供給される
② 土壌母材中にカルシウムなどの塩基が豊富である
③ 湿潤季と乾燥季が交代する気候条件

たとえば，代表的な多腐植質土壌であるチェルノゼムや黒色土（黒ボク土）は，①や③の条件が満たされた上で，前者ではカルシウムが，後者では火山灰由来の非晶質アルミニウムが腐植酸と難溶性の塩を形成するなどして安定化（複合体の形成）に寄与している．

地表に供給されたリターは，ある程度分解されると土壌動物による耕うんの作用や地中へ浸透する雨水に運搬され無機質土壌との混和が進み，それと並行して腐植化や複合体の形成なども進行する．ただし，腐植層（堆積有機物層，

図17-2 林床における有機物の存在形態.左:モル,中:モダー,右:ムル(いずれも北海道内,森林総合研究所提供).スケールは紅白(または青白)の一目盛が10 cm

図17-3 土壌の侵食が激しいはげ山(滋賀県大津市,著者撮影).

第17章 腐植の蓄積 ● 199

A₀層）の集積形態は気候条件によって大きく異なる．一般に寒冷な気候下では微生物活性の低下にともないリターの無機化速度が小さくなるため，未分解のリターが堆積しやすい．亜寒帯針葉樹林では腐植層が，ほとんど無機質土壌と混合せずに厚く堆積しており，モル（Mor，図17-2左）とよばれる．モル型では厚いF層・H層が形成され，分解過程を通じて生成される有機酸により土壌の酸性化がすすみ，栄養塩が溶脱されて系外へ流出することがある．一方，温暖湿潤な気候下の森林や草原では，リターは活発な分解作用を受け，F・H層は形成されずに直接コロイド状有機物となって無機質土壌とよく混和した状態で存在する．その結果，厚い黒色のA層が形成されムル（Mull，図17-2右）とよばれる．両者の中間の形態がモダー（Moder，図17-2中）である．熱帯～亜熱帯の気候下では，リターの無機化速度が大きく腐植に乏しい土壌になりやすい．

2．土壌生成初期における腐植の集積

森林生態系など生物圏における炭素収支について考える際，土壌への炭素の集積については，地上部の森林などに比べて必ずしも十分な情報は得られていない．それは地上部に比べて単位時間あたりの炭素動態を計測しにくく，また時間の尺度を得にくいためである．土壌生成における時間因子の尺度としては，欧米では氷河の後退にともなう例[1,2]が，日本では完新世の火山泥流堆積物上における土壌発達を調べた例[3]などが知られている．これらは，数百年～数千年オーダーの比較的長い時間単位を扱った例である．

一方日本国内では，平安時代頃から関西地域を中心に無植生地（はげ山）が分布していた（図17-3）[4]．明治時代以降，これらの無植生地では治山植栽工が施されてきたが，その施行地を利用して比較的新しい植林地における数十年単位の土壌の発達過程・炭素の蓄積過程を追跡した事例を紹介する[5,6]．

滋賀県の琵琶湖の南に位置する田上山や兵庫県神戸市の六甲山は，古くから過度の森林の伐採や石材の切り出しによって無植生の状態が継続してきたため，斜面崩壊など土砂災害の多発地域であった．両地域とも地質は花崗岩で，深層風化したマサ土が土壌母材である．両地域では明治以後に治山植栽が行われ施工方法や植栽年次の明らかな場所も多い．植栽された樹種は主にアカマツで，一部クロマツも含まれる．

田上山の2カ所（調査時点で施工後30年が経過）と六甲山の6カ所（施工後

表17-1 土壌生成初期の炭素集積量（鳥居・西田[5] 表1-2および高橋ほか[6] 表4-6, 8から作表）.

地域	林齢(年)	土壌型	層厚(mm)	土性	炭素濃度(%)	容積重(g/ml)	炭素量(t/ha)
田上山	30	Er-β	50	S	0.67	0.67	2.3
田上山	30	Er-β	50	SL	0.90	0.57	2.6
六甲山	80	B_D	70	LiC	3.37	0.61	14.3
六甲山	70	B_B	15	SL	9.91	0.62	9.3
六甲山	75	B_A	100	SL	1.80	0.98	17.6
六甲山	75	B_A	80	SL	1.53	0.64	7.8
六甲山	75	B_A	60	SL	0.94	0.74	4.2
六甲山	80	B_A	50	SL	3.90	0.62	12.1

表17-2 天然林（対照地）における炭素集積量（鳥居・西田[5] 表1-2および高橋ほか[6] 表4-6, 8から作表）.

地域	林相	土壌型	層位	層厚(mm)	炭素濃度(%)	容積重(g/ml)	炭素量(t/ha)
田上山	ヒノキ	B_D(d)	A_1	90	8.09	0.58	42.2
			A_2	170	3.65	0.62	38.5
六甲山	スダジイ	B_B	A_1	80	6.30	0.80	40.3
			A_2	80	1.75	1.01	14.1
六甲山	ウラジロガシ	B_B	A_1	80	3.75	0.77	22.0
			A_2	70	1.38	1.02	9.90

70～80年が経過）の植栽跡地で土壌調査を行い，林床植物の被度やリター層の状態，A層の厚さや炭素濃度，容積重などを調べた．表17-1は調査地の土壌の概況である．また両地域ではわずかに天然林が残存している．田上山ではヒノキ林，六甲山では常緑広葉樹林であるが，いずれも主林木の樹齢は高く（100年生以上），これらの場所でははげ山化することなく森林が維持されてきたと推定される．比較対照のためにこれらの場所でも土壌調査を実施した（田上山1カ所，六甲山2カ所，表17-2）．

治山植栽工の実施時期をA層の生成開始時期（その時点の炭素量＝0）と仮定すると，30年でヘクタールあたり2～3 Mg，70～80年で4～18 Mgの炭素が集積した計算になる（表17-1，図17-4）．一方，森林が維持されていたと考えられる対照地では，30～80 Mgという値である（表17-2，図17-4）．値のばらつきが大きく単純に推定できるわけではないが，ごく単純に直線回帰した場合，試験地の土壌が対照地の炭素レベルに達するまでには数百年～千数百年が必要な計算になる．目安程度の数値とはいえ，多量の腐植の集積は長年月の土

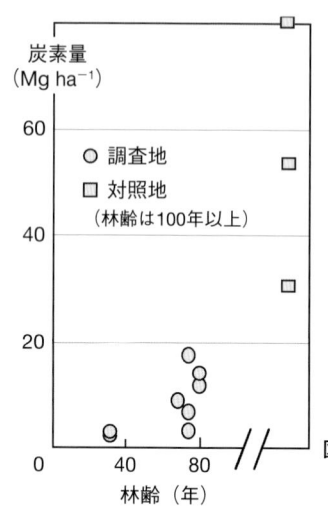

図17-4 林齢（ここでは土壌生成の時間と同じ）と炭素集積量の関係．（鳥居・西田[5] 表2および高橋ほか[6] 表8から作成）

壌生成作用の結果とわかる．なお，この例では試算を単純化するために，A_0層とB層以下の炭素は考慮していない（第Ⅰ部第8章参照）．

3．植生の違いが腐植の質に反映

　日本の黒色土（黒ボク土）は，多量のA型腐植酸が集積している土壌である．一般に黒色土は火山灰母材であることが多いが，火山灰を母材とする土壌は黒色土だけではない．黒色土が草原植生下に多いことは，かなり以前から経験的に知られていた．そこで火山活動の盛んな地域で，黒色土とそれに隣接する褐色森林土の生成過程における植生要因の違いを解析した例[7]を紹介する．

　青森県の八甲田山高田大岳の南東山麓には緩傾斜の溶岩台地が広がり，その上に何層もの火山灰が累積している．これらの火山灰は十和田カルデラから噴出したもので，時代の新しいものでは十和田a火山灰（約1,000年前），中掫浮石（約4,000年前）が知られている．十和田a火山灰の上には厚さが10 cmを越えるA層が発達し，十和田a火山灰と中掫浮石との間には20～30 cmの埋没A層がみられるが，土壌型は褐色森林土や黒色土，ポドソルなど一様ではなく，各土壌型がモザイク状に分布している．これら土壌の花粉分析を行い，土壌生成過程における過去の植生が調べられた．

　褐色森林土2カ所，黒色土2カ所の花粉分析結果を図17-5に，植生の変遷を表17-3に示す．褐色森林土の現植生はブナ林（No.1）とカラマツ人工林（No.4），

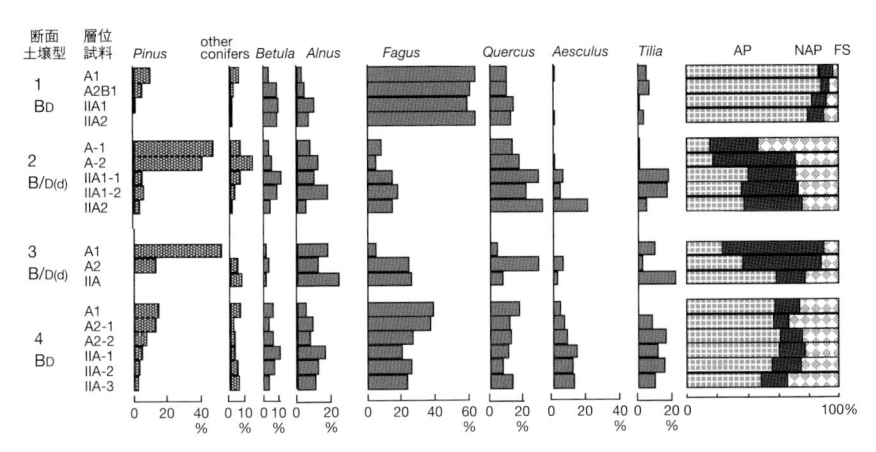

図17-5 八甲田土壌の花粉ダイアグラム．各分類群の出現頻度％は，高木花粉総数を100％として算出した．右端のバーは，AP：高木花粉　NAP：低木・草本花粉　FS：シダ・コケ類の胞子の占める割合．

表17-3 花粉分析から推定された八甲田土壌における植生変遷（Kawamuro & Torii[7] Fig. 4-7を要約）．

	土壌型	十和田a降灰以前の植生 （4,000〜1,000年前）	十和田a降灰後の植生 （1,000年前〜）	現在の植生
1	褐色森林土	ブナ林	ブナ林	ブナ林
2	黒色土	草原または疎林	草原または疎林	スギ人工林
3	黒色土	ブナ林	草原または疎林	スギ人工林
4	褐色森林土	ブナ－ミズナラ林	ブナ－ミズナラ林	カラマツ人工林

　黒色土（No.2, 3）の現植生はスギ人工林であるが，花粉分析から推定された過去の植生は，No.1（褐色森林土，ずっとブナ林が継続）を除いて必ずしも現植生と一致していない．No.4の褐色森林土ではカラマツを植栽する以前は一貫してブナとミズナラを主体とする落葉広葉樹林が継続していたとみられる．また黒色土では，スギ植栽以前は草原か疎林・矮性林のような植生が推定されたが，No.3では十和田aの降灰時期を挟んで植生の変化がうかがわれた（降灰以前は落葉広葉樹林）．
　花粉分析から推定された過去の植生と土壌型との対応は，おおむね「褐色森林土：森林，黒色土：草原・疎林」であり，「黒色土は草原下に多い」という経験則と一致していた．一般に，日本では自然草原が長い年月にわたって継続

するとは考えにくい．黒色土の生成に関与したとみられる草原植生が，火山活動によって森林が破壊されたためか，植生への人為的な干渉によるものか明確な検証はされていないが，同一母材でも植生によって腐植の質（土色）に違いが生じるという好例である．

引用文献

1) Bockheim JG, McLeod M (2006) Soil formation in Wright Valley, Antarctica since the late Neogene. Geoderma 137, 109-116
2) Ugolini FC, Bockheim JG (2007) Antarctic soils and soil formation in a changing environment. Geoderma 144, 1-8
3) Morisada K, Osumi Y (1993) Soil development on the 1888 Bandai mudflow deposits in Japan. Geoderma 57, 443-458
4) 小椋純一（1986）洛外洛中図の時代における京都周辺林．国立歴史民俗博物館研究報告 11，81-105
5) 鳥居厚志・西田豊昭（1987）花崗岩を母材とする未熟土壌の発達に伴った一次鉱物組成の変化．日林論 98，203-205
6) 高橋竹彦・増田隆史・西川清（1985）六甲山再度山永久植生保存地における植物群落の遷移と土壌の理化学性との関係．神戸市土木局公園緑地部，再度山永久植生保存地調査報告書 3，9-60
7) Kawamuro K, Torii A (1986) Past vegetation on volcanic ash forest soil I -Pollen analysis of the Black soils, Brown forest soils and Podzolic soil in Hakkoda mountain-. Bul. For. & For. Prod. Res. Inst. 337, 69-89

第Ⅲ部

森林生態系における物質循環

　第Ⅲ部では，森林生態系におけるさまざまな元素の循環特性について解説する．はじめに，森林を研究する者からみた生態系のとらえ方や元素を運ぶ媒体としての水の動きを示した．元素ごとの基本的な物質循環のメカニズムを示しつつ，知識をより深められるよう，最新の研究による知見も盛り込んだ．ただし，個々の元素は単独で循環しているわけではなく，生物を介してお互い関わりをもって生態系を巡っていることも理解したい．最後に物質循環研究の今後の展望を示した．

第18章

森の物質循環

徳地直子

1. 物質循環研究の意義

　森林生態系は農地などと異なり，施肥などの人為的な作業をすることなく，巨大な樹木が一見同じような状態で，ほぼ継続的に存在することが可能である．このことは，収奪を受けない森林の場合，ごくあたり前のようにとらえられている．しかし，少し考えてみれば，樹木の寿命がいくら長いからといって永遠であるはずもなく，少しずつ森林を構成するメンバー（たとえば，樹木）は入れ替わっている．それにも関わらず，あるまとまりをもった森林生態系としてみたときには，長い時間，一見同じようにみえる．この一見同じようにみえる状態を"動的平衡状態"という．ではどのようにして，森林生態系は平衡状態を維持しているのであろうか．

　森林生態系が平衡状態を維持する機構を解明するためには，さまざまな手法がとられるが，その1つに"物質循環"というアプローチがある．森林生態系は，樹木だけでなく，昆虫・動物・菌といった生物と，大気・水・土壌などの非生物からなる複雑な系である．そのため，それらを包括的に把握する方法として，"物質"，たとえば，水や炭素や窒素などの異なる主体間でのやりとりを用いる．ちょうど，人間社会で共通の尺度として貨幣が用いられるのと同様である．ターゲットとした物質が，森林生態系を移動するのか，集積するのか，あるいはその速さはどの程度か，を把握することで，森林生態系の特徴，すなわち平衡状態の維持機構を解明しようとするものである．

2. 森林生態系における物質循環研究

　森林生態系という定義で切り取られた空間についての物質の移動や貯留を考

Element cycling in forests; Tokuchi, Naoko

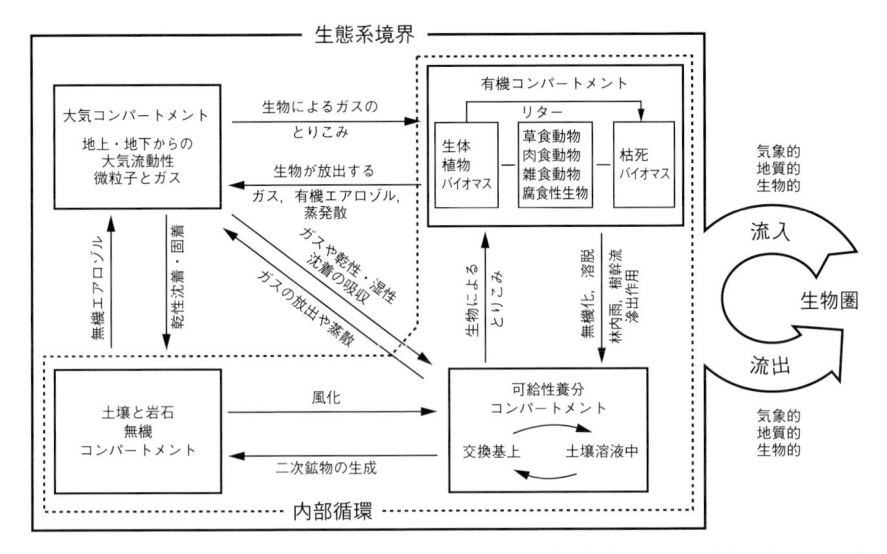

図18-1 陸上生態系の養分循環に関するモデル．養分物質は気象学的，地学的，あるいは生物学的な輸送によって生態系へ流入したり，生態系から流出したりする．（出典：Likens et al.[1] Figure 1を和訳）

えるとするならば，そこには，流入と流出があり，これらの流れは定義された空間の外側で，より大きな循環（外部循環）に含まれていることもある．たとえば，図18-1はLikensら[1]が描いた陸域生態系における養分循環に関するコンパートメントモデルである．Likensらは，北東アメリカのある落葉広葉樹林（northern hardwood forest）の集水域を対象にして，水と物質の出入りを調べ，循環を「定量化」することを目的としてこの図を作成したと書いている．生態系境界（ecosystem boundary）の内側には，土壌と植物との連関で成り立っている内部循環（intrasystem cycle）があり，養分物質とミネラルが循環している．しかし，エネルギー，水，養分，ミネラルなどの流れは，生態系のなかでコンパートメントからコンパートメントへ，あるいは生態系境界を越えて流入・流出し，隣の生態系とそれらの受け渡しをしている．その運び手となっているのは大気の流れであったり，地下水や表流水の流れであったり，時には動物の移動であったりする．このモデルのコンセプトそのものはおおむね普遍的で，気候や地質などの条件がことなるわが国の森林にも当てはまる．Likensらが集中的にフィールドワークを行った1960年代，わが国では国際生物学事業計画（International Biological Program, IBP）の実施を契機に，森林生態系の一

次生産量に関する基礎的なデータの蓄積が進んだ[2]．このときにLikensらの研究と同じようなコンセプトの研究が近畿地方を中心に展開され[3,4]，わが国における「集水域」を意識した物質循環研究が実質的にスタートした．

3．物質循環測定のための森林集水域

　森林における物質循環の研究をする上で，生態系境界を定義する空間として「流域」や「集水域」を念頭におくことは，森林が成立し得る降水量と気温条件にある温帯域では非常に自然なことであり，定量的な観測と解析のためには不可欠なストラテジー（戦略）であるといえる．なぜなら，こうした気候帯では通常，降水量が蒸発散量を上回り，生態系維持に必要な養分物質の多くが水とともに「流下」するがゆえに，物質収支を定量化するのが比較的容易な単位空間であるからだ．

　集水域は通常，稜線で囲まれる谷地形の領域として定義される．水収支は，多くの場合，その領域にもたらされた降水を入力，蒸発散と渓流を通じての流出を出力と想定して観測・計算される．実際には，集水域にもたらされる降水量は雨量計を用い観測し，渓流での流出量は量水堰堤などを用いて観測する．従来から，森林水文学の分野では，さまざまな集水域で水収支が求められてきており，おおむね方法論は確立している[5]．1960年代のLikensらの集水域研究でも，水収支の把握のための水文観測は同様である．

　しかしながら，近年の山地源頭部の小集水域を対象とした水文学的な研究では，渓流を通じて流出する成分以外に，地下部で集水域外に流出したり，反対に集水域外から流入したりする成分が観測されることがある．これは，表面地形で定義される集水域と，地下部，とくに地下水の流動についての集水域とが必ずしも一致しないことがあるということである．実際の観測では，集水域は地表面の形状で定義せざるを得ないが，この現象があるがゆえに，水と物質の流入・流出の量の把握には，いくばくかの不確実性を見込まざるをえない．つまり，観測の困難な地下水流出や流入にともなう物質のやりとりは推定せざるをえないということである．

　これに関する水文過程の実際については，第19章に詳述されるが，いくつかの典型的な経路やその機能が最近明らかになってきている．

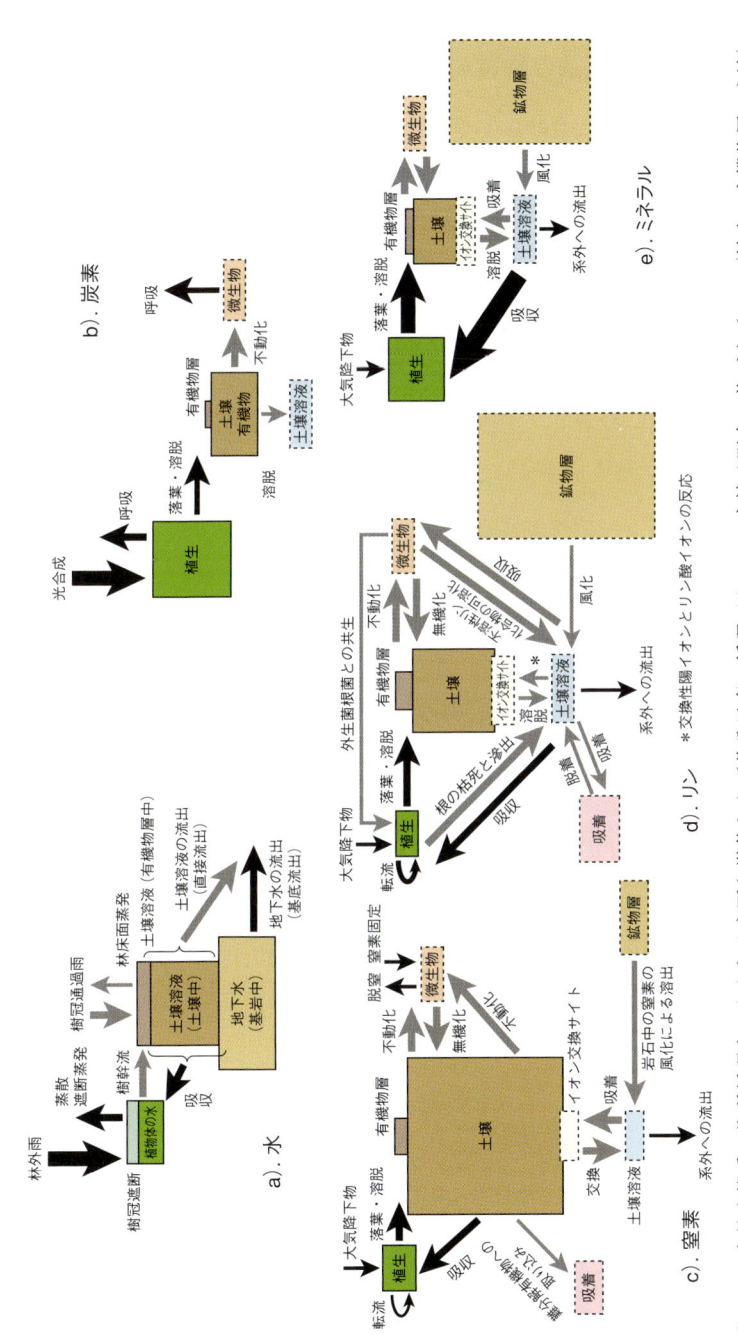

図18-2 森林生態系の物質循環をつかさどる主要な媒体系および養分元素の循環パターン。実線は測定に基づくプール（植生・有機物層・土壌）で、大きさはそれぞれの文献より推定された相対的な関係を示したものである（水を除く）。点線で表されたプールは測定例がほとんどなく、大きさは意味をもたない。黒い実線は測定されたフローを示し、大きさは文献より相対的な関係を示したもので、灰色で示されたフローは、存在は指摘されているが測定例が非常に少ない、大きさは予測に基づく 2 種に分けた。
a). 水[7-9]，b). 炭素[6, 4]，c). 窒素[10-12]，d). リン[13-15]，e). ミネラル[16-19]

第18章　森の物質循環

4. 代表的な森林生態系の物質の循環パターン

図18-2に，森林生態系における主要な物質の循環パターンを示した．物質が移動するには，その物質を運ぶ媒体が必要であり，炭素は大気が，その他の物質は水が多くの場合その役目を担っている．そのため，炭素とその他の物質では，循環パターンが大きく異なることがわかる．炭素の動きは主に大気とのやりとりによっており，それに対して森林生態系内部でのやり取りは比較的小さい．一方，その他の物質では，大気とのやりとりが小さく，森林生態系内部での動きが主になっている．このことから，炭素の循環を大気との開放的な循環（open cycle），それに対して，その他の物質の循環を閉鎖的な循環（closed cycle）ということがある．

水を媒体とする物質に関してみると，わが国のように降水量が多い場所では，水自体の移動は樹木を通して行われる吸収量や蒸散量よりも，重力にしたがった下向きの移動量が多い．しかし，ここで注目すべきは，各物質の移動がただ水にしたがって生じているのではなく，生物によって吸収されたり，保持されたりするように，水移動以外の動きに左右されることがあることであろう．たとえば樹木によって吸収されて上向きの動きが生じたり，樹木や生物体に保持された形で土壌に蓄積したりする動きや堆積が生じることである．これらの動きや堆積の大きさは生物がその物質を必要とする程度に依存するところが大きい．たとえば窒素やリンなどは森林生態系で生物の成長を制限する要因となるほど不足しがちであり，より能動的に吸収・保持し生物体内で濃縮され，森林生態系内部での循環が強固になる．その結果，すべての物質が森林生態系の内部を循環して移動しているわけではないが，主要な物質に関しては内部を循環する傾向がみられる．第Ⅲ部では以下に，森林生態系内での主要な物質の移動・集積・循環の特性について，最新の知見を示した．

引用文献

1) Likens GE, Bormann FH, Pierce RS, Eaton JS, Johnson NM (1977) Biogeochemistry of a Forested Ecosystem. 146 pp, Springer-Verlag, New York
2) Shidei T, Kira T (1977) JIBP synthesis Volume 16, Primary production of Japanese forests. University of Tokyo Press, Tokyo
3) 岩坪五郎・堤利夫（1967）森林内外の降水中の養分量について（第2報）京都大学演習林報告 39, 110-124

4) 堤利夫・河原輝彦・四手井綱英（1968）森林生態系における養分の循環について（1）個体および林分の地上部養分量．日本林学会誌 50, 66-74
5) 塚本良則編（1992）森林水文学．文永堂出版
6) Kominami Y, et al. (2008) Biometric and eddy-covariance-based estimates of carbon balance for a warm-temperate mixed forest in Japan. Agricultural and Forest Meteorology 148, 723-737
7) 鈴木雅一（1985）短期水収支法による森林流域からの蒸発散量推定．日本林学会誌 67, 115-125
8) 福嶌義宏・鈴木雅一（1986）山地流域を対象とした水循環モデルの提示と桐生流域の10年連続日・時間記録への適用．京都大学演習林報告 57, 162-185
9) Kosugi Y, Katsuyama M (2007) Evapotranspiration over a Japanese cypress forest. II Comparison of the eddy covariance and water budget methods. Journal of Hydrology 334, 305-311
10) Bormann FH, Likens GE, Melillo JM (1977) Nitrogen budget for an aggrading northern hardwood forest ecosystem. Science 196, 981-983
11) 堤利夫（1989）森林生態学．朝倉出版
12) Tateno R, Fukushima K, Fujimaki R, Shimamura T, Ohgi M, Arai H, Ohte N, Tokuchi N, Yoshioka T (2009) Biomass allocation and nitrogen limitation in a *Cryptomeria japonica* plantation chronosequence. Journal of Forest Research 14, 276-285
13) 南條正巳（1995）土壌コロイドとリン酸イオン．粘土科学 35, 108-119
14) 若尾紀夫（1994）7．土壌におけるリン・イオウ・鉄の形態変化．（土壌生化学，朝倉書店）．132-153
15) Yanai RD (1992) Phosphorus budget of a 70-year-old northern hardwood forest. Biogeochemistry 17, 1-22
16) 大類清和・生原喜久雄・相場芳憲（1993）森林集水域での土壌から渓流への水質変化．日本林学会誌 75, 389-397
17) 図子光太郎・生原喜久雄・相場芳憲（1993）森林土壌の交換性イオンの特性が土壌溶液の動態に及ぼす影響．日本林学会誌 75, 176-184
18) 生原喜久雄・戸田浩人・浦川梨恵子（2008）森林土壌での養分動態特性—東京農工大学フィールドミュージアム（FM）での研究—．森林立地 50, 97-109
19) 澤田智志・加藤秀正（1991）スギおよびヒノキ林の林齢と土壌中の塩基の蓄積との関係．日本土壌肥料学雑誌 62, 49-58

第19章

水の循環

浅野友子

1．森林生態系での物質の循環をつかさどる水

　水は森林生態系の物質循環においてもっとも重要な物質の1つである．植物は根から吸収した水を用いて光合成を行って炭水化物を合成する．土壌からの養分吸収も水を介して行われる．土壌中の養分やそのほかの物質の移動・溶脱も水の移動にともなって生じる．微生物などによる有機物の分解・無機化過程でも水は不可欠である．このように水は森林生態系の物質循環になくてはならないものであるが，土壌中における水の存在は空間的にも時間的にも極めて"不均一"で"非定常"である．森林生態系はそのような物理環境の中で営まれてきた．すなわち，さまざまな生き物が短期間の戦略とともに世代交代や進化も含む長期間におよぶ多様な戦略を駆使し，周囲の環境を変化させながら，ダイナミックな物理環境中で個体や種の維持に必要な水や養分などを獲得してきた結果，現在の森林生態系の物質循環が成り立っているといえる．

　本章では，森林生態系での雨水の貯留や移動を，プロット（表土）スケール，斜面スケール，流域スケールの単位でみていくことにする（図19-1）．プロットスケールでは鉛直一次元方向のA，B，C層を含む表土中の水の移動や土壌－植物間の水のやりとりに焦点を当て，斜面スケールでは，鉛直一次元方向に加え斜面方向（二次元方向）についても考慮する．流域スケールでは，斜面の水が三次元的に集まり，さらに渓流でつながっていく現象を扱う．また，対象とする時間スケールとしては，1回の降雨イベントが起きる時間スケールから年単位の水収支の時間スケールを含む数時間～数年の時間スケールで卓越する水移動について，それぞれ降雨中や降雨直後を指す「洪水時」と，雨がやんでしばらく後から次の降雨までの期間を示す「平水時」に分けて説明する．

Water cycling; Asano, Yuko

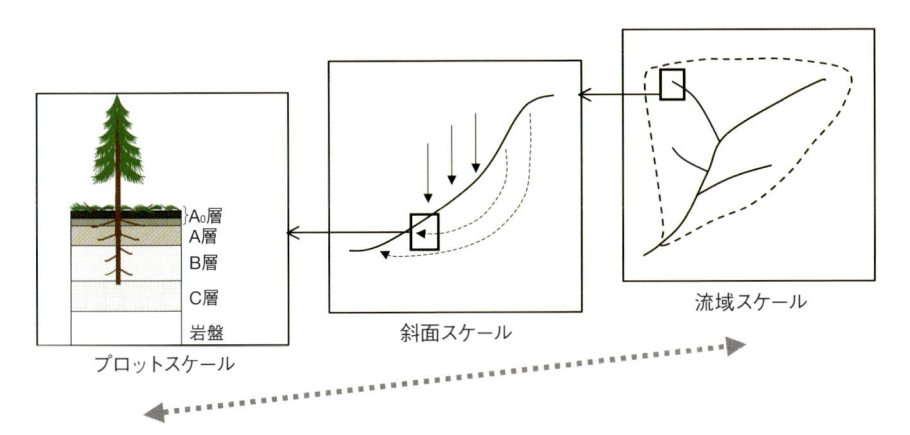

図19-1　空間スケールの概念図　プロットスケール，斜面スケール，流域スケール

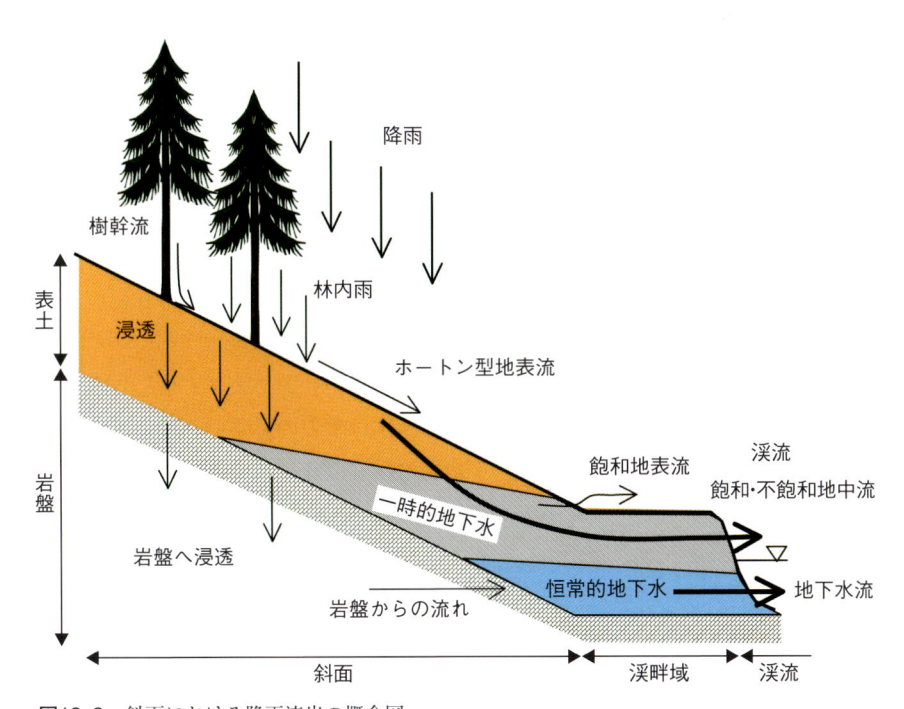

図19-2　斜面における降雨流出の概念図

森林に降った雨は，樹冠を通過し，林内雨あるいは樹木の幹を伝って流れる樹幹流として地表面に到達する（図19-2）．降水の移動経路は大きく分けて地表面の水の流れと地中の水の流れがある．地中で雨水は不飽和の土壌水と飽和の地下水として貯留されている．飽和の地下水は，平水時にもつねに存在する恒常的地下水と，洪水時に一時的に形成される一時的地下水に分けられる．日本列島のように降水量が多く山がちな地域では，森林土壌や斜面は降水をすばやく排水させるシステムを有している場合が多い．その一方で，森林土壌や斜面には水を貯留する機能があるため，雨の降らない期間が続いても渓流には水がとぎれることがない．ここではそのような雨水流出の実態について概説し，あわせてそれらが森林生態系の物質循環に与える影響について最近明らかになってきた事例を紹介する．雨水流出の詳細を知りたい方は他の文献も参照してほしい（章末参考図書）．

2．プロットスケール

森林土壌では一般に降雨強度に比べて土壌が水を吸収する能力（浸透能）が大きいため，雨水のほとんどは土壌にしみこむ．森林土壌は大小さまざまの孔隙が存在する極めて不均一な構造をしている．このため，洪水時には，雨水は土壌中を一様に浸透するのではなく，巨大孔隙といわれる大きな孔隙を選んですばやく下方に流れ下る[1,2]．巨大孔隙は乾燥など物理的作用による土壌の亀裂（クラック）や，根の腐朽，地中小動物の通路など生物作用により形成されたものである．

一方，平水時のゆっくりした不飽和浸透は大きい孔隙をよりもむしろ小さい孔隙（土壌マトリックス）を通して起こる．水は重力の影響で一般に下向きに流れる（下向きのフラックス）が，平水時には蒸散作用による根の吸水により地表付近の水ポテンシャルが低下するために地表付近では上向きの水の流れが生じる（上向きのフラックス）．上向きのフラックスは土壌が深くなるとやがて下向きのフラックスに変化する．このフラックスの向きが変わる深さをゼロフラックス面とよぶ．雨の降らない日が続くと森林でもゼロフラックス面の深さは地表から1m程度まで低下する[3]．

以上のようにプロットスケールでみた場合，基本的には鉛直方向の流れが卓越するが，流れの大きさ，移動する経路は洪水時と平水時で大きく変化する．一方で，土壌タイプによって土壌孔隙径の構成が異なるために，それぞれのサ

イズの孔隙が水移動経路として果たす役割は土壌タイプによって異なる．たとえば，粘質な土壌では見た目にもはっきりとした構造をもつ巨大孔隙が発達しやすいが，砂質土壌でははっきりとした構造をもつ巨大孔隙は生じにくい．しかしいずれのタイプの土壌においても水の流れは程度の違いはあるものの巨大孔隙を選択的に流れる不均一なものとなる．

このような森林土壌における不均一で非定常な水移動形態は森林生態系の物質循環に影響を与えている．たとえば樹木は根を雨水の"排水路"であり"水脈"である巨大孔隙付近に集中分布させることが確認されてきたが，最近では巨大孔隙の周辺の土壌は，巨大孔隙から離れている土壌に比べ有機物の含量が多く生物的な活動が活発であることや[4]，巨大孔隙を流れる土壌水とより小さな孔隙を通過する土壌水を比較すると，溶存有機炭素（DOC）や硝酸イオン（NO_3^-）濃度に違いがみられることが示されている[5]．プロットスケールやそれよりも小さいスケールでの物質循環の解明には，このような土壌中の水の流れの不均一性，非定常性とともに，とくに巨大孔隙の分布と特性について理解することが重要である．

3．斜面スケール

斜面を流れる水のうち，地表面の水の流れには，降雨強度が地表の浸透能を上回った際に発生するホートン型地表流や，いったん地中にしみこんだ水が地下水位を上昇させ，地下水面が地表面に達することにより生じる飽和地表流などがある（図19-2）．ホートン型地表流は，間伐遅れで荒廃したヒノキ林や林道などでの報告がある[6]が，日本では一般的には起こりにくいと考えられている．通常ほとんどの雨水はいったん地中にしみこむ．浸透した雨水は表土層と岩盤の境界面に達すると，透水性の低い岩盤上で一時的に飽和地下水帯を形成し，岩盤上を斜面下方（側方）に向かって流れ出す（図19-2）．この場合の水の移動も，斜面に沿うように土壌中に連続して発達する巨大孔隙が選択され，孔隙中を流れる水は周囲の土壌に含まれる水や斜面下端の恒常的な地下水とはほとんど混ざらずに流出する[7,8]．またこのような選択的な水移動が卓越するにもかかわらず，洪水時に渓流へ流れ出す水の大部分はそのときに降っている雨水ではなく，降雨前から斜面内にあった水である[9]．つまり洪水時には長期間斜面に貯留されていた水が巨大孔隙を通ってすばやく流れ出し，渓流の流量を大きく変化させているといえる．

岩盤内へ浸透する水は少ないと考えられてきたが，近年，岩盤の透水性は思ったほど小さくないことや，岩盤中に浸透した水が岩盤内の割れ目などをつたって側方に移動し，斜面の下端で表土中にしみ出したり，湧水として地表に湧きだして渓流のはじまる地点となったりしていることが明らかとなっている[10,11]．また，平水時の渓流水の多くは岩盤中を通過してきた雨水であること[12]や，岩盤中の浸透経路が渓流水の滞留時間に大きく影響を与えること[13]が報告されている．さらには，斜面下端の限られた狭い範囲で起こる岩盤からの表土層中への地下水のしみだしにより，その直上の地表付近の土壌は他の斜面部位に比べて湿潤になる[14]．

まとめると，斜面下方に向かう水の流れは以下のように概観できる．降雨時には表土と岩盤の境界面で一時的な飽和地下水帯を形成し，岩盤の上の表土中を流れ下る水流となる．その水の流れ方は大きな孔隙を選択的に通る不均一な流れである．一方で，平水時には岩盤の上ではなく岩盤中を側方へと流れる水移動が主となる．そのため，平水時には渓流水の多くは岩盤中を通過してきた水であり，また斜面の表土の水分分布も岩盤からしみ出す地下水の影響を受ける．

洪水時に巨大孔隙をすばやく流れる水移動経路は養分物質の生態系外への流亡に大きく関わることが予想される．しかし，洪水時の水の流れはすばやく選択的であるにもかかわらず，流出水の硝酸濃度は予測より低く抑えられており，降水中や土壌水中に含まれる窒素は地表付近の有機質土壌ですばやく吸収されると考えられている[15]．また，これまで生態系の物質収支の計算は水収支が閉じていること（調査単位である集水域に降る雨水のうち，蒸発散量として大気に戻るもの以外はすべて集水域下端の渓流を通過する）を前提にしてきた．しかし，とくに調査単位が斜面や小流域と小さい場合には，集水域に降った雨水の一部が岩盤の割れ目を通って隣の斜面へ流出したり，より下流の地点で渓流に流出したりしていることがあり，これらの岩盤中の水の流れが集水域単位での物質収支の計算結果に影響をおよぼす場合があることが明らかになっている[16]．岩盤中の水移動経路はまた，酸性雨の流域内における中和や渓流の硝酸濃度の変動に大きく影響を与えている[17,18]．

4．流域スケール

急峻な山地地形においては，斜面と渓流が直接つながっていることが多く，

渓畔域（riparian zone）とよばれる斜面と渓流の境界に位置する地形はあまり発達しない（図19-2）．このような地形条件下では，斜面を流れ下ってきた水は直接渓流に達する．一方，斜面と渓流の間に渓畔域が存在する流域では，渓畔域が雨水流出に影響する．渓畔域には恒常的に地下水帯が存在し，斜面から流れてきた水はその地下水帯を通過して渓流に達する．平水時や雨の降りはじめには，渓畔域からゆっくり流れ出る地下水が渓流水の主成分であるが，洪水時には斜面から供給される水が，渓畔域の地下水帯の水とはほとんど混ざらずに直接流出し渓流の主成分となる[19]．また，平水時に渓流を流れる水は，流下の際に渓畔域の渓流付近の堆積物や河床堆積物中の水と混合する．このような渓流水と地中の水の混合が起こる領域をハイポレイックゾーン（hyporheic zone）という．ハイポレイックゾーンがよく発達するゆるやかな山地流域では渓畔域のほとんどない急峻な山地流域に比べて渓流水の滞留時間が長くなる．

平水時に流域の大きさと流出応答について調べたところ，同じ気候，地質，土地利用条件下で，地形や集水面積がほぼ同じとなり合う斜面であっても，斜面間で水量や水質が異なるが，集水面積がある程度大きくなると異なる斜面からの水が合流し混ざり合うことにより斜面の流出応答の空間的なばらつきは打ち消されて，流量や水質が一定してくることが明らかとなってきた[20, 21]．一方，洪水時に斜面間の流出応答のばらつきが下流の流出におよぼす影響についてはわからないことが多い．このような斜面や小流域間のばらつきはその大きさや原因についてまだ不明な点が多いが，斜面や小流域を調査単位とする場合に理解しておく必要がある．

流域スケールの物質循環においては，斜面の森林生態系に加え渓流内の生態系が関与する．急峻な山地地形下では，渓流流下過程での硝酸などの養分イオン濃度の変化は小さく，渓流生態系が渓流水質，ひいては流域スケールでの物質循環におよぼす影響は小さいと考えられる[21]．一方で，ハイポレイックゾーンが大きい渓流では，渓流内にあるリターからの窒素やリンの溶脱や生物による養分吸収など渓流生態系での物質循環が影響力をもつと考えられる．

5．まとめ

ここで説明した内容の多くは，1990年以降に明らかになってきたことである．その背景にはさまざまなセンサーの開発や記録機器の進歩により，現地での水の移動が詳しく調べられるようになったことに加え，水質や安定同位体などト

レーザ観測も取り入れることで水の起源や年代，混合の過程が詳細にわかるようになってきたことがある．今後，水移動の実態とあわせて物質循環をみることにより，森林生態系の物質循環の解明が進むものと期待できる．

引用文献

1) 平松晋也・熊沢至朗（2002）樹木根系の存在が森林土壌中の水分移動に与える影響．砂防学会誌 55(4), 12-22
2) Weiler M, Fluehler, H (2004) Inferring flow types from dye patterns in macroporous soils. Geoderma DOI: 10.1016/j.geoderma.2003.08.014
3) Tsujimura M, Tanaka T (1998): Evaluation of evaporation rate from forested soil surface using stable isotopic composition of soil water in a headwater basin. Hydrological Processes 12, 2093-2103
4) Bundt M, Widmer, F Pesaro M, Zeyer J, Blaser P. (2001) Preferential fow paths: biological 'hot spots' in soils. Soil Biology & Biochemistry 33, 729-738
5) Asano Y, Compton JE, Church MR (2006) Hydrologic flowpaths influence inorganic and organic nutrient leaching in a forest soil. Biogeochemistry, DOI 10.1007/s10533-006-9036-4
6) 恩田裕一編（2008）人工林荒廃と水・土砂流出の実態．245pp, 岩波書店
7) McDonnell JJ (1990). A rationale for old water discharge through macropores in a steep, humid catchment. Water Resources Research 26, 2821-2832
8) Uchida T, Kosugi K, Mizuyama T (2001) Effects of pipeflow on hydrological process and its relation to landslide: A review of pipeflow studies in forested headwater catchments. Hydrological Processes 15, 2151-2174
9) Buttle JM (1994) Isotope hydrograph separations and rapid delivery of pre-event water from drainage basins. Progress in Physical Geography 18, 16-41
10) Montgomery DR, Dietrich WE, Torres R, Anderson SP, Loague K (1997) Hydrologic response of a steep unchanneled valley to natural and applied rainfall. Water Resources Research 33, 91-109
11) Kosugi K, Katsura S, Katsuyama M, Mizuyama T (2006) Water flow processes in weathered granitic bedrock and their effects on runoff generation in a small headwater catchment. Water Resources Research 42, W02414, doi:10.1029/2005WR004275
12) Uchida T, Asano Y, Ohte N, Mizuyama T (2003) Seepage area and rate of bedrock groundwater discharge at a granitic unchanneled hillslope. Water Resources Research 39, 1018, doi:10.1029/2002WR001298
13) Asano Y, Uchida T, Ohte N. (2002) Residence times and flow paths of water in steep unchannelled catchments, Tanakami, Japan. Journal of Hydrology 261, 173-192
14) 西口幸希・内田太郎・水山高久・小杉 賢一朗（2005）山地源頭部における土壌間隙水圧の空間分布の観測．砂防学会誌 57(5), 53-58
15) Hill AR, Kemp WA, Buttle, JM, Goodyear D (1999) Nitrogen chemistry of subsurface storm runoff on forested Canadian Shield hillslopes. Water Resources

Research 35, 811-821
16）小田智基・浅野友子・鈴木 雅一（2008）塩化物イオンの物質収支を用いた新第三紀層山地小流域における深部地下水浸透量の推定．水文・水資源学会誌21(3)，195-204
17）Ohte N, Tokuchi N, Katsuyama M, Hobara S, Asano Y, Koba K (2003) Episodic increases in nitrate concentrations in streamwater due to the partial dieback of a pine forest in Japan: runoff generation processes control seasonality. Hydrological Processes 17, 237-249
18）Asano Y, Uchida T (2005) Quantifying the role of forest soil and bedrock in the acid neutralization of surface water in steep hillslope. Environmental Pollution 133, 467-480
19）McGlynn BL, McDonnell JJ. (2003) Quantifying the relative contributions of riparian and hillslope zones to catchment runoff. Water Resources Research 39, 1310, doi:10.1029/2003WR002091
20）Wood EF, Sivapalan M, Beven K, Band L (1988) Effects of spatial variability and scale with implications to hydrologic modeling. Journal of Hydrology 102, 29-47
21）Asano Y, Uchida T, Mimasu Y, Ohte N. (2009) Spatial patterns of stream solute concentrations in a steep mountainous catchment with a homogeneous landscape. Water Resources Research 45, W10432, doi:10.1029/2008WR007466

参考図書

塚本良則編（1995）森林水文学．319pp，文永堂出版
塚本良則（1998）森林・水・土の保全．138pp，朝倉書店
恩田裕一・奥西一夫・飯田智之・辻村真貴編（1996）水文地形学―山地の水循環と地形変化の相互作用―．267pp，古今書院
恩田裕一編（2008）人工林荒廃と水・土砂流出の実態．245pp，岩波書店
森林水文学編集委員会編（2007）森林水文学．337pp，森北出版

第20章

炭素の循環

上村真由子

1. 炭素循環のパターン

　炭素は森林生態系の物質循環の基本的な要素である．光合成は，無機物から有機物を生成し，その中に太陽エネルギーを封じ込めることができる．そのため，光合成を行うことのできる植物は生産者とよばれる．光合成により生産された有機物は植物体自身の蓄えとなり，各器官の機能を維持し成長させるために行われる呼吸の基質となる．さらに植物は自身の生産した有機物を，自ら有機物を生産できない消費者や分解者に提供し，それらの生命活動を維持する．植物が生産した有機物は生産者自身，消費者，分解者に利用され，それぞれがエネルギーを得た後に炭素は無機化され，二酸化炭素となって大気中に放出される．この二酸化炭素は再度樹木に吸収され，以上の循環をくり返す．このように，大部分の炭素が森林と大気の間を循環するため，炭素循環は外部循環系ともよばれる．地球上の生物圏に存在するほとんどすべての生物は，この光合成生産の恩恵を受けて活動している．広い意味では，石油や石炭といった化石燃料も過去の植物の光合成活動により生産された有機物であり，過去に固定された太陽エネルギーがその源である．現在までの人間活動のほとんどすべてが，植物の光合成生産に依存していることは驚くべきことである．本章では，森林を構成する主な植物である樹木の活動を主体にして記述する．また，別の炭素循環パターンとして，森林土壌のメタン（CH_4）吸収についても紹介する．

2. 光合成

　樹木は葉に葉緑体をもち光合成を行う．光合成とは，葉の表面の気孔から得られる大気中の二酸化炭素と，根から得られる水と，日射として降り注ぐ太陽

Carbon cycling; Jomura, Mayuko

エネルギーを元に，炭水化物と水が生産されるプロセスのことである．したがって，光合成速度はこれらの要因の変動とともに，大きく変化する[1]．太陽の動きにともなって，昼間に光合成速度は上昇し，雲によって日射が遮られれば光合成速度は低下する．日射のない夜間は光合成が行われず，葉自身の呼吸によって，逆に炭水化物を消費して二酸化炭素を放出する．日射と光合成速度の関係は，ある日射の強さまで速度が増加しそれ以上は一定速度を保つ．また，大気二酸化炭素濃度も光合成速度に影響を与え，ある濃度までは増加しそれ以上で一定速度を保つ．温度に対しては指数関数的に増加し，酵素が活性を失う高温域で急激に減少する．水は根から吸収され，幹や枝を通って葉へ供給される．水の供給が少なければ光合成活動も抑制される（第Ⅱ部第13章参照）．

3．独立栄養呼吸

樹木は自身の器官を維持あるいは成長させる場合に，光合成活動で生産した炭水化物をミトコンドリアにおいて酸化し，アデノシン3リン酸（ATP）を生産してエネルギーとしており，これらの無機化作用を独立栄養呼吸（R_a）とよぶ．また，細胞の維持や器官の修復のためにATPを生産するプロセスを維持呼吸といい，新しく器官をつくるときに発生するものを構成呼吸（もしくは成長呼吸）という．形成層で細胞が生成され幹が太るときや，枝や根の伸長，葉や生殖器官の展開時に構成呼吸は増加する．森林では，葉面積指数（群落単位地表面積あたりの葉面積のことでLAI: Leaf area indexともよぶ）の季節変化や開花結実といったフェノロジー（生物季節）の時間的な変化があり，呼吸量が複雑に季節変動する[2]．その他に，光合成に必要なイオンを根が吸収する際の呼吸をイオン吸収呼吸とよぶ．根の呼吸は，木化した根と白根とよばれる細根では呼吸速度が大きく異なる．これは白根がイオン吸収を行っているためで，その重量あたりの呼吸活性は木化した根の数倍から数十倍にもおよぶ[3,4]．しかし，白根は直径が1 mm以下と極めて細い場合が多いので，その現存量は小さく，イオン吸収呼吸量が全体の呼吸量に占める割合はそれほど多くはない．

4．枯死・脱落

樹木はそれぞれの生活環や環境要因に応じて，樹体の葉や枝などの器官を枯死させ，脱落させる．器官によってその発生から枯死までの時間（回転速度という）は異なり，葉の場合，落葉樹では1年以下，常緑樹であれば樹種によっ

て2～8年程度となる．細根も回転速度が速く，数カ月から1年程度と確認されているが，詳細はよくわかっていない．枝や幹といった構造的な部分では，枯死の原因はさまざまであり，回転速度を一概に決めることができない．寿命だけでなく，撹乱といった外部因子による影響も大きい．日本では，台風や山火事，夏場の乾燥，雪害などさまざまな要因の強さや頻度によって，枯死する樹木の部位や量は大きく変動する．枯死した樹体の器官の多くは樹体から脱落し，土壌表面に落下する．一部は枯死した後も樹体についたまま空中に存在する場合や，枯死してもすぐに倒伏せず立ち枯れた状態で空中に存在する場合もある．これらは風などの外部因子や，根部分の分解の進行によって時間をかけて土壌へ落下する．枯死した器官が土壌へ落下するか否かは，有機物を分解する微生物との接触や含水率等の環境要因が影響するため，落下後の分解・消失速度にも大きな影響をおよぼす[5]．

5．従属栄養呼吸

枯死脱落した樹木の器官は分解者の食物となる．分解者とは，バクテリアや菌類といった微生物から，ダニ，トビムシ，ミミズといった土壌動物までを含み，それぞれの生活環に応じて有機物を分解し，エネルギーを獲得する．森林生態系で分解される有機物は，地上部では落葉落枝や枯死木，地下部では枯死根や根からの滲出物があり，これらが分解・再合成・縮合されて生じた腐植などの土壌有機物がある．さらに，植物起源だけでなく動物起源の有機物も含まれる．これらのさまざまな有機物が分解される過程で二酸化炭素が放出され，その総体が森林の分解呼吸量（従属栄養呼吸 R_h）となる．分解速度は，分解者の種類や分解される有機物の基質の違い，化学反応を物理的に制御する環境要因の違いによって大きく変化する[6]．有機物の基質は，セルロースやヘミセルロースといった炭素鎖からなる分解されやすいものから，リグニンといった炭素環のたくさんついた分解されにくいものまで多岐にわたる．環境要因としては温度と含水率が上げられる．分解呼吸量は，温度の上昇に対しては指数関数的に増加し，水分環境に対しては乾燥や過湿条件で分解は妨げられる．日本では，梅雨にともない含水率が上昇した後に気温が上昇するため，夏場の分解速度は極めて高くなる（第Ⅱ部第16章参照）．

6. 純一次生産量

　純一次生産量（NPP；純生産量ともいう．第Ⅱ部第13章参照）とは，樹木による炭素の固定量である（図20-1）．これはつまり，樹木による光合成量（GPP；総生産量ともよぶ）から，独立栄養呼吸（R_a）を差し引いたものと同じものになる．

$$NPP = GPP - R_a$$

　しかし，実際にNPPを推定する場合には，いくつかのプロセスの定量化が必要である．まず根の成長量，とくに細根の成長量の推定が重要である．ミニライゾトロンといった細根の成長を直接的に観察する道具やイングロースコア法といったコア内に新規に発生した細根を定量する方法が用いられている[7]．このような技術的な工夫によって推定を試みていない場合は，NPPの推定値を不確かにする要素となっている．次に，植物の根からの滲出物として共生している菌根菌や根圏の微生物に与える有機物も重要である．単独での測定に成功した例は極めて限られ，定量化は今のところ極めて難しいが，滲出物の多くは根圏（根とそのごく周辺の環境）における土壌呼吸や根呼吸に含まれているとも考えられる．また，植物の葉から放出される匂いの成分である揮発性有機炭素（BVOC）もある[8]．さらに，昆虫や大型動物による被食量もNPPの推定に含まれなければならないが，おおよその場合，量が少ないとして定量されないことが多い．NPPを植物の成長量で求める場合，以上の部分の欠落によって真の値から最大数十パーセントを過小評価している可能性がある．

7. 生態系純生産量

　近年，森林の炭素固定量を定量するために多くの試みがなされており，気象観測タワーを設置する微気象学的な手法や，葉や幹や根，土壌などについて森林のさまざまな場所における二酸化炭素の吸収や放出量を測定して積み上げる方法がある．

　生態系全体に固定される炭素量の概念として生態系純生産量（NEP）が用いられる．つまり，NEPは，森林生態系全体による二酸化炭素の吸収量を意味しており，ある期間の生態系に入ってくる光合成量（GPP）から，独立栄養呼吸（R_a）と，従属栄養呼吸（R_h）を差し引いたもので表される．

$$NEP = GPP - R_a - R_h$$

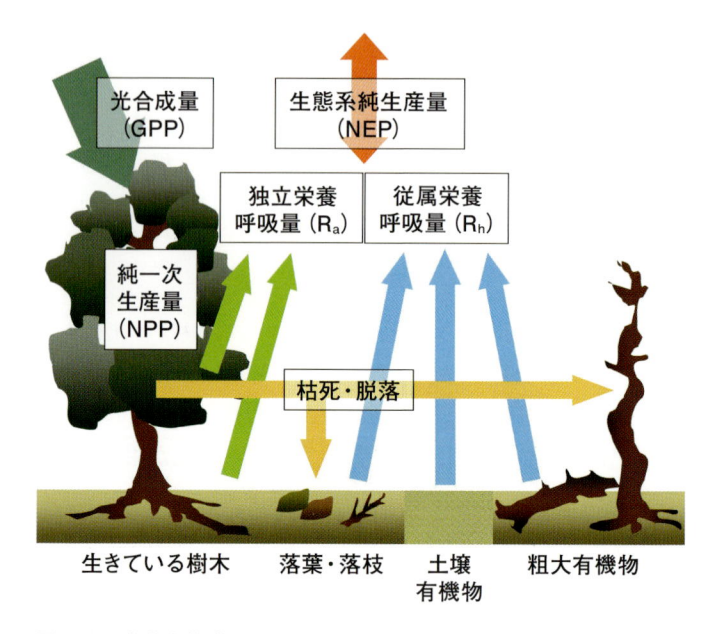

図20-1 森林生態系における炭素のフローと総生産量（GPP），純一次生産量（NPP），生態系純生産量（NEP），独立栄養呼吸（R_a），従属栄養呼吸（R_h）の関係．$NEP = GPP - R_a - R_h = NPP - R_h$，$NPP = GPP - R_a$

　光合成量から植物の呼吸量を差し引いたものが樹木への炭素の蓄積量で，純一次生産量（NPP）と同等のものとなるので，NEP は以下のようにも表される．

$$NEP = NPP - R_h$$

　さらに NPP は，樹木の成長部分（ΔP）と，枯死・脱落する部分に分けることができる．枯死・脱落したものは分解者へ供給された後に分解呼吸として消費され，その差し引きが土壌への炭素蓄積量（ΔS）となる．したがって NEP は以下のようにも表される．

$$NEP = \Delta P + \Delta S$$

　森林が定常状態にあり撹乱のない場合には，GPP と R_a（おおよそ GPP の 50％），R_h（GPP の 40〜50％），溶脱（GPP の 0〜10％）との総和がおおよそ同じ程度となり，NEP はゼロに近づくといわれている[9]．しかし，たいていの生態系は，炭素の純獲得あるいは純損失のどちらかであり（それぞれ，プラスあるいはマイナスの NEP で表す），GPP とさまざまな炭素放出の総量が同じ

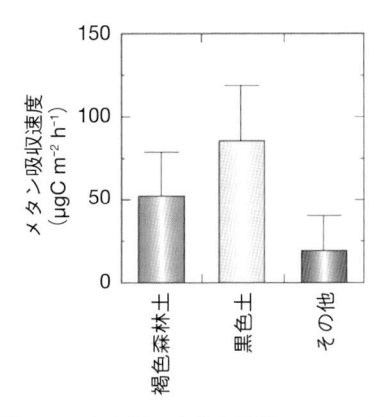

図20-2 わが国の森林土壌群のメタン吸収速度の比較.（Morishita et al.[11] より作図）

になることはほとんどない．日本やその他の多くの森林では，過去に撹乱を受け，それにともなう遷移の途中段階にある．このような森林では，過去の撹乱による樹木の枯死，それらの分解，それにともなう土壌への炭素蓄積といった土壌圏における炭素の収支が，NEPを決定する重要な項目となることが近年の研究により明らかになってきた[10]．

8．メタン吸収

陸域生態系の湿地や水田では嫌気的環境が生じ，土壌中有機物は最終的にメタン（CH_4）へと分解され，大気へ放出されることが知られている．一方，森林土壌は一般的に好気的環境にあり，このような土壌中ではメタンの消費（CH_4 consumption）が生じている．メタン消費とは，メタン酸化菌（methane oxidizing bacteria，もしくは Methanotroph）とよばれる好気性細菌が，メタンをメタノール，ホルムアルデヒドを経て，二酸化炭素に酸化する反応（CH_4 oxidation）である．多くの場合，これらメタン酸化菌の活動によって，森林土壌は大気メタンの吸収源としてふるまっており，この現象をメタン吸収（CH_4 uptake）という．わが国の森林では，黒色土が他の土壌よりも大きなメタン吸収をもっている[11]（図20-2）．これは，黒色土が他の土壌に比べて容積重が小さく，大気のメタンが土壌中へ拡散しやすいためであると考えられる[12]．ただし，森林生態系全体（たとえば集水域）におけるメタン動態を評価する際には，研究目的や空間スケールに応じて，葉[13]や河畔域[14]におけるメタン放出も考

慮する必要がある．

引用文献

1) Landsberg JJ, Gower ST (1996) Applications of physiological ecology to forest management, In "Carbon balance of forests", Academic Press, pp128-163
2) Miyama T, Kominami Y, Tamai K, Goto Y, Jomura M, Dannoura M, Kawahara T (2006) Component and seasonal variation of nighttime whole-system respiration in a Japanese broad-leaved secondary forest. Tellus 58B, 550-558
3) Dannoura M, Kominami Y, Tamai K, Jomura M, Miyama T, Goto Y, Kanazawa Y (2006) Development of an automatic chamber system for long-term measurements of CO_2 flux from roots. TellusB 58B, 502-512
4) Makita N, Hirano Y, Dannoura M, Kominami Y, Mizoguchi T, Ishii H, Kanazawa Y (2009) Fine root morphological traits determine variation in root respiration of *Quercus serrata*. Tree physiology 29, 579-585
5) Jomura M, Kominami Y, Dannoura M, Kanazawa Y (2008) Spatial variation in respiration from coarse woody debris in a temperate secondary broad-leaved forest in Japan. Forest Ecology and Management 255, 149-155
6) Berg B, McClaugherty C (2003 In "Plant Litter: Decomposition, Humus Formation, Carbon Sequestration, Springer" Decomposition as a process. pp11-30
7) Satomura T, Hashimoto Y, Koizumi H, Nakane K, Horikoshi T (2006) Seasonal patterns of fine root demography in a cool-temperate deciduous forest in central Japan. Ecological Research 21, 741-753
8) Okumura M, Tani A, Kominami Y, Takanashi S, Kosugi Y, Miyama T, Tohno S (2008) Isoprene emission characteristics of *Quercus serrata* in a deciduous broad-leaved forest. Journal of Agriculture Meteorology 64, 49-60
9) Chapin S, Matson PA, Mooney HA (2002) Carbon input to terrestrial ecosystems. In "Principles of terrestrial ecosystem ecology", Chapin S. et al. (eds.), pp97-122
10) Kominami Y et al. (2008) Biometric and eddy-covariance-based estimates of carbon balance for a warm-temperate mixed forest in Japan. Agricultural and Forest Meteorology 148, 723-737
11) Morishita T et al. (2007) Methane uptake and nitrous oxide emission in Japanese forest soils and their relationship to soil and vegetation types. Soil Science and Plant Nutrition 53, 678-691
12) Hashimoto S, Morishita T, Sakata T, Ishizuka S, Kaneko S, Takahashi M (2011) Simple models for soil CO_2, CH_4, and N_2O fluxes calibrated using a Bayesian approach and multi-site data. Ecological Modelling 222, 1283-1292
13) Keppler F, Hamilton JT, Brass M, Röckmann T (2006) Methane emissions from terrestrial plants under aerobic conditions. Nature 439, 187-191
14) Terazawa K, Ishizuka S, Sakata T, Yamada K, Takahashi M (2007) Methane emissions from stems of *Fraxinus mandshurica* var. *japonica* trees in a floodplain forest. Soil Biology and Biochemistry 39, 2689-2692

第21章

窒素の循環

福島慶太郎

1. はじめに

　窒素は生物にとって多量必須元素の1つである．ところが，大気中の78%を占める窒素は生物的に不活性なガス態（N_2）である．ほとんどの植物はN_2を利用することができず，主にアンモニウムイオン（NH_4^+）および硝酸イオン（NO_3^-）といった無機態窒素の形態で吸収する．森林生態系には，主に大気中の粉塵やガス態の窒素酸化物（NO_x）が樹冠や土壌に沈着（乾性沈着）したり，それらが降雨に溶けて降下（湿性沈着）したりすることによって，無機態・有機態のさまざまな形態の窒素が流入する．一方，森林土壌に含まれる窒素のほとんどは有機態であり，植物に利用可能な無機態窒素の現存量は一般に全窒素量の2〜3%以下と非常に少ない．一般に温帯の森林生態系では，植物の窒素要求量に対して生態系外部からの窒素流入量や土壌中の無機態窒素現存量が少ないため，窒素が植物の成長（純一次生産量）の第一の制限要因となることが多い[1]．森林生態系における窒素循環は以下でみるように非常に複雑多様なものであるが，森林の生産性を評価する上で重要な指標となる．

2. 窒素の内部循環

　森林生態系内では，植生と土壌間で閉鎖的な窒素循環が卓越する（図21-1）．すなわち，植物体内でタンパク質やDNA構造内に存在する有機態窒素が，落葉落枝（リター）として土壌表層に供給されると，土壌動物や土壌微生物によってNH_4^+（アンモニウム化）やNO_3^-（硝化または硝酸化成）といった無機態窒素に変換（無機化）される．生成した無機態窒素は，再び植物に吸収され，同化される．この分解・再循環過程を窒素の内部循環とよぶ．窒素の内部循環

Nitrogen cycling; Fukushima, Keitaro

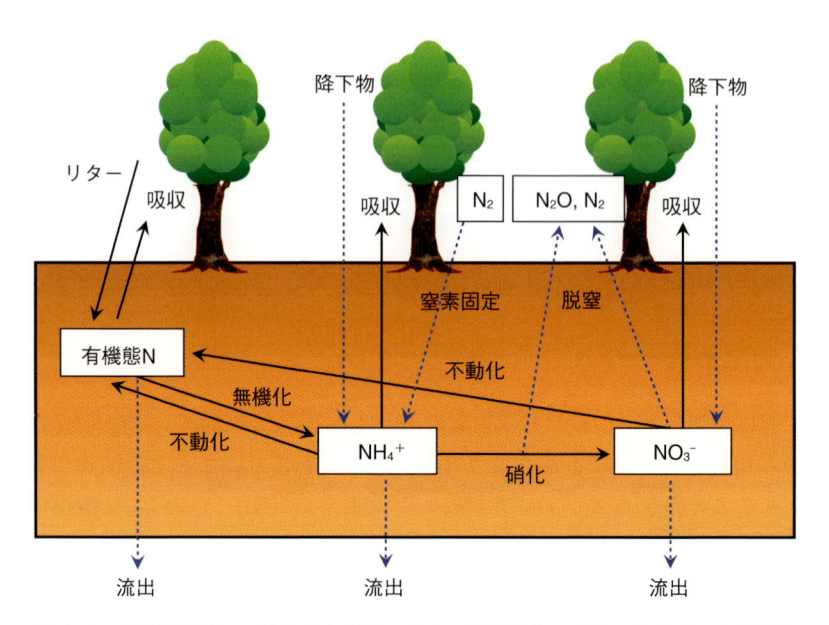

図21-1 森林生態系における主な窒素の動き・形態変化の様子．実線が内部循環系，点線が外部循環系を示す．

系を把握するためには，土壌における窒素動態を理解する必要がある．植物の養分である無機態窒素は，土壌微生物にとっても必須の養分であり，微生物体にも取り込まれる（不動化または有機化）．そのため土壌中の無機態窒素を巡る植物と微生物との競合が存在する[2]．したがって，窒素の内部循環系において土壌中の可給態窒素量（植物が利用可能な窒素）が植物の生産性を規定することとなり，土壌中の可給態窒素量の測定は森林生態系の窒素循環の把握のために必要不可欠である．従来，土壌中の NO_3^- は植物への吸収や，系外への流出が主な経路であると考えられていた．近年の窒素安定同位体を用いた研究（安定同位体希釈法）から NO_3^- の不動化も土壌中の NO_3^- を規定する重要な経路であることが報告された．NO_3^- の不動化は土壌中の無機態窒素の動態が複雑であることを意味しており，その点で NO_3^- の不動化を決める要因の把握が急がれている[3,4]．

土壌における窒素無機化・不動化プロセスは，土壌の炭素動態と密接に関連する．土壌微生物のうち，主な硝化細菌は NH_4^+ を酸化することでエネルギーを得る独立栄養（性）であるのに対し，有機態窒素を NH_4^+ に変換する細菌や

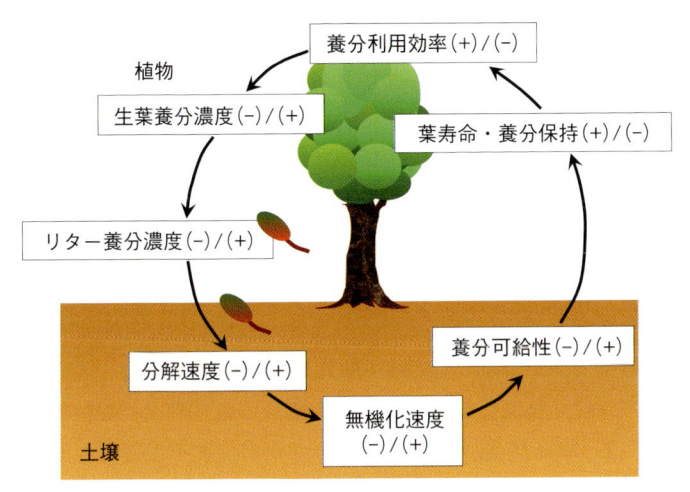

図21-2 土壌の養分可給性に応じた内部循環系のフィードバックの概念図. 土壌の養分可給性が低い場合（－）／高い場合（＋）に分けて，各プロセスについて低下・減少するときに（－），上昇・増加するときに（＋）を記した.

NH_4^+やNO_3^-を不動化する細菌は，従属栄養（性）であり，土壌有機物を炭素源として利用する．土壌有機物の炭素量と窒素量の比はC：N比（C/N比）とよばれ，土壌有機物の質を示す指標である．土壌有機物のC：N比が高いときは従属栄養性の微生物が優占し，無機態窒素の不動化が卓越するので硝化は起こりにくい．それに対してC：N比の低い土壌では独立栄養性である硝化細菌の活性が高まり，硝化が進み土壌中のNO_3^-現存量が多くなると考えられる．一方，植物は無機態窒素しか利用できないと考えられてきたが，アミノ酸などの低分子の有機態窒素も直接吸収できる植物が存在することが明らかになり，有機態窒素動態の重要性が認識されはじめている[5]．年間を通じて無機化速度の遅い北方の針葉樹林では，土壌中の無機態窒素の現存量が少なく，土壌中のアミノ酸が植物の窒素源として重要であることが指摘されている[6]．

また，可給態窒素が少ない貧栄養な土壌には，窒素の利用効率が高い樹種が優占し，植物体内で窒素を長く保持することにより森林が維持される（図21-2）．植物は落葉期になると葉から樹体に窒素を引き戻すことが知られている．この窒素の引き戻しが，窒素利用効率の高い植物では大きいためリター中の窒素濃度が低くなる．そのため，リター分解が遅くなり有機態窒素が無機化して植物に再吸収されるまでにより多くの時間を要する．リター中の窒素濃度が低

くC:N比が高いリターは，分解過程において微生物による窒素の不動化が卓越し，窒素無機化により多くの時間が必要となるため，土壌の窒素可給性がさらに低下する．また，貧栄養の土壌に育つ植物は，昆虫等による被食によって持ち出される窒素をより少なくするために，食害防御物質の1つであるタンニン含有量が高い傾向にあることが報告されている．タンニンが土壌に供給されると難分解性の窒素化合物が生成され，土壌の窒素可給性が低下する要因となる．逆に，窒素の可給性が高い肥沃な土壌では，窒素利用効率が低く生産性の高い植物が優占する．これらの植物は落葉時の窒素引き戻し率が低いため，リターの窒素濃度が高い，あるいはC:N比が低い傾向にある．このようなリターは土壌での分解・無機化が速く，土壌の窒素可給性が高く維持される．

Vitousek[7]はハワイ諸島において各島の成立年代とそこに存在する森林の養分循環との関係を詳細に調査し，熔岩から島が成立した直後は窒素が植物の成長の制限要因となっているが，島の成立から数十万年以上経過した森林では，窒素は系外からの継続的な流入によって充足され，数百万年経過した森林では岩石の風化によって失われるリンが窒素に変わって植物の成長の制限要因になることを示した．島の成立年代に対応した土壌の窒素可給性の変化は，図21-2に示したような植物の生葉の窒素濃度，リターの窒素濃度，有機物の分解・無機化速度にも変化を与えていた．

3．窒素の外部循環

植生 - 土壌間における窒素の内部循環に対し，乾性・湿性沈着のほか，大気からの窒素取り込みや，土壌から大気への窒素放出，土壌から渓流への窒素流出を窒素の外部循環（系）という（図21-1）．窒素固定細菌は，大気中の窒素ガスをアンモニウム態窒素に還元できる細菌で，植物体内や外生菌根などと共生するものと土壌中に単独で存在する非共生性のものとに大別される．共生性の窒素固定細菌のうち，根粒菌はマメ科やハンノキ属などの植物の根に感染して根粒を形成する．根粒菌は植物の根から分泌される糖や養分を含む滲出物を利用して生活する代わりに，窒素固定によって植物にアンモニウム態窒素を供給する．森林生態系における窒素固定は，土壌の窒素可給性が低い立地条件の場合，窒素の重要な流入経路である．生態系内の窒素蓄積量が乏しい一次遷移初期においても，窒素固定の可能な種の侵入が土壌の窒素可給性を向上させ，森林生態系の成立過程に影響を与える[8]．

外部循環系では大気からの流入に対し，大気へと流出する経路もある（図21-1）．土壌中の窒素の一部は N_2O（亜酸化窒素）や N_2 などのガス態として系外へと流出する．N_2O や N_2 の生成には2つの経路が存在する．1つは，酸素の少ない嫌気的環境下で脱窒菌によって NO_3^- から NO_2, NO, N_2O, N_2 へと還元される経路である（脱窒）．脱窒菌は主に従属栄養性であることから，脱窒が生じる条件として有機態炭素の存在が必要である．もう1つは NH_4^+ が NO_3^- へと硝化される際，中間生成物として N_2O や N_2 が生成する経路である．この反応は主に硝化細菌によって行われる．硝化反応は酸素が十分に存在する好気的な環境条件が必要であり，硝化細菌は独立栄養性であるため有機物がなくても反応が進む．なお N_2O については CO_2 の296倍の温暖化効果をもつため地球温暖化の点からその動態が注目されている[9]．

　生態系外への窒素流出に関しては，渓流水とともに流出する経路がもっとも重要である（図21-1）．一般に土壌中の粘土鉱物は負に帯電するため，カチオン（陽イオン）である NH_4^+ は土壌に吸着・保持されやすい．それに対し，NO_3^- はアニオン（陰イオン）であり粘土鉱物と反発して溶脱しやすいため，渓流水中の無機態窒素はほとんどが NO_3^- である．若齢の森林では窒素をたくさん吸収するので渓流水への NO_3^- の流出が少なく，極相に近い天然林ではほとんど成長しないために NO_3^- の流出が大きい傾向にある[10]．また，植物の成長期である夏季には渓流水への NO_3^- の流出が少なく，休眠期である冬期に流出が多くなることが，欧米の研究から広く知られている．一方で降雨出水時に NO_3^- の流出が増加するため，夏季に降雨の多い日本では，逆に夏季に NO_3^- の流出が多い森林もみられる[11]．

　渓流水に溶存する窒素の形態には，NH_4^+ や NO_3^- といった無機態窒素だけではなく，溶存有機態窒素（DON）も存在する．流域間のDONの流出特性にはかなりの違いがみられ，流出メカニズムについては不明な点が多く残されている．また，降雨時には土壌表層の有機物などが粒子状の有機態窒素（PON）として直接渓流に流れ込む．渓流水へ流出する窒素にはさまざまな形態が存在するが，河川生態系に生息する水生生物にとってはいずれも養分として機能する．したがって，森林から流出する窒素が過剰になると河川や湖沼での富栄養化を引き起こす原因となり，下流域の水質や生態系に影響を与える．

　このように，森林生態系において窒素は複雑で多様な経路を通じて流入・流出・循環しており，それぞれの量的関係は生態系によって異なる．そして，窒

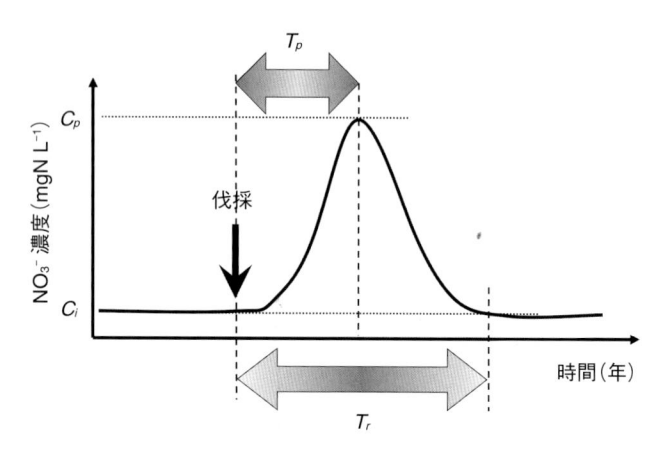

図21-3 伐採による渓流水 NO_3^- 濃度の変化の模式図．C_i は伐採前の濃度，C_p は伐採後のピーク濃度，T_p は伐採後ピーク濃度に達するまでの時間，T_r は伐採から伐採前の濃度に回復するまでの時間を示す．

素循環は森林の生産性（炭素固定能），温室効果ガスの生成，河川の富栄養化に深く関わっている．さまざまな森林において窒素循環量を精度よく観測した上で，広域比較することによって窒素循環の制御メカニズムを解明することが今後の課題である．

4．森林生態系に加わる撹乱が窒素循環に与える影響

一般的な温帯域の森林生態系では，このような植生－土壌間の内部循環系によって生態系内に窒素が保持・蓄積されるため窒素の流出量は少なく，流入量を上回ることはあまりない．しかしながら，森林に撹乱が加わると内部循環が崩れ窒素流出を招く．皆伐は人工林の造成や材木の収穫の際に行われる代表的な人為撹乱である．植生を皆伐することによって渓流に大量の NO_3^- が流出する（図21-3，表21-1）．皆伐後の NO_3^- 流出の原因は，（1）植生による NO_3^- の吸収がなくなること，（2）樹冠がなくなることで林床の温度や水分環境が変化し，分解・窒素無機化速度が上昇すること，（3）林床に伐採枝条が大量に供給され，流出する窒素源となりうること，などがあげられる[12,13]．

欧米での皆伐試験から，おおむね皆伐1〜2年後に渓流水の NO_3^- 濃度が最大となり，その後植生の回復とともに濃度が低下し，4〜5年で皆伐前のレベルに戻る場合が多い[12]．しかしながら，わが国における研究では皆伐後の渓流

表21-1 世界各地における森林伐採前後の渓流水 NO_3^- 濃度の変化

場所	植生 伐採前/後[a]	伐採施業年	伐採面積(ha) [全体面積][b]	伐採後年数(年)[c] T_p	T_r	NO_3^-濃度 (mgN/L)[d] C_i	C_p	濃度[e]	比較[f]	文献
全域皆伐										
Hubbard Brook #2, NH, USA	B/N	1965冬	15.6	2	6	<0.2	18.3	A	*	13, 16
				2	6	0.21	12	E	*	
Hubbard Brook #101, NH, USA	B/N	1970/11	12.1	2	3	<3	26	C	*	16, 17
Hubbard Brook #5, NH, USA	B/N	1983秋-1984春	21.9	<1	3	<0.2	6.3	A	*	16, 18
Narrows Mountain Brook, NJ, USA	M/N	1978/5-1979/2	391	4	6	<0.3	1.62	C	*	19
Plynlimon A4, Wales, UK	C/P	1986/7-1987/4	6	2	5	<0.5	3.2	A	*	20
				1	5	0.36-0.49	2.1	D	*	
Plynlimon south2Hore, Wales, UK	C/P	1989秋	13.7	2	4	<0.56	1.9	A	*	21
				2	4	0.28	0.63-0.84	D	*	
護摩壇山試験地, 奈良, 日本	C/P	―	―	3, 4	14	<0.3	2.1	A	*	22
袋山沢B, 千葉, 日本	C/P	1999/4	1.1	1	>10	0	3.8	A	**	23
朽木L, 滋賀, 日本	B/P	1996/12-1997/3	1.1	1	11	0-0.38	0.76	A	*	24
				1	11		0.51	B	*	
部分皆伐										
Silver Creek SC-6, ID, USA	C/N	1976/10-1976/11	38[163]	2, 3	5	0.002-0.02	0.05	A	*	25
Haney Watershed A, BC, Canada	C/N	1973/6-1973/11	14[23]	2	4	0.08	0.53	E	*	26
Dry Creek dc57, NY, USA	B/P	1996/12-1997/3	18[24]	1	4	0.29-0.36	3.6	F	*	27
Leading Ridge LR3, PA, USA	C/P	1976/10-1977/3	44.5[104]	2	7	<0.2	0.79	A	*	28
				1	7	0.04	0.40	D	*	
大谷山, 群馬, 日本		2000/11	0.33[1.8]	3, 4	>7	<1.4	2.4	A	*	14

a: 伐採前後の植生について, 伐採前が B: 広葉樹林, C: 針葉樹林, M: 針広混交林, 伐採後が, N: 天然更新, P: 針葉樹の植栽
b: 伐採面積について, 部分皆伐の場合は皆伐対象面積を記し, 全体面積を[ ]内に記した
c: 伐採後年数の T_p, T_r については図21-3参照
d: NO_3^-濃度の C_i, C_p については図21-3参照
e: 各研究において伐採前後で比較した濃度は, A: 観測値, B: 月算術平均, C: 月加重平均, D: 年算術平均, E: 年加重平均, F: 年中央値を用いた
f: 伐採前後の比較方法について, *: 同一集水域における伐採前後の比較, **: 植栽年数の異なる集水域間での対照流域法

での NO_3^- 濃度のピークの時期やパターンが欧米と異なっていた（表21-1）. これはわが国に広く分布する火山灰土壌が陰イオン吸着をもつこと[14]や, 林床にササが繁茂することなど立地条件が異なるためと推定されている.

現在日本では低迷する林業を活性化させる機運が高まっており, 長伐期化, 列状間伐, 林道整備による利用間伐, 針葉樹人工林の広葉樹林化など, さまざまな森林管理手法が提案されている. 日本の森林生態系におけるこのような伐採撹乱が, 植物−土壌系の窒素の内部循環, 渓流への窒素流出に与える影響について, 日本各地でデータを早急に収集・総括し, これまで欧米で得られた知見と比較検討していく必要がある[15].

引用文献

1) Vitousek PM, Howarth RW (1991) Nitrogen limitation on land and in the sea: How can it occur? Biogeochemistry 13, 87-115
2) Kaye JP, Hart SC (1997) Competition for nitrogen between plants and soil

microorganisms. Trends in Ecology and Evolution 12, 139-143
3) Davidson EA, Hart SC, Firestone MK (1992) Internal cycling of nitrogen in soils of a moisture coniferous forest. Ecology 73, 1148-1156
4) Stark JM, Hart SC (1997) High rates of nitrification and nitrate turnover in undisturbed coniferous forests. Nature 385, 61-64
5) Schimel JP, Bennett J (2004) Nitrogen mineralization: challenges of a changing paradigm. Ecology 85, 591-602
6) Näsholm T, Ekblad A, Nordin A, Giesler R, Högberg M, Högberg P (1998) Boreal forest plants take up organic nitrogen. Nature 392, 914-916
7) Vitousek PM (2004) Nutrient cycling and limitation: Hawai'i as a model ecosystem. Princeton University Press
8) Vitousek PM, Walkers LR (1989) Biological invasion by *Myrica faya* in Hawai'i: plant demography, nitrogen fixation, ecosystem effects. Ecological Monographs 59, 247-265
9) Koba K, Osaka K, Tobari Y, Toyoda S, Ohte N, Katsuyama M, Suzuki N, Itoh M, Yamagishi H, Kawasaki M, Kim SJ, Yoshida N, Nakajima T (2009) Biogeochemistry of nitrous oxide in groundwater in a forested ecosystem elucidated by nitrous oxide isotopomer measurements. Geochimica et Cosmochimica Acta 73, 3115-3133
10) Vitousek PM, Reiners WA (1975) Ecosystem succession and nutrient retention: a hypothesis. BioScience 25, 376-381
11) Ohte N, Tokuchi N, Fujimoto M (2010) Seasonal patterns of nitrate discharge from forested catchments: Information derived from Japanese case studies. Geography Compass 4/9, 1358-1376
12) Gundersen P, Schmidt IK, Raulund-Rasmussen K (2006) Leaching of nitrate from temperate forests - effects of air pollution and forest management. Environmental Reviews 14, 1-57.
13) Bormann FH, Likens GE (1979) Pattern and process in a forested ecosystem. Springer, New York
14) 浦川梨子・戸田浩人・生原喜久雄（2005）高齢化したスギ・ヒノキ人工林小流域の斜面下部伐採が土壌及び渓流の水質に及ぼす影響. 日本森林学会誌 87, 471-478
15) 柴田英昭・戸田浩人・福島慶太郎・谷尾陽一・高橋輝昌・吉田俊也（2009）日本における森林生態系の物質循環と森林施業との関わり. 日本森林学会誌 91, 408-420
16) Hubbard Brook Experimental Forest, http://www.hubbardbrook.org/
17) Hornbeck JW, Martin CW, Pierce RS, Bormann FH, Likens GE, Eaton JS (1987) The northern hardwood forest ecosystem: Ten years of recovery from clearcutting. USDA Forest service, Northeastern Forest Experiment Station, NE-RP-596
18) Dahlgren RA, Driscoll CT (1994) The effects of whole-tree clear-cutting on soil processes at the Hubbard Brook Experimental Forest, New Hampshire, USA. Plant and Soil 158, 239-262
19) Jewett K, Daugharty D, Krause HH, Arp PA (1995) Watershed responses to clear-cutting: effects on soil solutions and stream water discharge in central New

Brunswick. Canadian Journal of Soil Science 75, 475-490
20) Reynolds B, Stevens PA, Hughes S, Parkinson JA, Weatherley NS (1995) Stream chemistry impacts of conifer harvesting in welsh catchments. Water, Air, and Soil Pollution 79, 147-170
21) Neal C, Reynolds B, Neal M, Wickham H, Hill L, Pugh B (2003) The impact of conifer harvesting on stream water quality: A case study in Mid-Wales. Water, Air, and Soil Pollution Focus 3, 119-138
22) 福島慶太郎・徳地直子（2008）皆伐・再造林施業が渓流水質に与える影響—集水域単位で林齢の異なるスギ人工林を用いて—日本森林学会誌 90, 6-16
23) Oda T, Ohte N, Suzuki M (2011) Importance of frequent storm flow data for evaluating changes in stream water chemistry following clear-cutting in Japanese headwater catchments. Forest Ecology and Management 262, 1305-1317
24) Kunimatsu T, Hida Y, Hamabata E, Sudo M (2003) Changes of nutrient loading caused by clear-cutting of a deciduous broadleaf forest and planting of Japanese cedar. Proceedings of 7th International Conference on Diffuse Pollution and Watershed Management, 17-24
25) Clayton JL, Kennedy DA (1985) Nutrient losses from timber harvest in the Idaho Batholith. Soil Science Society of America Journal 49, 1041-1049
26) Feller MC, Kimmins JP (1984) Effects of clearcutting and slash burning on streamwater chemistry and watershed nutrient budgets in southwestern British Columbia. Water Resources Research 20, 29-40
27) Baldigo BP, Murdoch PS, Burns DA (2005) Stream acidification and mortality of brook trout (*Salvelinus fontinalis*) in response to timber harvest in Catskill Mountain watersheds, New York, USA. Canadian Journal of Fisheries and Aquatic Sciences 62, 1168-1183
28) Lynch JA, Corbett ES (1991) Long-term implications of forest harvesting on nutrient cycling in central hardwood forests. Proceedings of the 8th Central Hardwood Forest Conference. USDA Forest Service, Northeast Forest Experiment Station General Technical Report NE-148, Radnor, Pennsylvania, USA, 500-581

第22章

リンの循環

井手淳一郎

1. 資源としてのリン

　リン（P）はすべての生物にとっての必須元素である．Pは遺伝子やエネルギーに関わる生化学反応，ならびに歯や骨，細胞膜などの生物の構造を支える組織の重要な成分であり，植物にとっては光合成に欠かせない多量必須元素である．

　Pは農業の三大肥料の1つでありリン酸肥料として使用される．しかし，農作物によって吸収されるリン酸肥料は施肥量の5～15％であり[1]，その多くは水に溶けにくい不溶性塩を形成し，土壌中に残留する．酸性土壌ではアルミニウム（Al）や鉄（Fe）の酸化物や水酸化物と結合し，アルカリ性土壌ではカルシウム（Ca）と結合した不溶性塩が多い[2]．

　人間環境におけるPの循環は多くの場合，リン鉱石からリン酸肥料が生産され，土壌にリン酸肥料がまかれて農作物に吸収され，それを人間・家畜が摂食し，排泄物あるいは植物遺骸として土壌に戻るか水域に流出するという経路をたどる[3]．河川を通じて沿岸海域や湖沼等の閉鎖性水域に過剰に供給されたPは富栄養化の原因となり，赤潮やアオコの発生を引き起こす．Pは循環しにくい元素であり，地球規模でみると，年々人間が利用し難い場所へ偏在化している[4]．人間が利用できるリン資源はあと数十～百数十年で枯渇するといわれている[5]．

2. 森林生態系におけるリン循環

　森林は資源として希少なPを非常に効率よく利用するシステムを築いている．北部温帯の森林生態系では，Pの現存量は鉱質土壌中にもっとも多く，次いで

Phosphorus cycling; Ide, Jun'ichiro

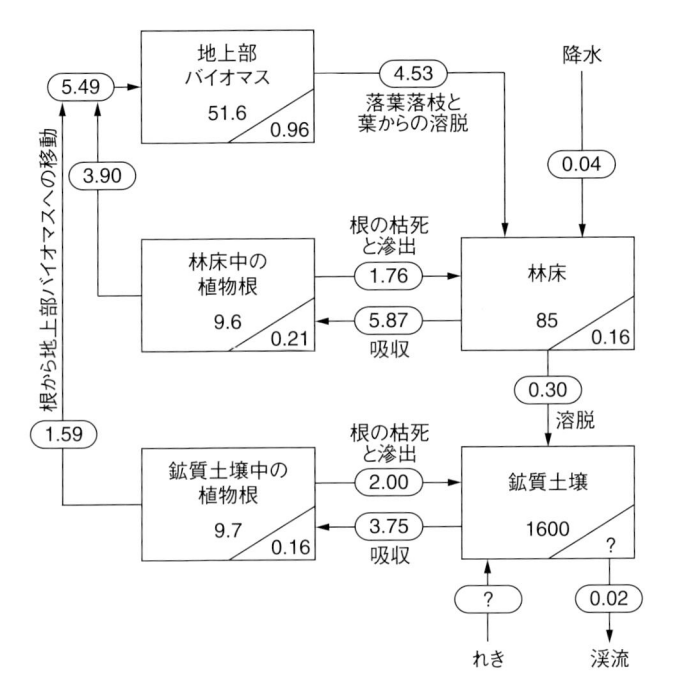

図22-1 森林生態系におけるリンの循環（北部温帯林における一例）．
四角のボックスはPの蓄積（kgP ha^{-1}），三角は蓄積速度（kgP ha^{-1} y^{-1}），
矢印はフラックス（kgP ha^{-1} y^{-1}）．（Yanai[6] より改変作成）

林床（リターとA$_0$層），地上部バイオマス（植生），地下部バイオマス（根）の順に多い[6]（図22-1）．植物はPを，H$_2$PO$_4^-$やHPO$_4^{2-}$のような水に溶存する無機態リン（SRP: Soluble Reactive Phosphorus）の形で吸収する．土壌に有機物が加わって酸性になると，SRPは土壌中のFeやAlと不溶性塩を形成する[7]ので，森林生態系におけるPは循環しにくいように考えられる．しかし，Pのフラックスをみると，生態系内部で再循環（植生→落葉落枝→林床における有機物の無機化→植生による再吸収）される割合が大きい．再循環されるPフラックスの大きさは，降水によってもたらされたり，渓流を通して失われたりする外部循環によるPフラックスよりも2オーダー大きいレベルにある．すなわち，いったんPが森林生態系内部の循環に取り込まれると，堅固に再循環され，ほとんど系外には出て行かないことがわかる（閉鎖的な循環，第Ⅲ部第18章参照）．

森林生態系の物質循環で中心的な役割を担う樹木は，さまざまな戦略でPを

獲得する．たとえば，樹木はSRPのみを利用するのではなく，根の表面からリン酸分解酵素を分泌して，落葉や土壌中の有機態リンを分解して利用できる[8]．また，根からの滲出液によって，土壌の鉄酸化物と結合したPを利用可能にする樹種も存在する[9]．別のP獲得戦略として，細根をふやし根の比表面積を大きくすることで，SRPを土壌から効率よく吸収する樹種もある[10]．この他，土壌微生物のリン分解酵素によって生成したSRPを樹木が利用する場合もあると考えられている[11]．これらのP獲得戦略は土壌中のSRPに乏しい熱帯林でとくによくみられる．熱帯林だけでなく，温帯林や北方林にもみられるP獲得戦略には外生菌根菌との共生がある．樹木は光合成による炭水化物を外生菌根菌に提供する一方で，外生菌根菌が分解して吸収したPの一部を利用する[12]．

Pが少ない環境下では，樹木はPの獲得効率を高めるとともに樹体内のPを非常に効率よく利用する．その一例として，樹体の古い組織から新しい組織へのPの転流がある．Fife & Nambiar[13]はラジアータパイン（*Pinus radiata*）の葉中Pの83%が古い組織からの転流に由来することを示した．この他，P欠乏によるストレスが増すほど，樹木はPの利用効率を高めたり，落葉前の葉中のPを樹体内へ再転流する効率を高めたりする[12]．以上のように森林生態系はPを"もれなく"循環させ，そして"無駄なく"利用する．

3. 森林生態系外からのリンの供給

森林生態系外からのPのインプット（収入）は少ない．系外からのPの収入は主として降水やエアロゾル等の大気沈着であり，ガス態としての収入はほとんどない[14]．また，これらのPの大部分は粒子状の物質に由来し，局地的なPの供給源（たとえば，周辺土壌粒子の巻き上げ，花粉，昆虫，植物片）の影響を強く受ける[15]．このため，Pの大気沈着量は地域によって大きく異なり，農地や肥料工場，リン鉱床周辺では多く[14]，それらに近接する森林では樹木の葉中のP濃度は高くなる．一般に大気沈着によるPの収入は植物が吸収するPの量の1〜20%程度と推定されている[16]．ただし，大気汚染による窒素・硫黄酸化物の沈着は土壌の酸性化をもたらすので，これによるPの不溶化を促し，生物が利用可能なPの量を減少させる可能性も指摘されている[17]．

樹冠は大気中の粒子状のPを効率よく捕捉できる．熱帯林では，樹種によって樹幹流や林内雨中のP濃度は降水中のそれよりも高い場合があり[18]，これは樹冠で捕捉されたPが洗脱され，林床にPが到達することを示している．大気

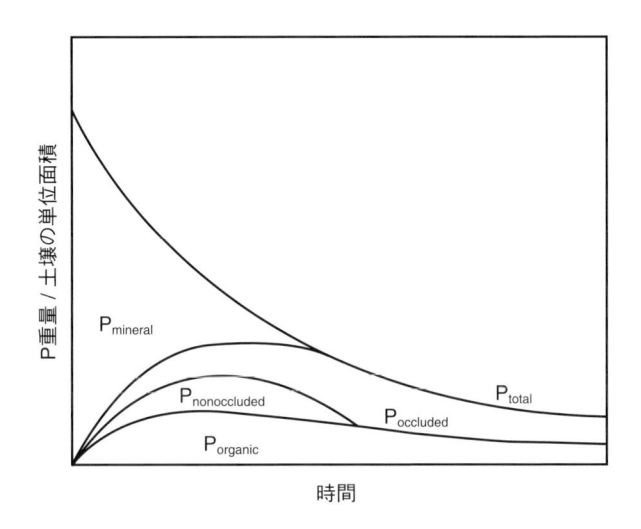

図22-2 土壌生成にともなう土壌中のリンの形態と量の変化についての概念モデル．P total は全リン，P mineral は鉱物中のリン，P occluded は土壌に吸蔵されたリン，P nonoccluded は Fe や Al の水酸化物等に吸着したリン，P organic は有機態リン．(Walker & Syers[22] より改変作成)

からの粒子状 P の 8～36％は容易に可溶化し，生物の活性を刺激する[16]．また，林内雨や樹幹流により樹冠や樹体から溶出した K^+，Mg^{2+} は細根や外生菌根菌の活動を活発にし，樹体への P の吸収を促進すると考えられている[19]．

　鳥類は，その排泄物によって大気沈着よりはるかに多くの P をもたらす．たとえば，関東都市圏のカラスの営巣地では，排泄物による P の収入が大気沈着による P の収入に比べ2.7倍多かったという報告がある[20]．また，琵琶湖の森林では，カワウの排泄物が P の収入を増加させ，林床，鉱質土壌，樹体のいずれの P 濃度も高かったという報告がある[21]．カワウは水域の魚を捕食し森林で排泄するため，水域中の P を減らし森林への P の収入をふやしており，水域から森林へ P を輸送している生物といえる．

4．風化によるリンの供給

　岩石の風化は，大気沈着とともに森林生態系への主要な P の供給源である（ただし，系外からの収入としては扱われない）．P は主にアパタイトという鉱物種として存在し，岩石にはわずかにしか含まれていない[22]．Newman[23] の試

算によると，母材の風化によるPの供給速度の範囲は0.01〜1.0 kg ha^{-1} yr^{-1}であり，これは大気からの全リン（TP: Total Phosphorus）の収入（0.04〜2.30 kg ha^{-1} yr^{-1}）[15,36]に比べると小さい．また，上限値と下限値は100倍の違いがあり，この差は母材の種類によるものである[23]．

風化によるPの供給速度は風化の強度にも依存する．Walker & Syers[22]は，土壌中のPは土壌生成期間が短い（新しい）土壌ほど生物に利用されやすい形態であり，土壌が成熟するにつれてPは利用されにくい形態が増えるという概念モデルを示した（図22-2）．その後，この概念は多くの研究によって実証されている[8]．Crews et al.[24]は，新しい土壌に成立する森林の成長はNが制限要因であり，古い土壌に成立する森林はPが制限要因であることを示した．同様に，Chadwick et al.[25]は古い土壌は風化由来のPが少ないため，大気沈着によるPが森林生態系内への主要なPの供給源であることを報告している．

古い土壌に成立した熱帯雨林では風化によるPの供給は少なく，かつ土壌中にも利用可能なPは少ない[26]．したがって，いったん森林伐採などにより土壌表層のPが流亡すると，元通りに回復するまでに数百年を要すると考えられている[19]．一方で，ポドゾル土壌に成立する北部温帯の森林では，FeやAlが高濃度に集積するB層にPが蓄積されている[27]．このために，B層に蓄えられたPが伐採後の植生の回復に寄与すると考えられている．

5. 森林生態系からのリンの流出

森林生態系からのPの流出は河川を通して主に出水時に起こる．出水時に流出するPは大部分が土砂に吸着した懸濁態リン（PP: Particulate Phosphorus）であり，細かい土砂ほどP含量は高く，長距離を輸送される[28]．PP濃度は，一般的に平水時では溶存態リン（DP: Dissolved Phosphorus）濃度よりも低いが，出水時にはDP濃度よりも高くなる．これはPPが，河川流量が急激に上昇する際に多量に流出するためである[29]．DPも主に出水時に流出するが，その濃度は河川流量に比例するとは限らない[30]．

出水時の河川水中P濃度は時間とともに劇的に変化するので，年間のP流出量を評価する際は出水時のP流出量の正確な評価が極めて重要となる．井手ら[31]は，出水時の河川水中P濃度変化を考慮した場合の年間のTP流出量は，考慮しない場合のそれよりも約3倍大きく，また，その内訳についてはPPがTP流出量の65%を占めることを示した．他の森林においてもTP流出量の大

半はPPである[30]．これは，林床や河岸・河床の侵食土砂とともにPが流出するためである．

　P流出量を増大させるのは伐採や林道建設等の林業活動にともなう土壌撹乱に限ったことではない．近年，わが国では林業が衰退し，伐採にともなう大規模な土壌撹乱はほとんどない．しかしながら，管理の十分に行き届いていないスギやヒノキの人工林（非管理林）から多量の浮遊土砂の流出が確認されている[32,33]．これは，林冠が閉鎖した暗い林内で下層植生が貧弱となり，露出した表層土壌が，雨滴が発端となって流亡するためである[34]（第Ⅰ部第6章参照）．表面侵食によって非管理林から流出したPPは河川を通って下流の水域に達する．沿岸海域や湖沼等の閉鎖性水域では，河川を通じて陸域から流入したPPが底層に堆積する．そして，夏季に成層が生じて底層水が還元状態になると，堆積したPPからSRPが溶出し，赤潮や水の華（algal bloom）を誘発する[35]．したがって，非管理の人工林は侵食というプロセスを介して陸上生態系と水界生態系の両方の物質循環に影響をおよぼしているといえる．

引用文献

1) 安藤淳平（1983）リン資源の将来とわが国の進むべき方向．日本土壌肥料学雑誌 54, 164-169
2) Rodriguez H, Fraga R (1999) Phosphate solubilizing bacteria and their role in plant growth promotion. Biotechnology Advances 17, 319-339
3) 富永博夫・櫻井宏・白田利勝（1987）資源の化学．pp144-152，「4.5 リン」大日本図書，東京
4) Bennett EM, Carpenter SR, Caraco NF (2001) Human impact on erodable phosphorus and eutrophication: A global perspective. BioScience 51, 227-234
5) 黒田章夫・滝口昇・加藤純一・大竹久夫（2005）リン資源枯渇の危険予測とそれに対応したリン有効利用技術開発．環境バイオテクノロジー学会誌 4, 87-94
6) Yanai RD (1992) Phosphorus budget of a 70-year-old northern hardwood forest. Biogeochemistry 17, 1-22
7) 北山兼弘（2006）土と基礎の生態学　3.土壌栄養塩と陸上生態系の関係．土と基礎 54, 39-46
8) Ruttenberg KC (2005) The global phosphorus cycle. In "Biogeochemistry", Schlesinger WH (ed.), Vol.8 Treatise on Geochemistry, Holland HD, Turekian KK (executive eds.). Elsevier-Pergamon, Oxford, pp585-643
9) Ae N, Arihara J, Okada K, Yoshihara T, Johansen C (1990) Phosphorus uptake by Pigeon Pea and its role in cropping systems of the Indian subcontinent. Science 248, 477-480
10) Schneider K, Turrion M, Grierson PF, Gallardo JF (2001) Phosphatase activity,

microbial phosphorus, and fine root growth in forest soils in the Sierra de Gata, western central Spain. Biology and Fertility of Soils 34, 151-155
11) 北山兼弘（2008）栄養の乏しい土壌に豊かな森ができるわけ―熱帯林の樹木が「大きくなるジレンマ」を解消するしくみ―．（森の不思議を解き明かす，日本生態学会編，文一総合出版，東京），pp36-43
12) Lajtha K, Harrison AF (1995) Strategies of phosphorus acquisition and conservation by plant species and communities. In "Phosphorus in the Global Environment", SCOPE 54, pp139-147
13) Fife DN, Nambiar EKS (1982) Accumulation and retranslocation of nutrients in developing needles in relation to seasonal growth of young radiata pine trees. Annals of Botany 50, 817-829
14) Anderson KA, Downing JA (2006) Dry and wet atmospheric deposition of nitrogen, phosphorus and silicon in an agricultural region. Water, Air and Soil Pollution 176, 351-374
15) Tsukuda S, Sugiyama M, Harita Y, Nishimura K (2006) Atmospheric phosphorus deposition in Ashiu, Central Japan - source apportionment for the estimation of true input to a terrestrial ecosystem. Biogeochemistry 77, 117-138
16) Brunner U, Bachofen R (1998) The biogeochemical cycles of phosphorus: A review of local and global consequences of the atmospheric input. Toxicological and Environmental Chemistry 67, 171-188
17) Matson PA, McDowell WH, Townsend AR, Vitousek PM (1999) The globalization of N deposition: ecosystem consequences in tropical environments. Biogeochemistry 46, 67-83
18) Schroth G, Elias MEA, Uguenc K, Seixas R, Zech W (2001) Nutrient fluxes in rainfall, throughfall and stemflow in tree-based land use systems and spontaneous tree vegetation of central Amazonia. Agriculture Ecosystems and Environment 87, 37-49
19) Chuyong GB, Newbery DM, Songwe NC (2004) Rainfall input, throughfall and stemflow of nutrients in a central African rain forest dominated by ectomycorrhizal. Biogeochemistry 67, 73-91
20) Fujita M, Koike F (2009) Landscape effects on ecosystems: birds as active vectors of nutrient transport to fragmented urban forests versus forest-dominated landscapes. Ecosystems 12, 391-400
21) Hobara S, Koba K, Osono T, Tokuchi N, Ishida A, Kameda K (2005) Nitrogen and phosphorus enrichment and balance in forests colonized by cormorants: Implications of the influence of soil adsorption. Plant and Soil 286, 89-101
22) Walker TW, Syers JK (1976) The fate of phosphorus during pedogenesis. Geoderma 15, 1-19
23) Newman EI (1995) Phosphorus input to terrestrial ecosystems. Journal of Ecology 83, 713-726
24) Crews TE, Kitayama K, Fownes JH, Riley RH, Herbert DA, Mueller-Dombois D, Vitousek PM (1995) Changes in soil phosphorus fractions and ecosystem dynamics across a long chronosequence in Hawaii. Ecology 76, 1407-1424

25) Chadwick OA, Derry LA, Vitousek PM, Huebert BJ, Hedin LO (1999) Changing sources of nutrients during four million years of ecosystem development. Nature 397, 491-497
26) Vitousek PM, Sanford Jr.RL (1986) Nutrient Cycling in Moist Tropical Forest. Annual Review of Ecology and Systematic 17, 137-167
27) Wood T, Bormann FH, Voigt GK (1984) Phosphorus cycling in a Northern Hardwood Forest: Biological and chemical control. Science 223, 391-393
28) Walling DE (1988) Erosion and sediment yield research - Some recent perspectives. Journal of Hydrology 100, 113-141
29) Ide J, Haga H, Chiwa M, Otsuki K (2008) Effects of antecedent rain history on particulate phosphorus loss from a small forested watershed of Japanese cypress (*Chamaecyparis obtusa*). Journal of Hydrology 352, 322-335
30) Meyer JL, Likens GE (1979) Transport and transformation of phosphorus in a forest stream ecosystem. Ecology 60, 1255-1269
31) 井手淳一郎・智和正明・大槻恭一（2008）出水時における河川水中リンの濃度上昇を考慮したヒノキ人工林流域におけるリン収支．水文・水資源学会誌 21, 205-214
32) 武田育郎（2002）針葉樹人工林の間伐遅れが面源からの汚濁負荷量に与える影響（III）．水利科学 266, 63-84
33) Ide J, Kume T, Wakiyama Y, Higashi N, Chiwa M, Otsuki K (2009) Estimation of annual suspended sediment yield from a Japanese cypress (*Chamaecyparis obtusa*) plantation considering antecedent rainfalls. Forest Ecology and Management 257, 1955-1965
34) 恩田裕一編（2008）人工林の荒廃と水・土砂流出の実態．245pp，岩波書店，東京
35) Gächter R, Meyer JS (1993) The role of microorganisms in mobilization and fixation of phosphorus in sediments. Hydrobiologia 253, 103-121
36) Pollman CD, Landing WM, Perry Jr. JJ, Fitzpatrick T (2002) Wet deposition of phosphoros in Florida. Atmospheric Environment 36, 2309-2318

第23章

ミネラルの循環

浦川梨恵子

1. はじめに

 ミネラルとは，有機物を構成する元素（C，H，O，N）以外に植物の成長に欠かせない元素をいう．ここでは，多量養分元素であるカルシウム（Ca），マグネシウム（Mg），カリウム（K）および必須養分元素ではないが，森林生態系内で循環量の多いナトリウム（Na），ケイ素（Si）について述べる．

2. ミネラルの循環様式

 森林生態系を循環するミネラルは，岩石を主な供給源としている．このため一般的に，降雨やエアロゾルなどに含まれて大気から生態系内へ流入する量よりも，地下水や渓流水を通じて系外へ流出する量が多い．図23-1に森林生態系におけるミネラルの循環を示す．樹木の必須養分元素であるCa，Mg，Kは植生，落葉層（A_0層，堆積有機物層），鉱質土層の間で活発に循環している．母岩層から化学風化により鉱質土層へ供給されたミネラルが，根を通して樹木に吸収され，やがて落葉（リター）となって土壌に入り，分解されて再び樹木に吸収される経路である．一方，NaおよびSiは母岩層から鉱質土層へ供給されるが，樹木に利用されないので，やがて渓流水として流出する．

 図23-2に，群馬県のスギ人工林で採取された土壌溶液および渓流水に含まれる各元素の垂直的な濃度変化を示す[1]．K，Ca，Mgは，落葉の分解が活発に行われている表層土壌0～10 cmで濃度が上昇し，下層の20～50 cmでは根により吸収されるので濃度は低下し，母岩の化学風化による供給を受けて渓流水で再び上昇する濃度変化がみられる．一方，NaおよびSiO$_2$は，植物−表層土壌間の循環がないために土壌中の濃度は低く，渓流水で一気に濃度が上昇する

Mineral cycling; Urakawa, Rieko

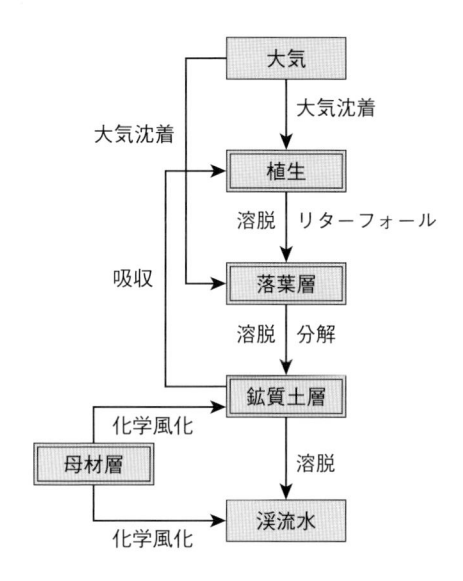

図23-1 森林生態系におけるミネラルの循環.

傾向がみられる．このような土壌から渓流水までの濃度の垂直的変化は，前述の循環様式を反映したものとなっている．

3．土壌中でのミネラルの動態－陽イオン交換反応

　土壌を構成している腐植物質や粘土鉱物はコロイド（水に微粒子が分散する状態）の性質をもち，土壌コロイドとよばれている．土壌コロイドの表面はマイナスに帯電しており，周囲に陽イオンを吸着保持して電気的中性を保っている．この土壌コロイドが吸着保持しうる陽イオン量を CEC（Cation Exchange Capacity，陽イオン交換容量）とよび，また，吸着保持されている陽イオンを交換性陽イオンとよぶ．さらに，水素イオン（プロトン H^+）以外の交換性陽イオン合計量が CEC に占める割合（％）を塩基飽和度とよび，CEC とともに土壌の肥沃度を示す指標としてよく用いられる．一般的に，CEC および塩基飽和度の高い土壌は肥沃である．

　主な交換性陽イオンは，H^+ および交換性塩基（K^+，Ca^{2+}，Mg^{2+}，Na^+）である．交換性陽イオンの土壌コロイドへの交換吸着力は，一般的には1価の陽イオン（K^+，Na^+）よりも2価の陽イオン（Ca^{2+}，Mg^{2+}）が強いが，H^+ は例外的に2価よりも強い吸着力をもっている．このため，土壌溶液の pH が低下

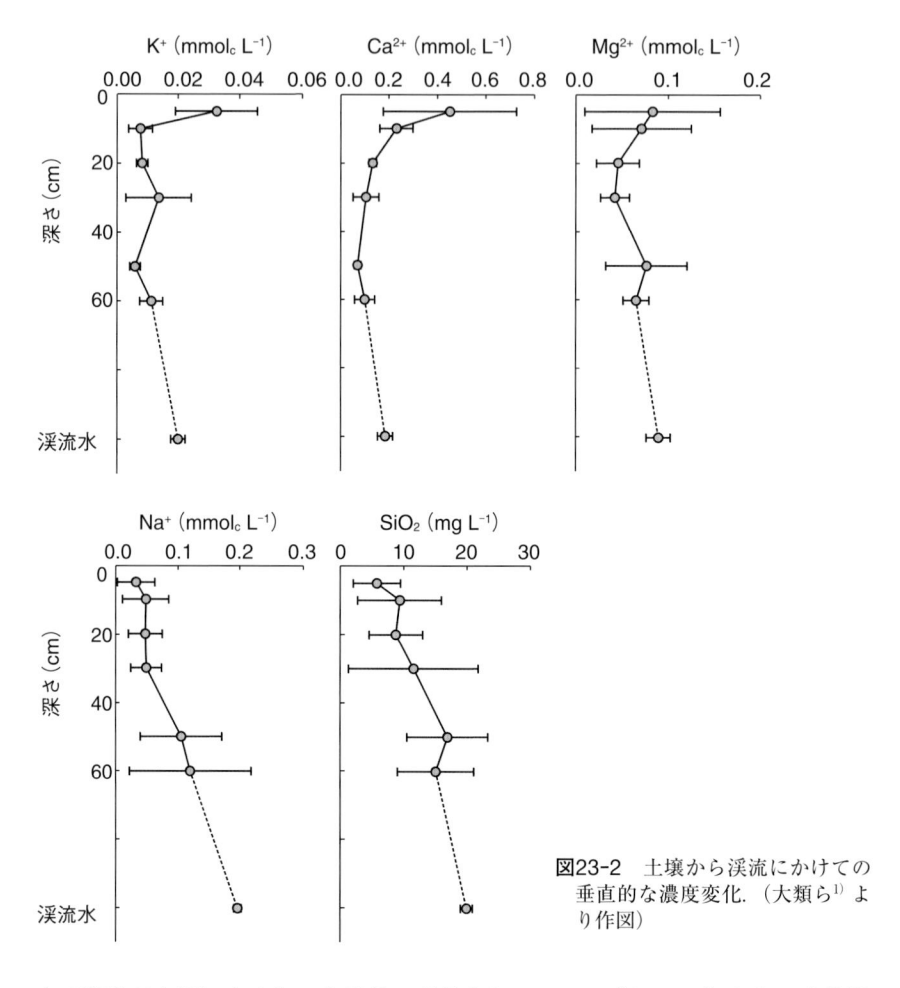

図23-2 土壌から渓流にかけての垂直的な濃度変化.（大類ら[1]より作図）

（H^+濃度が上昇）すると，交換基に吸着されているCa^{2+}やMg^{2+}などの交換性塩基もH^+と置換し，土壌溶液中に放出される．

　土壌溶液中に硝酸などの陰イオン濃度が上昇したときも，溶液中の電気的中性（陽イオンのプラスと陰イオンのマイナスが等量）を保つために交換性陽イオンが放出される．このときに放出される陽イオンは，土壌pHによって異なる．斜面下部のスギ林などは，土壌が湿潤でリターの分解が進みやすいので，リター中の交換性塩基が土壌に多量に存在し，土壌pHが比較的高い．このため，土壌溶液中の陰イオン濃度が上昇すると，Ca^{2+}やMg^{2+}が放出される．一方，斜面上部のヒノキ林などでは土壌が乾燥しているためリター分解が遅く，

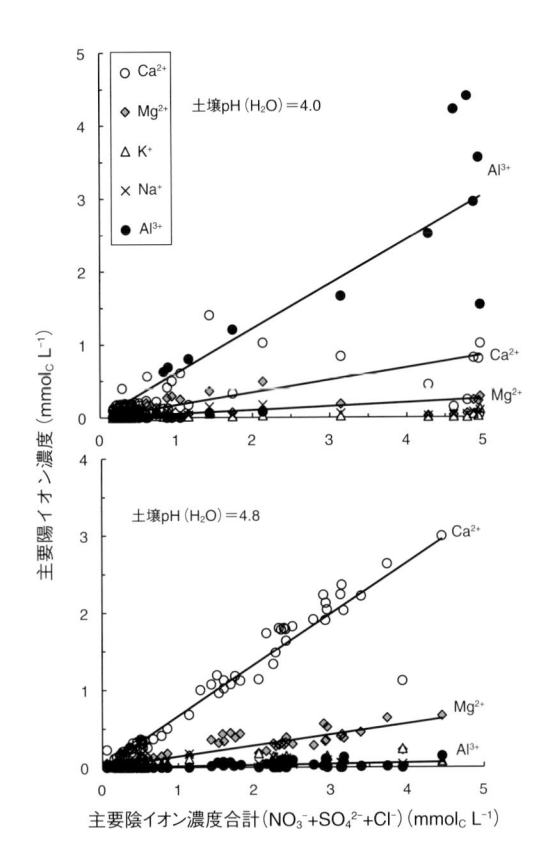

図23-3 土壌溶液中の主要陰イオンの濃度合計と各陽イオン濃度の関係.（図子ら[2]）を一部改変して転載）

交換性塩基に乏しく土壌のpHは低い．このような土壌では，陽イオン交換基に多量に吸着しているH$^+$が粘土鉱物を破壊するので，交換性アルミニウムイオンAl^{3+}が土壌コロイドに多く吸着している．このため，土壌溶液中に陰イオンが増加すると，Al^{3+}が放出されることになる．図23-3に，群馬県のスギ・ヒノキ林内で採取された土壌溶液中の陰イオン合計濃度と陽イオン濃度の関係を示す[2]．陰イオン濃度の上昇にともない，陽イオン濃度も上昇しているが，表層土壌のpH（H$_2$O）（土に水を混ぜて測定したpH）が4.0の地点（上段）ではAl^{3+}が主要陽イオンの約7割を占めているのに対し，pHが4.8の地点（下段）ではCa^{2+}が大部分を占めている．このように土壌pHが違うと，放出される陽イオンの種類が異なることがわかる．

以上のように，森林土壌を循環するミネラルは，土壌中では交換性陽イオン

として振る舞い，土壌コロイド‐土壌溶液間で溶脱や吸着をくり返している．これにより，土壌中における生物化学的反応の進行にともなう変化を緩衝する役割を担っている．

4．ミネラルの動態特性

1）カリウム

カリウム（K）は，植物体内で水溶性の無機塩および有機酸塩として存在し，細胞の浸透圧やpHの調節，光合成，タンパク質，デンプン合成に関わる酵素活性の調節など，重要な生理的働きをしている．Kは植物体中で移動しやすく，また，樹木‐土壌間でもすばやく循環する．林床のリターに含まれるKは降水によりすみやかに溶脱し，土壌中で根から再吸収される．また，樹体自体からもかなりの量が溶脱しており，スギ林の林内雨や樹幹流に含まれ，陽イオンの中でK^+の濃度はもっとも高い．

2）カルシウム

カルシウム（Ca）は植物体内で主に有機酸と結合して存在している．Caは細胞間の組織を強固にし，細胞の浸透圧やpH調節，タンパク質合成等に寄与している．植物体内での移動性が低いため，カルシウムが不足すると分裂組織の機能に障害が生じる．土壌中では交換性Ca^{2+}として多量に存在している．前述のように，肥沃な斜面下部スギ林の土壌（土壌pH（H_2O））がおおむね5.0以上）では，交換性陽イオンのなかでCa^{2+}が大部分を占めている．硝化の進行によって土壌溶液中のNO_3^-濃度が上昇すると，交換基から土壌溶液に放出され，土壌溶液の電気的中性を保つ働きをしている．

3）マグネシウム

マグネシウム（Mg）は葉緑素の構成要素である．また，いくつかの酵素にも含まれ，リン酸やエネルギーの代謝に寄与している．カルシウムとは異なり，植物体内での移動性は高い．土壌中では交換性Mg^{2+}としてCa^{2+}に次いで多く存在し，Caと同様に，NO_3^-濃度の上昇にともない，土壌溶液中に放出される．

4）ナトリウム

ナトリウム（Na）の植物体内での機能は明らかではない．内陸部の森林では，土壌の交換性Na^+濃度は低いが，渓流水中の濃度は高いことから，母岩の化学風化により生成，供給されている．海塩に多量に含まれているため，海岸沿いの森林では生態系外から供給される量が多い．

5）ケイ素

　樹木体内におけるケイ素（ケイ酸ともよぶ．二酸化ケイ素，SiO_2）の機能は明らかではないが，イネ科植物など一部の植物にとっては，植物組織の強化に欠かせない元素となっている．ケイ素は岩石や粘土鉱物の主要構成要素であり，陸域生態系には多量にあるが海洋には少なく，海域の植物プランクトンには必須元素である．母岩の風化によって渓流水に多量に供給され，水中では主にSiO_2分子として存在する．また，火山灰土壌を構成する鉱物の火山ガラスの主成分であり，この化学風化によっても多量に供給される．

引用文献

1) 大類清和・生原喜久雄・相場芳憲（1993）森林集水域での土壌から渓流への水質変化．日本林学会誌 75, 389-397
2) 図子光太郎・生原喜久雄・相場芳憲・小林健吾（1993）森林土壌の交換性イオンの特性が土壌溶液の動態に及ぼす影響．日本林学会誌 75, 176-184

第24章

イオウの循環

谷川東子

1. 人為起源のイオウ発生量と大気からのイオウ沈着量の変遷

　産業革命以降，化石燃料の消費にともないイオウ（S）化合物の発生量が増大し，地球のS循環に大きな影響を与えている．世界の人為起源のS発生量は1980年代後半にピークを迎え年間7,400万トンに達し[1]，現在は減少傾向にあるが，いまだに6,000万トン前後と推定されている[2,3]．これらの数値は火山など天然起源の発生量5,000万〜1億トン[4,5]に匹敵する．地域でみると，排出規制の厳しい日本や欧米とは対照的に，経済成長によるエネルギー需要の増大が著しいアジア圏がSの主要な発生源となってきている[3]．現在，中国大陸では日本の約30倍ものS化合物が排出されており，S化合物を含んだ大気がわが国のS沈着量を増大させると考えられている（第Ⅰ部第2章参照）．

2. 森林生態系におけるイオウ循環

　森林土壌中に含まれるS化合物の起源は，人間活動に起因する二酸化硫黄（SO_2），火山活動に起因するSO_2，海塩由来の硫酸イオンなど外部から入るものが主であるが，地質によってはパイライトのようなSを含む鉱物が土壌に存在することがある．雨や大気汚染により森林生態系に供給されるS化合物は，主に硫酸イオンの形をしている．土壌に入った硫酸イオンの一部は，植物や微生物により吸収されたり，土壌粒子に吸着されたり，金属とともに沈殿したり[6]することにより，土壌に保持される（図24-1 過程①）．その一部は生物に吸収され生体に必要な有機S化合物に変換され，生物が死ぬと土壌へ戻り土壌有機物へと変化し，最終的に再び硫酸イオンまで分解される．土壌中では上記のような有機物の無機化，硫酸イオンの脱着，沈殿物の溶解などの反応（図24-1

Sulfur cycling; Tanikawa, Toko

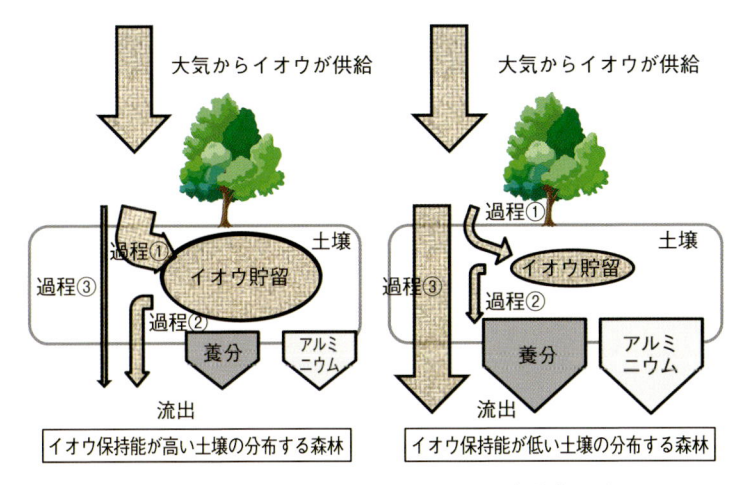

図24-1. 大気から供給されたイオウに対し，イオウ保持能の異なる2タイプの土壌が示す反応
過程① 硫酸イオンの吸着，吸蔵，金属との沈殿，生物による吸収とその後の有機化等の反応により，土壌にイオウが貯留される．
過程② 硫酸イオンの脱着，沈殿の溶解，無機化等の反応により，土壌からイオウが溶脱する．
過程③ 土壌による保持反応を経験せずに，イオウが通過する．②および③の過程で土壌から流出するイオウは，硫酸イオン（陰イオン）の形態をとるため，対イオンとして陽イオンを随伴する．このため，イオウの行く末は養分（塩基性陽イオン）や有害なアルミニウム（酸性陽イオン）の動きに影響する．

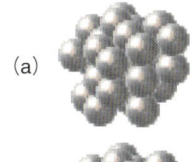

(a) 土壌の粒子は，ケイ素，アルミニウム，鉄などの元素　の集合体である．

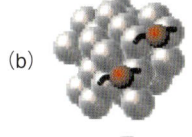

(b) その粒子の表面に，硫酸イオン　が，電気の手を伸ばして吸着している．従来からよく用いられるリン酸塩溶液による抽出法では，この形態の硫酸イオンが主として抽出される．

(c) 粒子の中に硫酸イオンが侵入している．この吸蔵態硫酸イオンの抽出には，フッ化アンモニウム溶液やシュウ酸溶液が適している．

図24-2. 土壌の粒子 (a) の表面に存在する吸着態硫酸イオン (b) と，粒子の中に侵入している吸蔵態硫酸イオン (c)．

過程②)によって硫酸イオンが生成し、土壌水中に溶け渓流などへ排出される。微量ではあるが、微生物や植物は大気中に揮発性S化合物を放出したり、植物の場合は葉の気孔から大気中のSを取り込んだりもする。大気中のSを含む微量ガスは、微粒子となり気候に影響を与えることが知られている[7]。

このようなS循環の中で、土壌はその発達にともないSの貯蔵庫として機能し、森林全体が保有するSの80〜98%を含む[8]。たとえば、ブナ、トウヒ、カバノキなど複数の森林での調査によると[9〜12]、大気からのSの沈着量は2〜85 kgS ha^{-1} y^{-1}、樹木による吸収量は0〜22 kgS ha^{-1} y^{-1}、落葉落枝による林床への供給量は3〜10 kgS ha^{-1} y^{-1}、土壌からの排出量は16〜44 kgS ha^{-1} y^{-1}程度であり、それら流入・流出量(フラックス)はいずれの森林も土壌中のS現存量のごく数パーセントにすぎない。

3. 森林土壌中のイオウ化合物の形態

土壌中のSは、有機態Sと無機態Sに大きく区分できる。有機態Sはエステル硫酸態Sと炭素(C)結合態S化合物(C-bonded S)に、無機態Sは吸着・吸蔵態硫酸イオン(図24-2)、硫酸塩鉱と硫化物に分画される。有機態Sのうちエステル硫酸態Sは、有機物のCとSが、C-O-SやC-N-Sなど酸素(O)、窒素(N)元素を介して結合している形態の化合物を指す[8]。C-bonded Sは、CとSが直接結合している化合物であり、アミノ酸、脂質などが含まれる[8]。エステル硫酸態Sは土壌微生物由来の酵素により分解されやすいのに対し、C-bonded Sは微生物がCを獲得する際に分解されるというように、これらの化合物の挙動は異なると考えられているが[13]、その詳細は解明されていない。

土壌の無機態S化合物には硫酸イオンと硫化物がある。排水の良い森林土壌の場合、硫酸イオンが主体をなしている[14]。硫酸イオンは植物根が吸収し、利用できる形態である。吸着・吸蔵態硫酸イオンは土壌中のアルミニウム(Al)や鉄(Fe)鉱物に硫酸が吸着されたり吸蔵(包み込まれた状態)されたりし、比較的安定した形態である。硫化物は水田のように酸素が少なく還元的な状態で生成し、森林土壌には少ない。条件によっては有毒な硫化水素(H_2S)となり根の生育を阻害する。

4. 森林土壌におけるイオウ化合物含有率と断面分布

土壌の全S含有率は、欧米の森林土壌では50〜800 mgS kg^{-1}の範囲にある[8]。

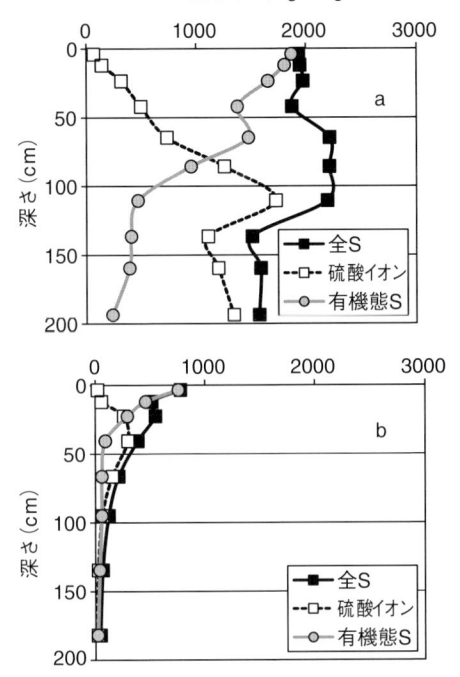

図24-3. 森林土壌における各種イオウ含有率の土壌断面中の垂直変動.
a 火山灰土壌（硫酸イオンをシュウ酸・ピロリン酸で抽出[17]），b 非火山灰土壌[18].
a, b とも茨城県高萩市で採取.

一方，環太平洋に広く分布する火山灰土壌では，チリの600〜1,700 mgS kg^{-1} [15]，ハワイの180〜2,200 mgS kg^{-1} [16]，日本の540〜2,240 mgS kg^{-1} [17]というように，含有レベルが高い．

日本の森林土壌の測定例から，土壌断面における全S化合物の分布をみると（図24-3），黒色土（黒ボク土）などの火山灰土壌（Andisols）では表層から深さ2 mに至る下層まで変動しながらも高い含有率が維持されている．一方，非火山灰土壌（Inceptisols）の全S含有率は表層では高いが，30 cm深付近で急激に減少している．火山灰土壌が高濃度にSを含む理由の1つは，表層とともに下層土でも有機物を安定化する遊離酸化物を多く含むためと考えられる[17]．

無機態である硫酸イオンの土壌断面分布は，表層で低く，下層に行くにしたがい増大し50 cm〜1 m深付近で最大値をとり，さらに下層では再び減少するか，もしくは維持される[18]．表層では植物による吸収や土壌有機物による硫酸イオン吸着妨害[19]のため低濃度であるが，下層は遊離酸化物が多いため，土壌に硫酸イオンが吸着され蓄積する．そのため，土壌水に溶存し移動可能な硫酸

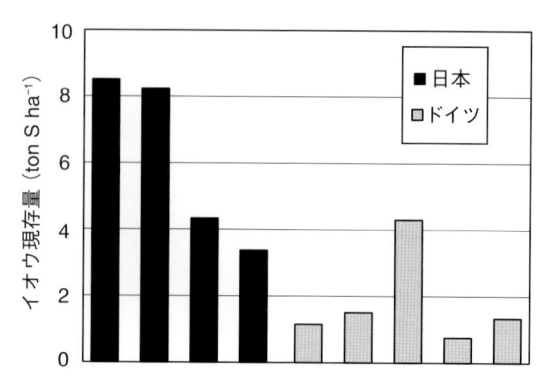

図24-4. 日本とドイツのイオウ現存量（表層から約1m深まで）の比較.（ドイツの数値はZucker & Zech [31], Prietzel et al. [32] より引用もしくは算出. 日本の火山灰土壌はTanikawa et al. [17] より引用）

イオンは，多くの場合，全S含有率の1割以下しかない[18].

これまで欧米の土壌では有機Sは全Sの90％以上であり，硫酸イオンは極わずかしかないとされてきた[20]．しかしわが国の火山灰土壌の分析から，黒色土などの場合は硫酸イオンが多量に含まれ，有機S：無機S存在比は1：1にもなることが明らかとなった[17].

5．森林土壌のイオウ現存量

次に日本の森林土壌中のS現存量を比較してみる．林地面積1ヘクタールあたり（表層から1m深まで）のS現存量を図24-4に示す．酸性雨による森林被害がもっとも早く見つかったドイツでは1m深までのS蓄積量が1～4トン程度である．一方，顕著な土壌酸性化はほとんど観測されていないわが国の火山灰土壌の場合，最大9トンものSが蓄積している．このことはS循環における土壌の役割や蓄積の仕組み，大気汚染や酸性雨によるS沈着の影響が，地域や土壌の種類によって異なることを意味している．

6．土壌によるイオウ蓄積機構とその意義

S蓄積能は土壌の種類によって差がある．蓄積能力の低い土壌に大量のSが沈着すると，土壌水の硫酸イオン濃度が上昇し，それを中和するために土壌からの塩基の放出が促進される．硫酸イオンを中和できる土壌の塩基類が不足すると，生物にとって有害なAlイオン濃度が上昇する[21]（図24-1）．実際，森林

の衰退が観測された初期から降水や土壌溶液等の化学組成のモニタリングを開始したドイツでは，生態系へのSやNの沈着量の増加，土壌S蓄積量とAlの溶出（1973～1977年），それにつづく新たな局面である土壌からのSの溶出量とAlの溶出量の増加（1977～1981年）が記録されている[22]．

これに対しわが国の土壌のS蓄積能は高い．これには2節のイオウの循環で述べたような同化や吸着など多様な反応が関わっている．これらの反応は，大気に放出された硫酸イオンを回収し固定するとともに，環境の酸性化にも深く関わり，地球環境保全上，重要な意味をもつ．土壌に硫酸イオンが吸着されると，水酸化物イオン（OH^-）が土壌に放出され[23]，土壌pHは上昇するとともに，陽イオンを保持するCECも大きくなる[24]．また無機態Sの有機化は水素イオン（H^+）の消費をともなう．これらのS蓄積機構は，大気からの酸性沈着による土壌酸性化を抑制する機構として作用しており，わが国の土壌はS蓄積量が多いにもかかわらず顕著に酸性化しない理由の1つとなっている．

7．イオウ沈着量の変化に対する森林土壌の反応

欧米では大気汚染の改善によりS沈着量が減少し，それにともなって渓流水や湖水の硫酸イオン濃度の減少傾向や酸性化からの回復の兆しがみられている．しかしその回復はS沈着量の減少速度と比べると緩慢である[25]．北米のハバードブルック（Hubbard Brook）試験林における長期の物質循環調査によると，大気からのS沈着量が多い時代には渓流水の硫酸イオン濃度，土壌の硫酸イオン吸着量や有機Sへの同化量が上昇・増加したが，S沈着量の低下にともない土壌水中の硫酸イオン濃度が低下，吸着されていた硫酸イオンが脱着し，有機S含有率も減少した[25, 26]．しかしS沈着量の減少が，必ずしも陸水の酸性化をくい止めているわけではなく，pHや酸中和能はわずかしか改善されていない[27]．カナダのノヴァスコシア州でも，陸地面積の4割近くに臨界負荷量を超える酸性物質がすでに供給され[28]，酸性負荷が減った現在でも土壌の状態はすぐには回復しないと報告されている[29]．チェコでは1990年からSとNの沈着量が減少し，それにともない有機物層の塩基飽和度は上昇しているが，下層土のB～C層では2004年に至ってもまだ塩基飽和度は減少したままである．

これらの研究から，土壌は森林生態系を取り巻く環境である大気や水域の間でSフラックスを調整する役割を担うことがわかる．ただし，土壌は一時的な酸性沈着量の増大の影響を緩和するものの，いったん土壌の質的な変化が起こ

ると，その状態は長期にわたり続くことが明らかになってきた．S沈着量が減少しても酸性化傾向が続く生態系もあることから，継続的な観測やモデルによる回復時間の予測が必要である．

　日本における酸性沈着量は欧米と大差ないにもかかわらず，陸水の酸性化は2000年代に入ってもわずかしか報告がない．その理由は日本の森林土壌の性質にある．土壌の多くは火山灰の影響を受け遊離酸化物量や粘土鉱物の含有率が高く，これらの成分が硫酸イオンを吸着・吸蔵・沈殿化したり，有機態Sを安定化したりして，土壌の酸性化を防いでいる．しかし土壌の硫酸イオン吸着能は"すでに蓄積している硫酸イオンの量"が多いと低減する[30]．越境大気汚染や黄砂の飛来量の増加，火山の噴火など，わが国におけるS沈着量に関わる状況はつねに変化している．森林生態系におけるSの循環，S化合物の流入，流出のバランスおよび土壌のS蓄積能の変化を今後とも観測することが重要である．

引用文献

1) Likens GE, Bormann FH, Pierce RS, Eaton JS, Johnson NM (1977) Biogeochemistry of a Forested Ecosystem. Springer-Verlag, New York
2) Stern DI (2005) Global sulfur emissions from 1850 to 2000. Chemosphere 58, 163-175
3) Smith SJ, Pitcher H, Wigley TML (2001) Global and regional anthropogenic sulfur dioxide emissions. Global and Planetary Change 29, 99-119
4) Moller D (1984) On the global natural sulphur emission. Atmospheric Environment 18, 29-39
5) Spiro PA, Jacob DJ, Logan JA (1992) Global inventory of sulphur emissions with 1°×1° resolution. Journal of Geophysical Research 97, 6023-6036
6) Prietzel J, Hirsch C (2000) Ammonium fluoride extraction for determining inorganic sulphur in acid forest soils. European Journal of Soil Science 51, 323-333
7) 片山葉子（1994）イオウ循環と人間活動．人間と環境 20, 30-37.
8) Mitchell MJ, David MB, Harrison RB (1992) Sulphur dynamics of forest ecosystems. In "Sulphur cycling on the continents, Scope 48", Howarth RW et al., (eds.), pp215-254
9) Meiwes KJ, Khanna PK (1981) Distribution and cycling of sulphur in the vegetation of two forest ecosystems in an acid rain environment. Plant and Soil 60, 369-375.
10) Johnson DW, Henderson GS, Huff DD, Lindberg SE, Richter DD, Shriner DS, Todd DE, Turner T (1982) Cycling of organic and inorganic sulphur in a chestnut oak forest. Oecologia 54, 141-148.
11) 佐久間敏雄・冨田充子・柴田英昭・田中夕美子（1994）酸性沈着の影響下にある広葉樹林，針葉樹林生態系における硫黄の分布と循環Ⅱ：沈着・排出および系内

の循環．日本土壌肥料学会誌 65, 684-691
12) Likens GE, Driscoll CT, Buso DC, Mitchell MJ, Lovett GM, Bailey SW, Siccama TG, Reiners WA, Alewell C (2002) The biogeochemistry of sulfur at Hubbard Brook. Biogeochemistry 60, 235-316
13) McGill WB, Cole CV (1981) Comparative aspects of cycling of organic C, N, S and P through soil organic matter. Geoderma 26, 267-286
14) Tabatabai MA (1996) In "Methods of soil analysis, Part 3, Chemical Methods. SSSA book series 5", Sparks DL (ed.), pp921-960
15) Aguilera M, Mora MD, Borie G, Peirano P, Zunino H (2002) Balance and distribution of sulphur in volcanic ash-derived soils in Chile. Soil Biology and Biochemistry 34, 1355-1361
16) Freney JR (1986) Forms and reactions of organic sulfur compounds in soils. In "Sulfur in agriculture. Agronomy Monograph Number 27", Tabatabai MA (ed.), pp207-232
17) Tanikawa T, Takahashi M, Imaya A, Ishizuka K (2009) Highly accumulated sulfur constituents and their mineralogical relationships in Andisols from central Japan. Geoderma 151, 42-49
18) 谷川東子・高橋正通・今矢明宏・稲垣善之・石塚和裕（2003）アンディソルとインセプティソルにおける硫酸イオンの断面分布と現存量―吸着態および溶存態硫酸イオンについて―．日本土壌肥料学会誌 74, 149-155
19) Tanikawa T, Takenaka C (1999) Relating sulfate adsorption to soil properties in Japanese forest soils. Journal of Forest Research 4, 217-222
20) Johnson DW, Mitchell MJ (1998) Responses of forest ecosystems to changing sulfur inputs. In "Sulfur in the environment", Maynard DG (ed.), pp219-262
21) Reuss JO & Johnson DW (1986) Acid deposition and the acidification of soil and water. Springer-Verlag, New York
22) Matzner E, Ulrich B (1987) Results of studies on forest decline in northwest Germany. In "Effects of atmospheric pollutants on forests, wetlands and agricultural ecosystems" Hutchinson TC, Meema KM (eds.), pp25-42
23) Johnson DW, Hornbeck JW, Kelly JM, Swank WT, Todd DE (1980) Regional pattern of soil sulfate accumulation: relevance to ecosystem sulfur budgets. In "Atmospheric sulfur deposition, Environmental impact and health effects", Shriner DS et al. (eds.), pp507-520
24) Fuller RD, David MB, Driscoll CT (1985) Sulfate adsorption relationships in forested spodosols of the northeastern USA. Soil Science Society of American Journal 49, 1034-1040
25) Chen L, Driscoll CT (2005) Regional application on an integrated biochemical model to northern New England and Maine. Ecological Application 15, 1783-1797
26) Gbondo-Tugbawa SS, Driscoll CT, Mitchell MJ, Aber JD, Likens GE (2002) A model to simulate the response of a northern hardwood forest ecosystem to changes in S deposition. Ecological Application 12, 8-23
27) Bouchard A (1997) Recent lake acidification and recovery trends in southern Quebec, Canada. Water Air Soil Pollution 94, 225-245

28) Jeffries DS, Ouimet R (2004) Canadian acid deposition science assessment chapter 8: critical loads: are they being exceeded? Meteorological Service of Canada, Environment Canada. Downsview, Ontario
29) Whitfield CJ, Watmough SA, Aherne J, Dillon PJ (2006) A comparison of weathering rates for acid-sensitive catchments in Nova Scotia, Canada and their impact on critical load calculations. Geoderma 136, 899-911
30) 麓多門・岩間秀矩・天野洋司 (1996) 林地黒ボク土の硫酸イオン含量と土壌特性，硫酸イオン吸着能との関係. 日本土壌肥料学会誌 67, 648-654
31) Zucker A, Zech W (1985) Sulphur status of four uncultivated soil profiles in northern Bavaria. Geoderma 36, 229-240
32) Prietzel J, Weick C, Korintenberg J, Seybold G, Thumerer T, Treml B (2001) Effects of repeated $(NH_4)_2SO_4$ application on sulfur pools in soil, soil microbial biomass, and ground vegetation of two watersheds in the Black Forest/Germany Plant and Soil 230, 287-305

第25章

重金属の循環

竹中千里

1. 植物にとって重金属とは

　植物は，水素，炭素，酸素，窒素，リン，硫黄などの非金属元素と，カリウム，カルシウム，マグネシウムのようなアルカリ・アルカリ土類金属といわれる金属元素を主な元素として構成されているが，微量ながら鉄（Fe）やマンガン（Mn），銅（Cu），亜鉛（Zn），モリブデン（Mo）といった重金属元素を必須元素として含んでいる．これらの微量必須重金属元素の植物体内での形態とその機能を表25-1に示す．Fe，Mn，Cu，Moなど酸化状態が変わりやすい重金属は，植物体内の電子伝達すなわち酸化還元に関わる代謝に関与しており，ZnやMn，Fe，ニッケル（Ni）などは酸塩基反応の触媒として機能している．また，FeやCuは酸素の運搬に関与していることが知られている．これらの重金属は主にタンパク質と結合して存在している．この微量必須元素の植物体内での存在量には，恒常性（homeostasis）があることが指摘されているが[1]，その制御メカニズムについては，モデル植物を用いた分子レベルでの研究が進行中であり，新しい知見が見出されつつある段階である[2]．

　微量必須重金属元素は，土壌中に不足すると植物の欠乏症を，過剰に存在すると過剰障害を引き起こすことから，生理活性と重金属濃度の関係は一般的に図25-1の曲線（a）で示される．このような植物中の重金属については，作物栄養の観点から栽培植物を用いた研究が多く，生理的な役割とともに施肥の方法や量など詳細な検討がされている[3]．しかし，樹木における微量元素の研究は少なく，栽培植物に比べて知見が少ないのが現状である[4]．

　一方，必須でない重金属の濃度と生理活性の関係は曲線（b）のように示すことができ，ある許容濃度を超えると過剰障害が現れる．そのような元素とし

Heavy metal cycling; Takenaka, Chisato

表25-1 微量必須重金属元素の植物体における形態と機能.

元素	存在形態	機能
Co	B_{12}補酵素	共生細菌による窒素固定，非根粒性植物における窒素固定，電子移動，クロロフィルやタンパク質合成
Cu	種々のオキシダーゼ，プラストシアニン，セルロプラスミン	酸化，光合成，タンパク質・炭水化物の代謝，共生細菌による窒素固定，電子移動，細胞壁における代謝
Fe	ヘムタンパク，非ヘム鉄タンパク，デヒドロゲナーゼ，フェロドキシン	光合成，窒素固定，電子移動
Mn	さまざまな酵素	クロロプラストにおける酸素生成，間接的な硝酸還元
Mo	亜硝酸還元酵素，ニトロゲナーゼ，オキシダーゼ，モリブドフェレドキシン	窒素固定，硝酸還元，電子移動
Ni	ウレアーゼ酵素	ヒドロゲナーゼ，窒素の転流
V	ポルフィリン，ヘムタンパク	脂質の代謝，光合成，窒素固定
Zn	アンヒドロゲナーゼ，デヒドロゲナーゼ，プロテナーゼ，ペプチダーゼ	炭水化物・核酸・脂質の代謝

Kabata-Pendias [25] Table 37から抜粋和訳

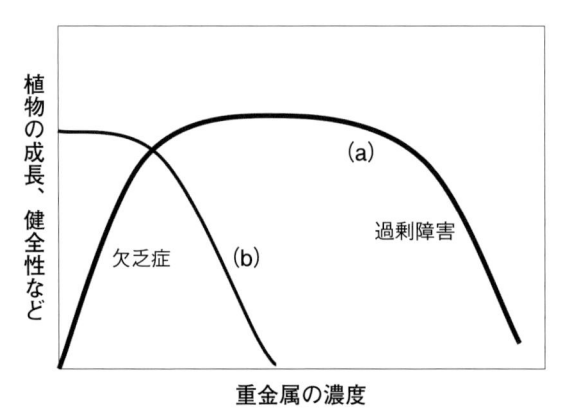

図25-1 重金属濃度の植物への影響（Lippard & Berg [30] Fig. 6-1を和訳転載）

て，水銀（Hg），砒素（As），カドミウム（Cd）や鉛（Pb）などが知られており，土壌汚染の原因物質として環境問題となる．

わが国の森林では基本的に施肥が行われないため，重金属は土壌中の限られた存在量の中で植物や動物に利用され，生態系を循環している．森林を構成する樹木によって重金属吸収の制御や利用が異なり，さらに生態系内での循環は，土壌の理化学性，構成樹種，さまざまな環境要因によって異なるので，いまだに整理されていない状況である．

2．土壌中重金属の起源と存在形態

　森林土壌の重金属元素の起源としては，まず母岩があげられる．重金属元素は，地球の地殻を構成する元素として表25-2に示すような割合で存在しているが，地質によってその存在割合に特徴があり，それは母岩を構成する造岩鉱物が重金属元素をどの程度含有しているかに依存する．関[5]は造岩鉱物と火山ガラスの主な重金属濃度をまとめている．たとえば石英は主成分が二酸化ケイ素（SiO_2）であり，重金属元素の含有量は極めて低い（Cu: $1～5$ mg kg^{-1}等）のに対し，角閃石，輝石，カンラン石などは重金属元素を高濃度で含む（輝石の例，Cu: $5～500$ mg kg^{-1}，Zn: $10～2,000$ mg kg^{-1}，Cr: $5～5,000$ mg kg^{-1}など）．花崗岩や玄武岩といった岩石は，それぞれの特徴的な造岩鉱物により異なる割合で構成されているため，平均的な重金属元素の含有量も異なっている．輝石や磁鉄鉱などから構成され塩基性岩である玄武岩は，石英や長石，黒雲母から構成される花崗岩よりも，Cu，Zn，Co，Ni，Crといった重金属濃度が高く[5]，さらに超塩基性岩である蛇紋岩では，その地域で生育する植物においてNi過剰障害が報告されるほど，その含有量が高いことがある[6]．

　このような地質による元素の存在量の違いを広域的な分布として地図上に示したのが，地球化学図である[7]．これは，河川堆積物の化学組成がその地点の上流域の地質を代表しているという前提のもと，日本全国から系統的に約3,000個の河川堆積物を採取し，53元素を同一手法で分析し，その結果を日本地図上に濃度分布としてマッピングしたものである．この地球化学図は，10 km×10 kmに1点という空間スケールでのデータではあるが，物質循環の観点から森林土壌の重金属元素の存在量を評価する際，地質図を用いるより簡便で直接的であるため，非常に有効なデータベースといえる．なお，このデータは産業技術総合研究所地質調査総合センターのホームページで公開されている（http://riodb02.ibase.aist.go.jp/geochemmap/index.htm）．

　森林土壌における重金属元素の起源としては，大気からの降下物も無視できない．大気中にはエアロゾルとして重金属を含む微小粒子が存在しており，それらは降水や降雪にともなって降下するだけでなく，無降雨時にも乾性降下物として森林へと沈着する．大気中の重金属を含む微粒子には，土壌粒子のような自然由来の粒子と，人間活動由来の粒子が存在し，FeやMnは前者，Cu，Cr，Ni，Pb，V（バナジウム），Znなどは後者として大気から沈着することが

表25-2　地殻の岩石における平均含有率.

元素	地殻平均（mg kg^{-1}）
Co	25
Cu	55
Fe	50,000
Mn	950
Mo	1.5
Ni	75
V	135
Zn	70
Cd	0.2
Cr	100
Pb	13

出典：Mason & Moore [31] Table 3.5

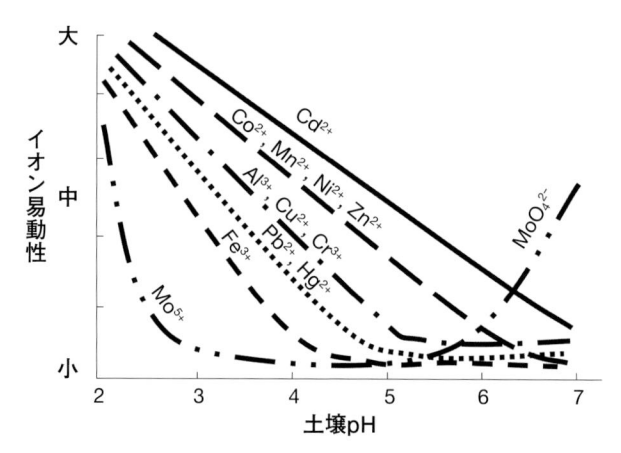

図25-2　重金属イオン易動性と土壌 pH の関係.（Kabata-Pendias[25] Fig. 14 を和訳転載）

報告されている[8, 9].　1960～70年代の大気汚染問題が深刻だった頃にはじまった都市域の重金属汚染の研究では，大気からの煤塵，粉塵に焦点が当てられており，工場や発電所などの固定発生源や自動車排ガスなどの移動発生源からのさまざまな重金属元素の沈着が報告されている[10].　一方，森林域への沈着については，Itoh ら[11]が Pb の安定同位体比の解析によって，大気からの人間活動由来の Pb 寄与率が高いこと，およびそれらが土壌表層に安定して存在していることを報告している．また，近年その飛来量が増大している黄砂は，もともとは中国の砂漠を発生場所とし自然由来の粒子といえるが，長距離輸送される

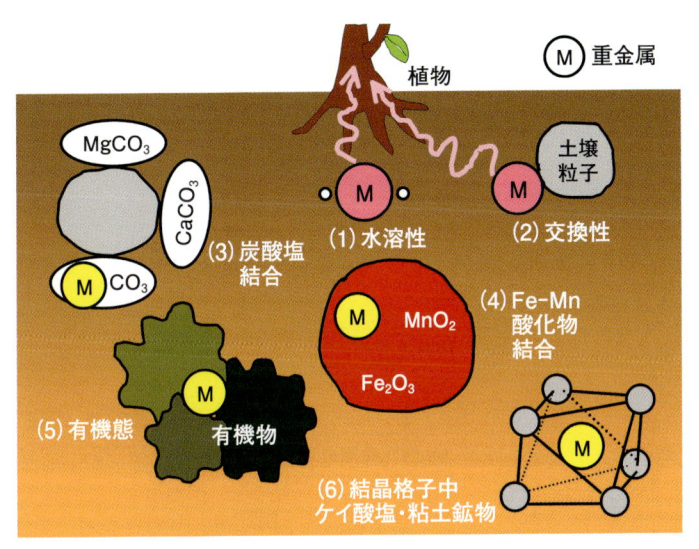

図25-3　土壌中の金属元素の存在形態.

間にさまざまな汚染物質を付着し，それらの輸送媒体となっている．汚染物質としては，硫黄や窒素といったガス由来の元素だけでなく，鉛も含まれることが明らかとなってきており，春季の韓国では，黄砂が大気からの主な重金属の起源となっている[12]．

　母岩中の重金属は，ケイ酸塩や酸化物，硫化物のような無機化合物として造岩鉱物中に存在しているが，さまざまな環境条件下における土壌の化学的および生物的作用を通して，多様な化学形態をとるようになる．とくに，重金属元素の動態に影響を与える因子はpHと酸化還元状態であり，図25-2に土壌pHに対する重金属元素のイオンとしての易動性を示した．一般に，pHが低いほど重金属元素の移動性は高まるが，モリブデン（Mo）はpHが中性付近以上でも移動性が高くなる．一方，硫化水素が発生するような還元的な条件下では，多くの重金属が硫化物を形成するために易動性は非常に低下する．また，土壌中の有機物の質や量も重金属の化学形態に影響する（図25-3）．有機物中のイオン交換能をもつカルボキシル基の存在，あるいは重金属と安定なキレートを形成する官能基の存在は，土壌中の重金属の動態に大きく影響を与える．

　重金属元素は土壌中で多様な形態をとって存在する．形態によって移動性や植物の吸収量が異なるので，定量的に評価する必要がある．その方法として，反

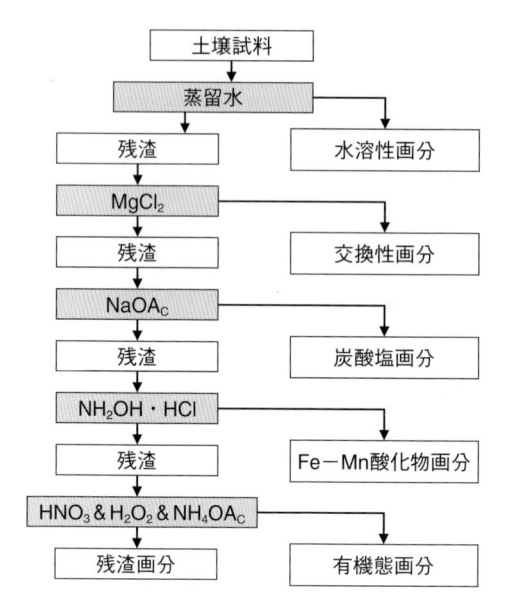

```
    土壌試料
       ↓
    蒸留水 → 水溶性画分
       ↓
     残渣
       ↓
    MgCl₂ → 交換性画分
       ↓
     残渣
       ↓
    NaOAc → 炭酸塩画分
       ↓
     残渣
       ↓
  NH₂OH・HCl → Fe-Mn酸化物画分
       ↓
     残渣
       ↓
HNO₃ & H₂O₂ & NH₄OAc → 有機態画分
       ↓
    残渣画分
```

図25-4 Tessier et al.[15] の連続抽出法による土壌中の重金属の存在形態による分画.

応性の弱い試薬から順に連続的に抽出する分析する方法が開発されている[13,14]. 土壌中の Cu の化学形態を調べるため，Tessier ら[15]は図25-4に示すように，水溶性画分，イオン交換性画分，炭酸塩画分，鉄・マンガン酸化物画分，有機物結合画分，残渣画分（ケイ酸塩）の順で，化学的に不安定な形態から安定な形態へと分画した．この方法は，植物にとって利用可能な化学形態の含有量を評価する方法として有効である．Inaba and Takenaka[16] は，Cu は褐色森林土中で変化しにくい有機物結合画分や残渣画分に多く存在し，土壌中に比較的安定した状態で存在することを明らかにした.

3. 樹木中の重金属の存在と動態

森林の樹木中の微量重金属の研究は，酸性雨や大気汚染の影響という視点からはじまった．酸性雨による土壌酸性化が，Ca や Mg の流亡とともに，Al や Mn，その他の重金属元素の溶出を促し，Al/Ca 比に代表されるような土壌中の元素バランスを崩し，樹木生理に影響を与えたことがヨーロッパやアメリカの森林衰退の一因として報告されている[17,18]．また，植物体の重金属元素は，都市域の大気汚染モニタリングにおける指標として用いられている．樹木に付着している地衣類[19]や蘇苔類，樹皮や葉[20]などを洗浄せずに化学分析し，樹体表

面に付着している重金属量から環境汚染の程度を評価できる．Loppi ら[20]は，大気汚染物質由来の量の把握には樹皮よりも葉のほうが適していると指摘している．

一方，表面を洗浄して付着物質の影響を除き樹木葉中の重金属を調べると，樹種や季節，試料採取場所によって含有量が異なっている．ヨーロッパの落葉広葉樹（ブナ，ヤナギ，カエデ，シナノキ）の葉中の Cd，Cr，Ni，Pb 含有量は季節とともに上昇し，また Ba，Cd，Mn，Ni 含有量は採取場所によって顕著に異なった[21]．さらに，樹木葉中の重金属元素含有量は，樹木個体の雌雄の違いや[22]，他の栄養塩の状態[23]などにも影響を受ける．そのため，樹木葉中の微量重金属元素含有量を環境モニタリングの指標として用いるためには，樹種ごとの基礎的なデータの蓄積が不可欠であり，モニタリングに適した樹種の選択や試料採取法を検討することが必要である．

森林生態系における重金属元素の循環を明らかにするためには，多量元素と同様に，リターとして土壌に還元される量，有機態重金属の無機化速度や化学形態の変化速度，土壌中の蓄積量，根からの吸収速度などのデータも必要である．重金属元素の中には，落葉前に木部に回収され再利用される元素や，葉に蓄積してリターとして土壌に還元される元素などがある．その挙動は樹種によっても異なるが，研究事例は少なく[24]，森林生態系における重金属元素の循環の解明はこれからの課題といえる．

4．過剰な重金属元素に対する植物の応答と利用

土壌中に重金属が過剰に存在すると，植物は葉のネクロシス（壊死）やクロロシス（黄変），葉の変色，根の成長阻害など，さまざまな過剰障害を示す[25]．一方，植物はさまざまな抵抗性も備えており，根における選択的な吸収，細胞壁や膜への結合や透過性の低下，有機酸，メタロチオネインなどのチオール物質，ペクチン物質などとの結合による無害化，液胞への隔離などのメカニズムが知られている[26]．重金属濃度の高い土壌に自然植生が成立している場合，重金属耐性をもった固有の種が生育している場合が多く，たとえば北海道の蛇紋岩地質の固有種としてテシオコザクラなどが報告されている[27]．また，重金属濃度の高い土壌に適応した植物の中には，重金属を植物体に高濃度で集積できる植物（hyperaccumulator）もある．

近年，重金属を高濃度に蓄積できる植物を用いて，重金属汚染土壌を浄化す

る技術であるファイトレメディエーション（phytoremediation）が注目されている．この方法は，重金属に対する耐性が高く植物体（とくに地上部）に高濃度に重金属を蓄積する能力の高い植物を汚染土壌に植栽し，重金属を植物に吸収させた後に植物体を回収するというもので，従来の排土客土や洗浄といった汚染浄化技術に比べて，時間はかかるけれども低コスト，低エネルギーという利点をもつ．重金属集積植物は草本が多く知られているが，バイオマスの大きい樹木の利用も研究されている[28]．海外ではヤナギ（*Salix viminalis*）の利用可能性に関する報告が多い．日本では二次林に広く分布する落葉広葉樹のタカノツメ（*Evodiopanax innovans*）が Cd や Zn を高濃度で蓄積する[29]．この技術には，汚染地に在来する樹種の利用が望ましいため，重金属を蓄積する樹木のさらなる探索が期待される．

引用文献

1) Grotz N, Guerinot ML (2006) Molecular aspects of Cu, Fe and Zn homeostasis in plants. Biochimica et Biophysica Acta 1763, 595-608
2) Kobae Y, Uemura T, Sato MH, Ohnishi M, Mimura T, Nakagawa T, Maeshima M (2004) Zinc transporter of *Arabidopsis thaliana* AtMTP1 is localized to vacuolar membranes and implicated in Zinc homeostasis. Plant Cell Physiology 45, 1749-1758
3) 高橋英一（1984）施肥農業の基礎．359pp，養賢堂
4) 野口享太郎・織田（渡辺）久男（2003）森林の樹木における微量要素欠乏．季刊肥料 95, 40-50
5) 関陽児（2005）造岩鉱物中の重金属．（土壌生成と重金属動態，日本土壌肥料学会編，博友社），pp46-63
6) Mizuno N (1968) Interaction between iron and nickel and copper and nickel in various plant species. Nature 219, 1271-1272
7) 今井登（2005）岩石圏の重金属賦存量―日本の地球化学図―．（土壌生成と重金属動態．日本土壌肥料学会編，博友社），pp14-39
8) Fang GC, Wu YS, Huang SH, Rau JY (2005) Review of atmospheric metallic elements in Asia during 2000-2004. Atmospheric Environment 39, 3003-3013
9) Hou H, Takamatsu T, Koshikawa MK, Hosomi, M (2005) Trace metals in bulk precipitation and throughfall in a suburban area of Japan. Atmospheric Environment 39, 3583-3595
10) 浅見輝夫（2001）データで示す―日本土壌の有害金属汚染．402pp，アグネ技術センター
11) Itoh Y, Noguchi K, Takahashi M, Okamoto T, Yoshinaga S (2007) Estimation of lead sources in a Japanese cedar ecosystem using stable isotope analysis. Applied Geochemistry 22, 1223-1228

12) Han YJ, Holsen TM, Hopke PK, Cheong JP, Kim H, Yi SM (2004) Identification of source locations for atmospheric dry deposition of heavy metals during yellow-sand events in Seoul, Korea in 1998 using hybrid receptor models. Atmospheric Environment 38, 5353-5361
13) Hammer D, Keller C (2002) Changes in the rhizosphere of metal-accumulating plants evidenced by chemical extractants. Journal of Environmental Quality 31, 1561-1569
14) Eriksson L, Lendin S (1999) Changes in phytoavailavility and concentration of cadmium in soil following long term salix cropping. Water, Air, and Soil Pollution 114, 171-184
15) Tessier A, Campbell PGC, Bisson M. (1979) Sequential extraction procedure for the speciation of particulate trace metals. Analytical Chemistry 51, 844-851
16) Inaba S, Takenaka C (2005) Changes in chemical species of copper added to brown forest soils in Japan. Water, Air, and Soil Pollution 162, 285-293
17) Leblanc DC, Loehle C (1993) Effect of contaminated groundwater on tree growth: a tree-ring analysis. Environmental Monitoring and Assessment 24, 205-218
18) Kogelmann WJ, Sharpe WE (2006) Soil acidity and manganese in declining and nondeclining sugar maple stands in Pennsylvania. J. Environmental Quality 35, 433-441
19) Grodzinska K, Szarek-Lukaszewska G, Godzik B (1999) Survey of heavy metal deposition in Poland using mosses as indicators. The Science of the Total Environment 229, 41-51
20) Loppi S, Nell L, Ancora S, Bargagli R (1997) Passive monitoring of trace elements by means of tree leaves, epiphytic lichens and bark substrate. Environmental Monitoring and Assessment 45, 81-87
21) Piczac K, Lé sniewicz A, Zyrnicki W (2003) Metal concentrations in deciduous tree leaves from urban areas in Poland. Environmental Monitoring and Assessment 86, 273-287
22) Custodio L, Correia PJ, Martins-Loucao MA, Romano A (2007) Floral analysis and seasonal dynamics of mineral levels in carob tree leaves. Journal of Plant Nutrition 30, 739-753
23) Scagel CF, Bi G, Fuchigami LH, Regan RP (2008) Rate of nitrogen application during the growing season and spraying plants with urea in the autumn alters uptake of other nutrients by deciduous and evergreen container-grown *Rhododendron* cultivar. Hortscience 43, 1569-1579
24) Berg B, McClaugherty C (2003) Decomposition as a process. In "Plant Litter: Decomposition, Humus Formation, Carbon Sequestration", Springer, pp11-30
25) Kabata-Pendias A (2000) Trace elements in soils and plants, Third edition. 413pp, CRC press
26) Parasad MNV (1999) Metallothioneins, metal binding complexes and metal sequestration in plants. In "Heavy Metal Stress in Plants", Parasad MNV (ed.), Springer, pp47-83
27) 水野直治・水野隆文（2007）フィールドの基礎化学. 187pp, 産業図書

28) Pulford ID, Dickinson NM (2006) Phytoremediation technologies using trees. In "Trace Elements in the Environment", Parasad MNV, Sajwan KS, Naidu R (eds.), CRC/Taylor & Francis, pp383-404
29) Takenaka C, Kobayashi M, Kanaya S. (2009) Accumulation of cadmium and zinc in Evodiopanax innovans. Environmental Geochemistry and Health 31, 609-615, DOI 10.1007/s10653-008-9205-6
30) Lippard SJ, Berg JM. (1994) Principles of Bioinorganic Chemistry. 411pp, University Science Books, California
31) Mason B, Moore CB (1982) Principles of Geochemistry, 4th edition. 344pp, John Wiley & Sons, New York

第26章

物質収支

馬場光久

1. その評価の目的と意義

　森林生態系は動的平衡状態を維持しているが，生物間の相互作用や環境要因の変化によりつねに変化している（第Ⅲ部第18章参照）．しかし，その変化が小さかったり，非常にゆっくりと進んだりするために，変化そのものをとらえることが難しいことが多い．1つひとつの変化が小さくても長期にわたって継続すれば異なった様相を呈することになる．このため，小さな変化をとらえ，情報を集積させることが将来の森林の姿を予測する上で重要となる．

2. 物質収支の測定

　環境要因の1つである土壌は植物の生育に影響している．森林に生育する植物についても同様であるが，森林を構成する木本植物の寿命は長いので，落葉により土壌に供給された養分によって土壌の性質が変化する．たとえば，スギはヒノキに比べて酸に対する感受性が強く，酸性化によって生育が低下しやすい[1]．一方で，スギの針葉にはカルシウムが多く含まれ[2]，スギ林土壌では交換性カルシウムイオン（Ca^{2+}）が蓄積することで土壌 pH が上昇する（第Ⅲ部第23章参照）．

　一般に土壌の変化をとらえることは難しい．これは，土壌の酸緩衝能力により変化が現れにくい上に，森林においては樹木からの距離によって土壌の化学性が異なる[3]ためである．澤田・加藤[4]は樹齢の異なる林分の土壌を採取，分析することで土壌における塩基の蓄積要因について解析した．人工林であるスギやヒノキのように樹齢が把握でき，かつ異なる樹齢の林分が近接すれば，こうしたアプローチにより土壌と植物との相互作用を評価することが可能である．

Element balance; Baba, Mitsuhisa

しかし，広葉樹林や天然林のように異なる樹齢のものが混在しているような場合にはどうすればよいのであろうか．継続的に試料を採取して変化がとらえられればよいので，土壌を採取する代わりに土壌間隙を浸透する水を採取するアプローチが有効である[5]．土壌に浸入した雨水は浸透する過程において土壌粒子と平衡状態となるため，土壌浸透水（土壌溶液）を採取する器具を設置してくり返し試料を採取すれば，同一地点における土壌の変化を評価することができる．

土壌浸透水を採取すれば，ある時点における土壌の化学的状態を把握することができるが，変化をとらえるためには定量的な評価が必要である．たとえば，土壌浸透水中の硝酸イオン（NO_3^-）濃度を測定したら，「O層（A_0層または堆積有機物層）直下より深さ10 cmのほうが，NO_3^-濃度が高くなった．」という結果が得られた場合，理由を判断するためには，NO_3^-濃度でなく，NO_3^-量がどれくらい増えたかが重要である．濃度が上昇する理由として，硝化作用によりNO_3^-が生成されたことも考えられるが，土壌中の水分量が減少して濃縮されたことも考えられる．NO_3^-量の把握ができれば，O層直下から深さ10 cmの間でNO_3^-量が増えたか減ったかが明確になる．もし，NO_3^-量が増えていれば硝化作用によりNO_3^-が生成されたと考えることができる．一方でNO_3^-濃度が高くなっても，NO_3^-量が減少していれば水分が減少して濃縮されたと判断される．

森林生態系は外部循環と内部循環から成り立ち，林冠あるいは土壌層位における物質の増減を物質収支で評価する（第III部第18章参照）．物質を増減させる要因として，林冠においては乾性沈着（後述）した物質の洗脱や葉面吸収が，土壌中では植物による吸収，微生物による同化（有機化）や無機化，イオン交換反応や化学的風化があげられる（図26-1）．林冠にはエアロゾルのような粒子やガスが葉に沈着し（乾性沈着），沈着した粒子が雨水（湿性沈着）とともに洗脱され，粒子に含まれる成分が溶けて濃度が増加する．逆に葉面吸収によって減少する成分もある．この増減を量的に評価するためには，濃度だけでなく濃度に雨量を掛け合わせた移動量を求める必要がある．雨水が土壌に浸入した後においては，土壌水に溶存する成分は植物の根による吸収，微生物による有機化によって減少したり，無機化にともなって増加したりする．また，窒素は硝化作用によってアンモニウムイオン（NH_4^+）がNO_3^-に変化する．加えて，イオン交換反応や化学的風化によって成分組成が変化する．何がどれだけ変化

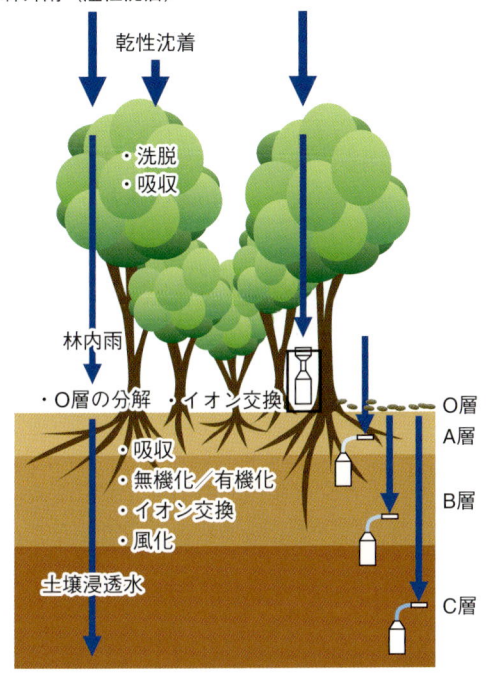

図26-1 森林生態系における外部循環と内部循環プロセスとその観測手法.

したのかをとらえるためには，土壌浸透水中の成分濃度だけでなく，浸透水量を掛け合わせた移動量を求めることが雨水の場合と同様に重要である．これによりある層に入ってくる物質の量と出て行く物質の量の差（物質収支）から，層における増減を把握できる．

したがって，物質収支を評価するためには土壌中の浸透水量の把握が不可欠である．断面積が明らかなテンションフリーライシメータを土壌中に埋設して重力排水される水（重力水）を採取する（図26-1）と浸透水量も把握できる．浸透水の水質分析により得られた成分濃度と浸透水量から単位面積あたりの物質の移動量を求め，物質移動量の増減から物質収支を算出する．ただし，この方法では重力水しか採取できないため，表層土壌における浸透水は採取できても下層土壌での採取は困難なことが多い．そこで，セラミック製ポーラスカップを用いたテンションライシメータで浸透水を採取し，別途浸透水量を評価する方法が有効である．浸透水量はテンシオメータで土壌中の水分量を測定して土壌中の浸透水量を数学モデルにより算出する，あるいはペンマン式により蒸

散量を算出して評価する．いずれにしても水文学的な評価手法が必要となる．最近では，ポーラスプレートライシメータを埋設し，埋設した深さの土壌水分をテンシオメータで測定しながら，土壌水分に見合う負圧をかけることで土壌浸透水量を評価する方法を用いた研究も進んでいる[6]．この方法では，重力水だけでなく毛管水も採取することが可能である．また，採取した浸透水の水質分析をすればテンションフリーライシメータ法と同様に単位面積あたりの物質の移動量を求めることができる．

　この他イオン交換樹脂をナイロン製バッグに詰めたものを埋設して物質の移動量を評価する方法がある（たとえば生原ら[7]）．この方法の利点は，浸透水中のイオンを吸着，保持するため，水試料を採取するための容器が不要であり，かく乱範囲が小さくて済む点である．容器が不要ということは，積雪地域における融雪期の物質収支を把握する上で重要な利点である．

　こうした物質収支の手法を用いて，異なる地点の年間移動量を評価できる．一方で，ある試験地における期間ごとに物質収支を評価することもできる．これにより物質の生成や消費あるいは集積や溶脱の季節変動を把握できる．

3．H^+ 収支

　水質分析により直接その物質の収支を評価する以外にも，間接的に収支を評価することに利用できる物質もある．それが水素イオン（プロトン，H^+）である．たとえば硝化作用の際にはNO_3^-だけでなく，H^+が生成される（表26-1中②）．H^+は土壌中で陽イオン交換作用により土壌の陽イオン交換基のCa^{2+}などと置換され，土壌浸透水中から除去される．しかし，NO_3^-は土壌浸透水中に残存する．また，硝化作用の際にはNH_4^+が減少することから，van Breemen et al.[8] は窒素の形態変化にともなう酸の生成量（$[H^+]$load）を次式で求めた．

$$[H^+]load = ([NH_4^+]th - [NH_4^+]out) - ([NO_3^-]th - [NO_3^-]out) \quad (1)$$

　［　］で括ったものはそれぞれの物質の移動量を示し，添字の th は［　］の物質の林内雨（林冠を通過した後に地表に達する降水）による流入量を，out は流出量を示している．それぞれの深さにおいてこの計算を行い，たとえば O 層，O 層～10 cm，O 層～40 cm の物質収支を求め，これらの差から 0～10 cm 層，10～40 cm 層における［H^+］load を求めることができる．植物による NO_3^- の

表26-1 窒素の循環にともなう水素イオン収支[8,9]

水素イオンの生成過程			
アンモニウムイオンの同化	R-OH + NH_4^+	$\Rightarrow$ R-NH_2 + H_2O + H^+	①
硝化	NH_4^+ + $2O_2$	$\Rightarrow$ NO_3^- + $2H^+$ + H_2O	②
水素イオンの消費過程			
硝酸イオンの同化	R-OH + NO_3^- + H^+ + $2CH_2O$	$\Rightarrow$ R-NH_2 + $2CO_2$ + $2H_2O$	③
無機化	R-NH_2 + H_2O + H^+	$\Rightarrow$ R-OH + NH_4^+	④

吸収や有機態窒素の無機化ではH^+が消費され（表26-1中③，④），この過程の反応が酸を生成する過程（表26-1中①，②）を上回れば［H^+］loadは負の値となる．

窒素以外にも陰イオンの吸収・同化あるいは陰イオンの吸着によってもH^+が消費される[9]．これらを考慮してMulder et al.[10]は全酸生成量（［H^+］prod）を次式により算出した．

$$[H^+]\text{prod} = [H^+]\text{in} - [H^+]\text{out} + [H^+]\text{load} + [SO_4^{2-}]\text{out} - [SO_4^{2-}]\text{th} + [Cl^-]\text{out} - [Cl^-]\text{th} \tag{2}$$

［H^+］prodには［H^+］loadや陰イオン（硫酸イオン（SO_4^{2-}），塩化物イオン（Cl^-））収支のほかに大気由来の酸の沈着量（［H^+］in）が含まれる．［H^+］inは

$$[H^+]\text{in} = [H^+]\text{pr} + [H^+]\text{dry} \tag{3}$$

により求められる．［H^+］inは林外雨によるH^+の沈着量（［H^+］pr）および酸の乾性沈着量（［H^+］dry）の合計である．［H^+］dryは

$$[H^+]\text{dry} = [SO_4^{2-}]\text{th} - [SO_4^{2-}]\text{pr} + [NO_3^-]\text{th} - [NO_3^-]\text{pr} + [NH_4^+]\text{pr} - [NH_4^+]\text{th} \tag{4}$$

により求められる．

Mulder et al.[10]は酸性土壌における研究であったため，炭酸（H_2CO_3）の解離や炭酸水素イオン（HCO_3^-）による酸緩衝作用は重要な反応ではなかった．しかし，これらの反応を考慮する必要がある場合には

$$[H^+]\text{prod}' = [H^+]\text{in} - [H^+]\text{out} + [H^+]\text{load} + [SO_4^{2-}]\text{out} - [SO_4^{2-}]\text{th} +$$
$$[Cl^-]\text{out} - [Cl^-]\text{th} + [HCO_3^-]\text{out} - [HCO_3^-]\text{in} \quad (5)$$

と HCO_3^- 収支を考慮して全酸生成量を評価する必要がある．

　生成した酸は陽イオン交換作用，化学的風化によって緩衝される．土壌の交換性陽イオンのうち，Ca^{2+}，マグネシウムイオン（Mg^{2+}），カリウムイオン（K^+），ナトリウムイオン（Na^+）は土壌学では塩基とよばれる．これはこれらの陽イオンが土壌のイオン交換基に保持される量が増えるにつれて土壌 pH が高くなるためである．陽イオン交換作用によって，土壌浸透水の pH の低下が抑制されるが，一方で土壌は塩基が失われることになるため，酸性化する．また，化学的風化が起きるとケイ酸（H_4SiO_4，$SiO_2 \cdot 2H_2O$ あるいは単に SiO_2 と表記される）が溶出するため，SiO_2 を風化の指標として評価する．

　この評価方法はあくまでも土壌の酸性化を評価することを主眼においている．これに対して Shibata et al.[11)] は酸の生成過程である 1）酸の流入，2）植物による塩基の吸収，3）植物による NH_4^+ の吸収，4）硝化作用，5）無機化にともなう陰イオンの放出，6）炭酸・有機酸の解離の各過程，および酸の消費過程である 7）酸の流出，8）風化や陽イオン交換による塩基の放出，9）有機態窒素の無機化にともなう NH_4^+ の放出，10）植物による NO_3^- の吸収，11）NO_3^- 以外の陰イオンの植物による吸収・土壌への吸着，12）炭酸水素イオンの炭酸化や有機酸の分解の各過程に分けて計算を行い，どの過程が酸の収支において重要かを検討している．より詳細な評価のためには雨水や土壌浸透水だけでなく，植物の成長量，植物体中の養分含有量，落葉（リターフォール）の量とそれに含まれる養分量などの把握が必要である．

引用文献

1) 塘隆男（1962）わが国主要樹種の栄養および施肥に関する基礎的研究．林業試験場研究報告 137, 1-158
2) 森田禧代子（1972）本邦主要樹種の落葉の無機成分．林業試験場研究報告 243, 33-50
3) 加藤秀正・白井昌洋（1995）スギおよびヒノキ樹幹近傍土壌の酸性化．日本土壌肥料学雑誌 66, 57-60
4) 澤田智志・加藤秀正（1993）スギおよびヒノキ林下の土壌における塩基の蓄積要

因．日本土壌肥料学雑誌 64, 296-302
5) 岡崎正規・馬場光久（2000）土壌・土壌溶液の分析．（酸性雨研究と環境試料分析－環境試料の採取・前処理・分析の実際－，佐竹研一編，愛智出版，東京），pp184-205
6) 釣田竜也・吉永秀一郎・阿部俊夫（2005）ポーラスプレート・テンションライシメータ法による土壌水の年移動量の測定．土壌の物理性 101, 51-56
7) 生原喜久雄・相場芳憲・川嶋裕（1990）イオン交換樹脂による森林土壌浸透水の移動イオン量の測定．日本生態学会誌 40, 19-25
8) van Breemen N, Mulder J, van Grivsen JJM (1987) Impacts of acid atmospheric deposition on woodland soils in the Netherlands: II. Nitrogen transformation. Soil Science Society of America Journal 51, 1634-1640
9) Gundersen P, Rasmussen L (1990) Nitrification in forest soils: Effects from nitrogen deposition on soil acidification and aluminum release. Reviews of Environmental Contamination and Toxicology 113, 1-45
10) Mulder J, van Grivsen JJM, van Breemen N (1987) Impacts of acid atmospheric deposition on woodland soils in the Netherlands: III. Aluminum chemistry. Soil Science Society of America Journal 51, 1640-1646
11) Shibata H, Kirikae M, Tanaka Y, Sakuma T, Hatano R (1998) Proton budgets of forest ecosystems on Volcanogenous Regosols in Hokkaido, northern Japan. Water, Air, and Soil Pollution 105, 63-72

第27章

ストイキオメトリー

廣部 宗

1. ストイキオメトリーとは

　炭素（C），窒素（N）およびリン（P）などさまざまな元素の循環は，供給源や制御機構にそれぞれの元素固有の特徴があり，別々に評価されることが多い．しかし，生物はすべての必須元素を同時に必要とするため，個々の必須元素は完全に独立して循環しているわけではなく，ある必須元素の循環はその他の元素の循環に影響をおよぼす可能性がある．このような元素間の相互作用を考慮して物質循環を評価するにあたり，複数元素のバランスを扱うストイキオメトリー（化学量論，Stoichiometry）の概念は重要である[1]．

　化学反応において，ある固有の元素比をもつ反応物はある固有の元素比をもつ化合物を生成する．また，多くの生化学反応は，ある程度固有の元素比をもつ生物体の中で生じ，反応を触媒する酵素自体も固有の元素比をもっている．化学反応が進むとき，あるいは生物が成長するときは，どちらの場合も必要なすべての反応物と触媒（生物の場合は生物体自体も）を必要とする．元素比は化学反応（または生物）の不完全な記述にすぎないが，元素は化学反応においてもっとも保存的な構成要素である．すなわち，元素は核融合や核分裂，および放射性崩壊といった特殊な場合を除けば，エネルギーや有機・無機化合物と異なり，生成されることも消費されることもない．そのため，どのような化学反応のどの元素に対しても，またはどのような生物に対しても，質量収支（mass balance）を算定できる．以上のようにストイキオメトリーの原則は非常に明快であり，生物地球化学的過程に元素比に関する制約が存在しているであろうことが理解できる[1]．たとえば，生態学において，ストイキオメトリーは Redfield[2] によって明示的に利用され，海洋の植物プランクトンが示す C：

Stoichiometry; Hirobe, Muneto

N:Pのモル比（＝106:16:1）に関する先駆的研究成果はレッドフィールド（Redfield）比として知られている．

2．森林生態系の植物・土壌にみられるストイキオメトリー

　生物体が示す元素比は，前述の海洋の植物プランクトンではばらつきが小さいが，構造組織をもつ生物の場合はその量や化学組成により比較的大きなばらつきを示す[3),4)]．たとえば，陸上植物では構造組織にCを使用するためCの存在比が大きくなり，陸上の脊椎動物ではカルシウム（Ca）やPの存在比が大きくなる．また，植物プランクトンや構造組織以外の"原形質生命（protoplasmic life）"部分であっても，生物が豊富にある元素を貯蔵あるいは"贅沢消費（luxury consumption）/過剰摂取（excess uptake）"する場合には元素比はある程度のばらつきを示す[3),4)]．植物成長に対してストイキオメトリーが重要であることは，Liebig（リービッヒ）の最少養分律[5)]にみられる通り新しい命題ではないが，ストイキオメトリーをもたらすメカニズムや大地理的なパターンに関する理解を深めていく必要がある[4),6)]．

　陸上植物の葉の特性には種間や機能タイプ間に大きな違いがあり，その結果，葉の養分濃度も大きく異なる．そのため，養分濃度だけでは土壌養分の変動に対する植物の反応について得られる情報は限られる[7)]．そこで，土壌養分の違いと葉の養分の関係を比較するにあたって，養分濃度だけではなくストイキオメトリーからも検討される[4)]．Cは構造組織に使用されて大きなばらつきがあるので，N:P比（N/P比）を比較するほうがよい[8)]．生葉のN:P比は成長の際，NあるいはPの制限を示す可能性があり，N:P<14ではN制限的であり，N:P>16ではP制限的である[9)-12)]．生態系レベルの生葉のN:P比は，大地理的な規模で比較すると極地から赤道へ向かって上昇する[13),14)]（図27-1）．気候要因の変化は，植物の成長に最適なN:P比を上昇または下降させる可能性があるため[15)]，N:P比の大地理的な変化は，土壌基質の生物地理学的な違いによるものか，温度あるいはその他の生育条件の違いによるものかは結論されていない[6),13),14)]．また，生態系内では種によるばらつきも大きく[16)]，N:P比は体サイズが小さい生物については，潜在的にもつ成長速度の速さと非常に強い相関があり，N:P比が低いほど速い潜在成長速度をもつ[4),17)]が，樹木に関しては葉のN:P比と成長速度の関係は現時点では明瞭ではない[18)]．

　土壌と土壌微生物のC:N:P比については，Cleveland and Liptzin[19)]がまと

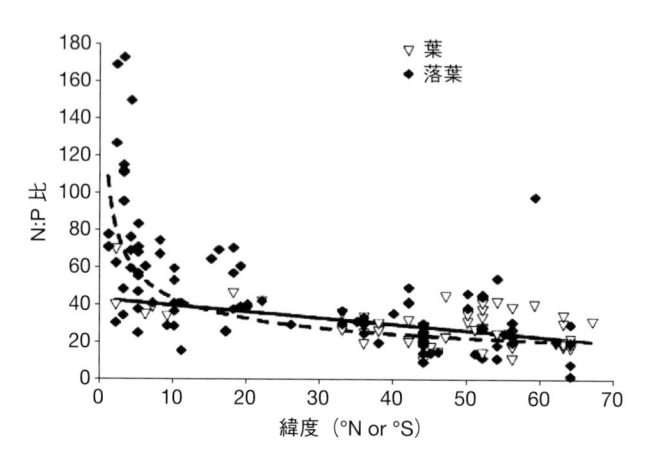

図27-1 葉およびリターのN：P比の緯度に沿った変化.（McGroddy et al.[13] の Fig 3を一部改変して転載）

めている（図27-2）．土壌の元素濃度は非常に大きくばらつくが，総体としてC：N：P比には強い制約があり，その値はC：N：P＝186：13：1と報告している．また，葉ではN：P比に植生タイプや緯度による違いが観察されているが，土壌のN：P比には植生タイプよる違いがみられず，土壌微生物についても，土壌微生物のN：P比には緯度による違いや土壌のN：P比との関連がみられない．土壌微生物については，当初，①海洋の植物プランクトンの場合と異なり，元素の可動性が低く混合が起きにくい不均質な資源環境であること，②さまざまな植物起源の有機化合物を利用する従属栄養生物が優占していること，③系統的に非常に多様であり形態や生理特性もかなり異なる多様な群集からなることなどから，元素比に対する制約が明瞭でないと予想されていた．しかし，土壌微生物のC：N：P比には強い制約があり，その値はC：N：P＝60：7：1と報告され，土壌微生物のN：P比は，恒常性による養分比の制御によって海洋植物プランクトンのRedfield比と同様にある一定比に固定されているのではないかと考えられている．

土壌微生物のエネルギー・養分要求ストイキオメトリーついては，Sinsabaugh et al.[20] が大地理的な規模で比較しており（図27-3），ほとんどの生態系でC：N：P比はほぼ1：1：1である．また，C：P比は年平均気温および年平均降水量と負の相関が，N：P比は年平均降水量と負の相関があり，緯度に沿ったN・P制限の変化が土壌微生物の養分要求にも反映されていると考えられている．

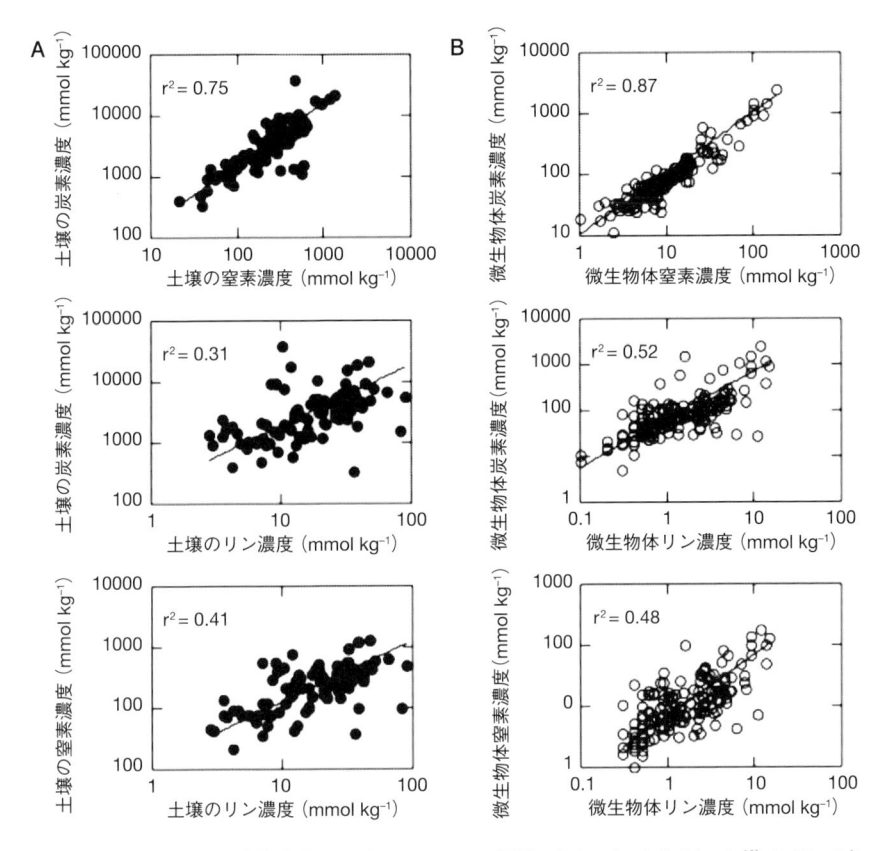

図27-2 土壌および土壌微生物における C, N, P の関係. (Cleveland & Liptzin[19] の Fig. 2を一部改変して転載)

森林生態系における N:P 比の数千年規模の長期時系列変化については，Wardle et al.[21] がハワイ，オーストラリア，スウェーデン，ニュージーランドおよびアラスカの大規模撹乱がない森林生態系で，ある一定期間後の森林衰退期には胸高断面積の低下と土壌腐植およびリターの N:P 比に上昇がみられることを示し，大規模撹乱がない場合には時間経過とともに P 制限が強まると述べている．しかしながら，限られた種しか優占できない生態系ではこのような N:P 比の変化は顕著であるが，多様な種が存在する熱帯では効率的に P を利用できる種がバイオマスを維持することにより，森林は衰退しないといわれている[22].

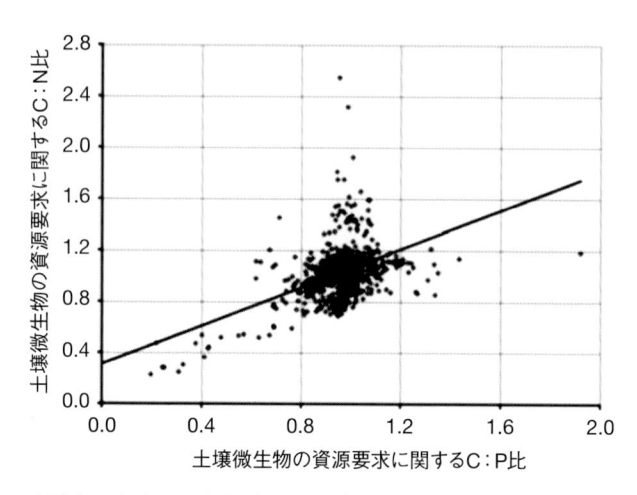

図27-3 細胞外の加水分解酵素活性から推定した土壌微生物のC, N, P要求の関係.（Sinsabaugh et al.[20]のFig. 4を一部改変して転載）

3. ストイキオメトリーと森林生態系の物質循環

　以上のような生物学的ストイキオメトリーは陸域生態系における地球化学的ストイキオメトリー（後述）と関連させることにより，細胞や生物体レベルにおける生理学的な制約と地球レベルにおける生物地球化学的パターンを統合する枠組みも提供できると考えられる[1,4]．地球化学的ストイキオメトリーとは，生態系への元素の移出入が生物の要求に応じて生じるのではなく，地球化学的にあらかじめ決まった元素比で生じることを指す[1]．たとえば，岩石・鉱物の風化による元素の移入は母材のもつ化学組成や構成元素の可動性によっておおよそ決まる．また，ストイキオメトリーを扱う際には，物質循環の柔軟性（flexibility）についても考慮する必要がある．物質循環の柔軟性とは，生態系内または生態系間において同様の変化過程を受けているにもかかわらず，ある特定の元素がその他の元素より速く循環できることと定義されている[1]．循環に柔軟性をもつ元素は，生物による要求が強い（需要が大きい）と，関与する生物や諸過程のストイキオメトリーから推定される以上に速く循環する．長期的に考えると，生物的過程を制限する元素は現時点での生物の要求量に対してもっとも存在量が少ないものではなく，もっとも物質循環の柔軟性がないものであるため，このような元素循環の柔軟性は重要とされている[1]．

森林生態系におけるストイキオメトリーと物質循環の柔軟性の観点から研究した代表的な例として，ハワイ諸島の地質年代系列（300年〜410万年）に沿った森林生態系内のC, N, Pの研究[1]があげられる．とくにPについては生態系内の循環に大きな柔軟性が生じるため，C：N：Pストイキオメトリーだけからは，土壌肥沃度の低い年代ではNおよびP循環速度の低下が引き起されている，あるいはほとんどの地質年代でNに比べてPの供給が不足している，とはいいきれないことを明らかにした[1]．

引用文献

1) Vitousek PM (2004) Nutrient Cycling and Limitation: Hawai'i as a Model System. Princeton University Press
2) Redfield A (1958) The biological control of chemical factors in the environment. American Scientist 46, 205-221
3) Reiners W (1986) Complementary models for ecosystems.American Naturalist 127, 59-73
4) Sterner RW, Elser JJ (2002) Ecological stoichiometry: The Biology of Elements from Molecules to the Biosphere", Princeton University Press, Princeton, NJ, USA/Oxford, UK
5) Liebig J (1840) Die organische chemie in ihrer anwendung auf agrikultur und Pphysiologie. Braunschweig. Friedrich Vieweg Sohn
6) Ågren GI (2008) Stoichiometry and nutrition of plant growth in natural communities.Annual Review of Ecology and Systematic 39, 153-170
7) Neff JC, Reynolds R, Sanford RL, Fernandez D, Lamothe P (2006) Controls of bedrock geochemistry on soil and plant nutrients in southeastern Utah.Ecosystems 9, 879-893
8) Knecht MF, Göransson A (2004) Terrestrial plants require nutrients in similar proportions. Tree Physiology 24, 447-460
9) Koerselman W, Meuleman AFM (1996) The vegetation N/P ratio – a new tool to detect the nature of nutrient limitation. Journal of Applied Ecology 33, 1441-1450
10) Aerts R, Chapin FS III (2000) The mineral nutrition of wild plants revisited: a re-evaluation of processes and patterns. Advances in Ecological Research 10, 402-407
11) Tessier JT, Raynal DJ (2003) Use of nitrogen to phosphorus ratios in plant tissue as an indicator of nutrient limitation and nitrogen saturation. Journal of Applied Ecology 40, 523-534
12) Güsewell S (2004) N:P ratios in terrestrial plants: variation and functional significance. New Phytologist 164, 243-266
13) McGroddy ME, Daufresne T, Hedin LO (2004) Scaling of C:N:P stoichiometry in forests worldwide: Implications of terrestrial Redfield-type ratios. Ecology 85, 2390-2401

14) Reich PB, Oleksyn J (2004) Global patterns of plant leaf N and P in relation to temperature and latitude. Proceedings of National Academy Science USA 101, 11001-11006
15) Ågren GI (2004) The C:N:P stoichiometry of autotrophs: theory and observations. Ecology Letters 7, 185-191
16) Hättenschwiler S, Aeschlimann B, Coûteaux M, Roy J, Bonal D (2008) High variation in foliage and leaf litter chemistry among 45 tree species of a neotropical rainforest community. New Phytologist 179, 165-175
17) Ågren GI (2004) The C:N:P stoichiometry of autotrophs: theory and observations. Ecology Letters 7, 185-191
18) Wright IJ, et al. (2005) Assessing the generality of global leaf trait relationships. New Phytologist 166, 485-496
19) Cleveland CC, Liptzin D (2007) C:N:P stoichiometry in soil: is there a "Redfield ratio" for the microbial biomass? Biogeochemistry 85, 235-252
20) Sinsabaugh RL, et al. (2008) Stoichiometry of soil enzyme activity at global scale. Ecology Letters 11, 1252-1264
21) Wardle DA, Walker LR, Bardgett RD (2004) Ecosystem properties and foerst decline in contrasting long-term chronosequence. Science 305, 509-513
22) Kitayama K (2005) Comments on "Ecosystem properties and forest decline in contrasting long-term chronosequence". Science 308, 633

第28章

物質循環研究の今後の展開

徳地直子・大手信人

1. 内部循環系の駆動力

　森林生態系で最大のバイオマスを占める生物は植物（樹木）である．そのため，従来の物質循環研究では樹木による各物質の現存量（プール）を用いてその特徴を示してきた．しかし，同位体を用いた研究から，目にみえて動いている量の背後にはそれよりも多量の物質が動いていることが明らかになってきた[1]．たとえば，森林土壌中における窒素の不動化がそうであり，放出された量（植物が利用可能な量）は無機化された量の一部にすぎないことがわかった（第Ⅲ部第21章）．

　今後の物質循環研究では，物質収支だけでなく，内部循環の各経路における物質のすべての形態変化量を把握し，蓄積量の変化についても再検討が必要といえる．このとき養分物質の形態変化をつかさどる大きな力として土壌微生物の働きが再評価されなければならないだろう．上記のように土壌中の微生物は，植物にとって可給的な養分を生成する機能と，それを不動化して土壌内での蓄積を維持する機能をもつ．可給態の養分を不動化するので，植物との競争が生じている．一方で，菌根菌などの植物と共生する微生物は，養分の利用について植物のパートナーになっている．従来から野外でも行われてきた種々の養分物質のプールとその正味の変化の把握に加えて，実際，そのプールの変化に関わる微生物による可給態養分の生成と消費それぞれの総量を把握することが望まれる．また，野外における微生物群集の構造やその動態を，分子生物学的手法を用いて記述し，生じている養分物質の形態変化や蓄積の変化と照らし合わせて解析するアプローチもはじまり，さらなる実験・観測方法の開発が必要であるといえる．

Perspectives of ecosystem element cycling; Tokuchi, Naoko・Ohte, Nobuhito

2．物質相互の関係

　従来の研究では各物質がどのようにふるまうかについて個別にみてきたが，生物はさまざまな養分元素を同時に必要とするため，第III部第27章で記したようなストイキオメトリーにしたがって養分の移動・集積が生じる[2]．しかし，相互にどのようなメカニズムが働いているかの検証が十分になされているとはいえない．現在の環境変動や人為による大気降下物量の増加などにより，森林生態系を取り巻く物質の移動過程・量はこれまでとまったく異なってきていると考えてよい．たとえば，第I部第2章で取り上げられている森林の窒素飽和現象については，大気降下物によって養分物質である無機態窒素が過剰に供給されることによって生じることが多くの地域で報告されている．養分である無機態窒素の供給が単純に生態系の生産量を高めるように作用するのではなく，系外に流出する無機態窒素量を増加させることから想像されることは，生態系を構成している植物群，微生物群が必要とするストイキオメトリーが維持できないことが原因の1つということである．今後，そうした各元素・物質の循環の間に存在する相互作用の仕組みを明らかにする研究が必要である．

3．撹乱とその影響

　いったん成立した循環機構は，台風や自然火災などの撹乱に対しては比較的回復力をもつものと考えられる．森林生態系は生物・非生物が複雑に関連した系であるため，撹乱が部分的なものであっても，影響は撹乱を受けた一部分にとどまらず，周囲にも波及的な効果をおよぼす場合がある．しかしある程度の時間を経ることによって，もとの状態に再生できる，あるいは森林生態系は動的平衡状態を維持することが可能であるといえるだろう[3]．

　しかしながら，近年地球規模で生じている人為による物理・化学的破壊に対して，森林生態系がどのようにふるまうかについてはわからないことが多い．私たちがすでに経験しているように，人為による環境破壊や公害などによって失われた環境は容易にはもとに戻らない．たとえば，熱帯林の皆伐後のように森林であった場所が草地化するなど別の系に移行している場合がみられ，人間の認知しうる時間スケールでは回復できない場合も生じている[4]．どの程度の撹乱に対して，森林生態系がどのように応答するかについて，長期的なモニタリングや大規模な操作実験などを含め，物質循環の動態に関する今後のさらな

る研究が必要である．

4．生態系のつながりと境界領域

　森林生態系の物質循環が生物によって閉鎖的なことを述べたが，森林生態系はそれだけを取り出して成立するものでないことを忘れてはならない．森林生態系では内部循環が卓越しているが，水にともなって移動してきた物質は，森林生態系に流入し，外部に流出する．そして，下流に位置する河川，湿地，農地，そして海洋に至る[3,5,6]．大気と森林生態系の大きな循環も存在する（第Ⅲ部第20章）．これらのあらゆる生態系のすべての過程を通じて物質循環は地球規模で生じており，各生態系は相互に強いつながりをもっていることがわかるが，生態系間の境界領域での研究はまだまだ少ない．多様な生態系間では対象とする生物や物理環境が大きく異なるため，その研究手法も異なる．このことが研究を困難にする1つになっている．しかし，今後の地球規模での環境変動が生態系におよぼす影響を把握し対策を講じるには，生態系間の境界領域における物質の流れを把握し，影響の伝達がどのような仕組みで生じるかを評価する研究が急務である．

引用文献

1) Davidson EA, Hart SC, Firestone MK (1992) Internal cycling of nitrogen in soils of a moisture coniferous forest. Ecology 73, 1148-1156
2) Vitousek PM (2004) Nutrient Cycling and Limitation: Hawai'i as a Model System. Princeton University Press
3) Polis GA, Anderson WB, Holt RD (1997) Toward an integration of landscape and food web ecology: The Dynamics of Spatially Subsidized Food Webs. Annual Review of Ecology and Systematics, 289-316
4) Wardle DA, Walker LR, Bardgett RD (2004) Ecosystem properties and foerst decline in contrasting long-term chronosequence. Science 305, 509-513
5) Wallace JB, Eggert SL, Meyer JL, Webster JR (1997) Multiple trophic levels of a forest stream linked to terrestrial litter inputs. Science 277, 102-104
6) Baxter CV, Fausch KD, Murakami M, Chapman PL (2004) Fish invasion restructures stream and forest food webs by interrupting reciprocal prey subsides. Ecology 85, 2656-2663

付録

森林生態系の物質循環研究でよく使用される単位の換算
(10^3ごと，または10^{-3}ごとの記号と読み方）

【質量】
1 μg = 0.000001 g [10の−6乗：マイクロ]
1 mg = 0.001 g [10の−3乗：ミリ]
1 g = 1 g [10の0乗]
1 kg = 1,000 g [10の3乗：キロ]
1 Mg = 1,000 kg = 1 t = 1,000,000 g [10の6乗：メガ]
1 Gg = 1,000 Mg = 1,000,000,000 g [10の9乗：ギガ]
1 Tg = 1,000 Gg = 1 Mt =
1 テラグラム = 1 メガトン = 1,000,000,000,000 g [10の12乗：テラ]
1 Pg = 1,000 Tg = 1 Gt
1 ペタグラム = 1 ギガトン = 1,000,000,000,000,000 g [10の15乗：ペタ]

【面積】
1 m^2：1平方メートル
1 ha：1ヘクタール（100 m×100 m）= 10,000 m^2
1 km^2：1平方キロメートル（1,000 m×1,000 m）= 100 ha = 1,000,000 m^2

【単位面積当たりの物質量】
1 t ha^{-1}（1 ha あたり1 t）= 1 Mg ha^{-1}（= 1,000 kg ha^{-1}）
　　　　　　　　　　　　　　= 0.1 kg m^{-2}
　　　　　　　　　　　　　　= 100 g m^{-2}
　　例えば「1ha あたり3トンの落葉 = 1 m^2 あたり300 g の落葉」

【パーセント，百分率】
　自然科学の学術論文ではパーセント（%）という単位は，現在ほとんど使われていない．%は割合を示す単位で全体を百として示すものである．百分率ともいう．慣用的に土壌等の物質に含まれるある元素の割合を示す場合に使用することがある．学術分野で存在割合を示す場合は，分母を10の3乗あるいは6乗を基本として，分子／分母の表示をする．

1%とは，1 g /100 g = 1,000 mg / 100 ml = 10,000 mg L^{-1}（= 10,000 ppm）
1 g kg^{-1}（= 1 mg g^{-1}）= 1,000 mg kg^{-1}（= 1,000 ppm）

あとがき

　森林立地学会発足50周年を記念する出版事業は，2006年3月頃から学会幹事会で検討をはじめました．森林土壌の解説書や写真集，世界の土壌と植生などのアイデアが出ました．大学の先生にアンケートを取ったり，個別に相談したりもしました．その結果，土壌中心ではなく，生態系を支える土壌の役割や近年の環境問題との関わりを盛り込むことにしました．

　出版動向も調べました．森林科学や生態学の和書を見ると，生物の進化や多様性の保全など生き物からみた解説書は多くあります．しかし，生態系の物質循環についてはあまり見かけません．京都大学の堤利夫名誉教授が執筆された「森林の物質循環」(東京大学出版会)という本は1987年(昭和62年)の刊行です．近年の急激な地球環境の変化は，人間活動に伴う二酸化炭素や窒素・硫黄酸化物など物質循環の変化に原因があり，それが森林の生態系に影響を及ぼしていることは小中学校でも習います．しかし，それらに関する研究解説書は20年以上も途絶えています．

　そこで，学会の記念出版には森林の物質循環と環境問題を中心とする内容を選びました．大学の先生と森林総合研究所の研究員に声をかけ，2009年2月に東京大学農学部で50周年記念出版編集委員会を開催しました．本の内容やタイトル，構成などを議論したところ，話はどんどんふくらみ，物質循環を基礎編，フィールド編，調査法編の3部作とする案まで出ましたが，まずは第1弾として基礎編1冊をしっかり作ることとしました．そしてタイトルは本の顔です．基礎編として一般の人にもわかりやすいタイトルに頭を悩ませると，京都から参加してくれた徳地直子さんが環境問題の解決策は「バランス」をうまく取ることにあるので，「森林のバランス」はどうかと提案されました．金子信博さんや戸田浩人さんも賛同され，すてきなタイトルが決まりました．こうして本書の企画が動き出しました．

　当初，学会50周年の1年以内の出版をめざし，分担者には早めの執筆をお願いしました．しかしなかなか揃わず，ようやく昨年2011年春の森林学会をめざして編集を急ぎ，出版とタイアップしたシンポジウムを準備したのですが，直前の東日本大震災のため学会は中止，そしてまたまた出版延期となってしまいました．そして今，ようやく三校のゲラを校正する段階にたどり着きました．東大での打合せから3年，企画段階から数えると実に6年です．早々と執筆し

て下さった方々には，大変心配をかけしてしまいました．

　本書は企画段階から八木久義前会長には温かい励ましをいただき，楽しく出版準備ができました．各章の執筆者諸氏は，最新の研究成果を盛り込むよう努力され，これまでにない魅力的な本となりました．また，この本の完成の陰に多くの支援と連携があります．現会長の丹下健さんによる要所の進行管理，学会代表幹事である金子真司さんによる査読や他事業との調整，金子信博さんによる第Ⅱ部の執筆者人選，徳地直子さんによる第Ⅲ部の人選，松浦陽次郎さんによる執筆者との連絡と原稿整理，佐藤保さんによる植物の視点からの点検，森下智陽さんによる章立てから表紙デザイン案におよぶ新感覚の提案，三浦覚さんによる最終段階の忍耐強い校正作業などです．また，年度末の忙しい中，最終校正を手伝ってくれた齋藤哲さん，稲垣昌宏さん，伊藤江利子さん，橋本徹さんには特別に感謝しなければなりません．最後に，いつもおおらかに執筆作業を応援してくれた東海大学出版会の稲英史さんには，編集者一同，心から感謝申し上げます．

　これでようやく1冊目の本が完成します．さて，次の60周年はもうすぐです．次回はあなたの提案，参加をお待ちしています．

2012年2月25日
森林立地学会創立50周年記念出版編集委員会を代表して
森林総合研究所　高橋正通

索引

動植物名

ア
アカシア　8
アカソ　123
アカマツ　24, 56, 157, 168, 179, 200
アブラチャン　123
アブラヤシ　31, 32
アベマキ　80, 81
アリ　26, 177

イ
イタドリ　136
イレコダニ　178

ウ
ウワミズザクラ　168

エ
エゾマツ　169

オ
オイルパーム（アブラヤシ）　32
オオバヤシャブシ　136

カ
カエデ　265
カゴノキ　169
カシ　75, 81
カシノナガキクイムシ　82
カツモウイノデ　123
カバノキ　252
カミキリムシ　26
カラス　239
カラマツ　41, 116, 118, 121, 168, 202, 203
カワウ　239

キ
キツツキ　170

ク
クサソテツ　123
クマゲラ　170
クロトウヒ　40, 41
クロマツ　200

コ
コケ　264
コケモモ　113
コナラ　75, 77, 80, 81, 82, 168
ゴム　31

サ
サクラツツジ　169
ササラダニ　24, 26, 178, 180
サトウカエデ　180
サワアジサイ　123

シ
シイ　75, 81
シカ　55, 58, 59
シナノキ　265
ジャックパイン　40
ジュウモンジシダ　123
常緑広葉樹　113-115, 163, 166, 201
常緑針葉樹　40, 113, 115, 116, 163, 164, 166
シロアリ　177
針広混交林　58, 72, 115, 233

ス
スギ　58, 60, 64, 66, 70-72, 119, 123, 135, 156, 157, 163, 169, 203, 241, 244, 269
ススキ　136

セ
セイヨウハンノキ　165

タ
タカノツメ　266

ダグラスモミ　164
タケ　79-86
ダニ　26, 176, 180, 222
ダンゴムシ　177

チ
チガヤ　34

テ
テシオコザクラ　265

ト
トウヒ　24, 40, 165, 252
トドマツ　169
トビムシ　26, 176, 178-180, 184, 222

ハ
ハンノキ属　230

ヒ
ヒノキ　55-59, 61, 66, 70, 71, 119, 157, 158, 168, 169, 180, 201, 215, 246
ヒノキ林　66

フ
フタバガキ　32, 33, 190
ブナ　58, 60, 175, 202, 203, 252, 265

マ
マメ科　8, 23, 230

ミ
ミズナラ　119, 191, 193, 203
ミミズ　23, 26, 127, 134, 177-179, 181-183, 222

モ
モウソウチク　75, 79

ヤ
ヤスデ　26, 183
ヤナギ　265, 266
ヤブツバキ　190, 191
ヤマグルマ　169
ヤマナラシ　181

ラ
落葉広葉樹　40, 58, 66, 113, 163, 166, 203, 207, 265
ラジアータパイン　238

ワ
ワラジムシ　181

地名・地域

ア
足尾(栃木県)　12, 49, 51, 51-55, 59, 61, 62
アマゾン　31
アラスカ(米国)　40, 41, 113

イ
伊自良湖(岐阜県)　17-19
インドネシア　16, 31, 33, 36, 43-47

ウ
海の森公園(東京都)　97

オ
オーストラリア　35, 36
大台ヶ原(奈良県)　58

カ
カナダ　40, 113, 118, 181, 189, 255
カリマンタン(インドネシア)　33, 34, 36, 44, 46
関東平野　19, 126
カンボジア　32

コ
皇居(東京都)　91, 92
濃昼川(ごきびるがわ, 北海道)　106
根釧地域(北海道)　121

シ
シベリア　40, 113, 118

ス
スマトラ(インドネシア)　172

セ
瀬戸(愛知県)　78
瀬戸内　49

タ
田上山(滋賀県)　49-51, 59, 77, 200, 201
丹沢　58, 60, 61

チ
チェコ　255
中国　17, 28, 250
チリ　253

テ
天王山　79-84

ニ
21世紀の森と広場(千葉県)　93

ハ
八甲田(青森県)　202, 203
ハバードブルック(米国)　106, 255
ハワイ　230, 253, 281

ヒ
東山(京都)　81
琵琶湖(滋賀県)　239

フ
フェアバンクス(米国)　41

マ
マレーシア　31, 32, 163, 190

ミ
三宅島(東京都)　16, 127, 136

ロ
ロシア　16, 40
六甲山(兵庫県)　59, 200, 201

ワ
ワシントン州(米国)　163, 164

元素・化合物

欧文
Rubisco　　140-142, 154, 155

ア
亜鉛(Zn)　　259-262, 266
亜酸化窒素(N_2O)　　4, 9, 231
アデノシン3リン酸(ATP)　　144, 221
アミノ酸　　160, 183, 187, 229, 252
アルミニウム(Al)　　12, 17, 128, 133, 138, 160, 198, 236, 252
アルミニウムイオン(Al^{3+}イオン)　　18, 132, 158, 247
アルミノケイ酸塩　　104
アンモニア(NH_3)　　13, 15, 160
アンモニア態(窒素)　　69, 84, 159, 160, 227, 230
アンモニウムイオン(NH_4^+)　　160, 227-231, 270, 273

イ
イオウ(硫黄, S)　　11, 250-256
硫黄酸化物　　11, 13, 91, 239

オ
オゾン(O_3)　　5, 11, 12, 18
オリゴ糖　　165, 187

カ
カオリナイト　　130, 138
カドミウム(Cd)　　260, 262, 265, 266
カリウム(K)　　165, 187, 193, 194, 244, 248
カリウムイオン(K^+)　　130, 274
カルシウム(Ca)　　13, 15, 16, 165, 166, 194, 198, 236, 244, 248, 269, 277

ク
グルコース　　130, 144, 192

ケ
ケイ酸(ケイ素, Si)　　102-104, 108, 249, 263, 274

シ
蛇紋岩　　123, 261, 265
重炭酸イオン　　→炭酸水素イオン
硝酸イオン(NO_3^-)　　159, 160, 215, 269, 270, 273
硝酸態　　64, 68, 69, 84, 159, 160, 227

ス
水素イオン(H^+)　　15, 16, 132, 159, 245, 255, 272, 273

セ
石灰岩　　5, 105, 123, 166
セルロース　　105, 107, 165, 175, 183, 192, 222

タ
炭酸水素イオン(HCO_3^-)　　104, 105, 130, 273, 274
タンニン　　230

チ
窒素酸化物　　9, 11, 13, 15, 227

テ
鉄(Fe)　　104, 128, 130, 131, 133, 138, 160, 236, 252, 259, 264

ト
銅(Cu)　　51, 259

ナ
ナトリウム(Na)　　16, 244, 274

ニ
二価鉄(Fe^{2+})　　130
二酸化硫黄(SO_2)　　13, 250
二酸化炭素(CO_2)　　2, 4-8, 11, 12, 25, 29, 39, 40, 125, 130, 132, 137, 141, 143, 155, 156, 157, 168, 175, 177, 187, 220-223, 225
ニッケル(Ni)　　259

ハ
パイライト　250

ヒ
ヒューミン　197
微量元素　104, 197, 259

フ
腐植酸　132, 197, 198, 202
フルボ酸　132, 138, 197
プロトン(H^+)　→水素イオン

ヘ
ヘミセルロース　165, 222

ホ
ポリフェノール　187, 191
ホロセルロース　165, 175, 191, 192

マ
マグネシウム(Mg)　131, 165, 166, 194, 248
マンガン(Mn)　131, 259

ミ
ミネラル　131, 132, 207, 209, 244-248

ム
無機態イオウ(S)　252, 255
無機態窒素(N)　68, 83, 160, 227-229, 284
無機態リン(P)　160, 237

メ
メタン(CH_4)　4, 8, 131, 225

モ
モリブデン(Mo)　259, 263

リ
リグニン　105, 107, 153, 165, 167, 175, 183, 189-195
硫化水素(H_2S)　252, 263
硫酸イオン(SO_4^-)　250-256, 273
リン(リン酸)　70, 98, 101, 103, 106, 108, 160, 165, 190, 193, 194, 209, 217, 230, 236-241, 259, 276

事項

欧文

A₀層　70-73, 128, 169, 200, 236, 270→堆積有機物
A層　128, 134, 164, 182, 200-202
B層　128, 134, 135, 240
C3植物　140-142, 156
C4植物　140-142
CAM植物　140, 142
C：N：P比　102, 277, 278, 281
C/N比（C：N比）　8, 167, 168, 229, 230, 280
C/P比（C：P比）　278, 280
C層　128, 129
E層　128, 129
N/P比（N：P比）　277-279
Q10　144
REDD　35-37
R層　129
Soil Taxonomy　117-119, 121
World Reference Base（WRB）　117-119, 121

ア

アクアポリン　143, 145, 158
アニオン　→陰イオン
アパタイト　239
アポプラスト経路　145, 158
安定同位体　154, 155, 170, 179, 184, 194, 217, 228, 262

イ

イオン吸収呼吸　221
異化・代謝　187
維持呼吸　144, 221
入会林　49, 78
陰イオン　105, 159, 231, 233, 246, 247, 273
陰イオン吸着　68, 233

ウ

魚付き林　107
雨滴侵食　55, 58, 59

エ

エアロゾル　13, 14, 261

永久凍土　41, 118
エステル硫酸態イオウ（S）　252
枝打ち　65
塩基飽和度　132, 245, 255

オ

大型土壌動物　24, 26, 177, 190
大形木質リター　67, 71, 163
温室効果ガス　2, 4, 5, 35, 131
温量示数　113-115

カ

塊状構造　134, 135
回転速度　100, 104, 221, 222
皆伐　26, 64, 66, 67, 72, 168, 232, 284
外部循環　13, 207, 220, 228, 230, 231, 237, 270, 271
化学的風化　104, 130, 136, 138, 270, 274
可給態窒素　228, 229
撹乱　5, 13, 22, 26, 31, 34, 35, 39, 57, 60, 65, 66, 69, 73, 75, 86, 108, 121, 128, 172, 181, 222, 225, 232, 233
火災　5, 31, 33, 34, 39-47
火山　250
火山灰　17, 19, 121, 126, 127, 137, 198, 202
火山灰土壌　58, 133, 233, 249, 253, 254
過剰障害　160, 259-261, 265
カスパリー線　145, 158
下層植生　25, 53, 56-58, 60, 66, 72, 77, 78, 81, 134, 182, 241
カチオン　→陽イオン
褐色森林土　117, 119, 120, 126-129, 131, 132, 137, 138, 197, 202, 203, 225, 264
褐色腐朽菌　175
乾式抽出装置　177
乾性降下物　13
乾性沈着　13, 227, 270, 271, 273
間伐　56, 57, 64-66, 233

キ

気候区分　112, 115, 116
気候変動に関する政府間パネル（IPCC）　2, 33

機能群　　　174-181
揮発性有機炭素（BVOC）　　223
京都議定書　　　29, 35, 158
巨大孔隙　　　214-216
菌根菌　　　25, 160, 161, 180, 223, 238, 239

ク
グライ　　　117, 119, 120, 131
クランツ構造　　　141

ケ
渓畔域　　　217
渓畔林　　　105-107
堅果状構造　　　134

コ
公益的機能　　　64, 72, 73
交換性陽イオン　　　131, 132, 209, 245-248, 274
好気呼吸　　　143, 144
光合成　　　18, 140, 143, 148-151, 153-157, 160, 161, 172, 220, 221, 223, 224
黄砂　　　15, 137, 256, 262, 263
構成呼吸　　　144, 221
小型節足動物　　　24, 26, 177, 180, 182, 184
国際土壌分類　　　117
黒色土　　　17, 18, 117, 119, 120, 197, 198, 202-204, 225, 253, 254
国連気候変動枠組条約（UNFCCC）　　　4, 29, 35
コロイド　　　200, 245, 247, 248
根圏効果　　　183, 184
コンパートメントモデル　　　207
根粒菌　　　230

サ
細菌経路　　　183, 184
細根　　　2, 70, 72, 85, 158, 180, 221-223, 238, 239
細片化（砕片化）　　　170, 176, 178, 187
作業路　　　55, 57, 59, 60
里山　　　73, 75-86
寒さの示数　　　114
酸化と還元　　　130
酸緩衝能　　　17, 269
酸性雨（酸性降下物）　　　11-19, 95, 216, 254, 264

三相組成　　　133, 137, 178, 181

シ
地ごしらえ　　　68, 73
下刈り　　　65, 66
湿式抽出装置　　　176
湿性沈着（湿性降下物）　　　13, 16, 227, 230, 270
斜面スケール　　　212, 213, 215
重金属元素　　　105, 131, 259-266
集水域　　　207, 208, 216
従属栄養　　　229, 231, 278
従属栄養呼吸　　　222, 223
樹液流　　　145, 146
樹幹流　　　209, 214, 239, 248
主伐　　　→皆伐
純一次生産量　　　7, 149, 152, 223, 224,
純生産量　　　149, 150, 153, 161
硝化（硝酸化成）　　　8, 15, 69, 85, 227
蒸散　　　65, 144-146, 148, 210, 214
硝酸化成　　　→硝化
消費者　　　89, 132, 174, 178, 185, 220
食害　　　24, 58, 60, 165, 230
植生遷移　　　121, 123, 136, 138, 149
植生分布　　　113, 126
植物プランクトン　　　101, 102, 104, 105, 107, 108, 249, 276-278
除伐　　　64, 65
薪炭林　　　73, 77, 78, 81, 82, 86, 163, 164
シンプラスト経路　　　145, 158
森林火災　　　→火災
森林減少　　　6, 7, 28-37, 43
森林衰退　　　11, 12, 264
森林の定義　　　29, 30
森林劣化　　　30, 31, 35, 37

ス
ストイキオメトリー　　　276, 281, 284
ストロマ　　　142, 143, 155

セ
生産構造図　　　151, 152
生産者　　　89, 95, 97, 132, 166-168, 174, 175, 182, 183, 185

生産力　23, 57, 61, 69, 70, 136-138, 167
生態系改変者　25, 26, 177, 178, 180, 181, 219
生態系境界　207, 208
生態系純生産量（NEP）　223, 224
成帯性土壌　117
成帯内性土壌　117
成長呼吸　→構成呼吸
生物多様性　21-26, 31, 65, 72, 86, 108, 162, 170, 180
世界森林資源アセスメント（FRA）　28
石灰化　105
施肥　69, 72, 97, 98, 235
剪定枝　94-97

ソ
総生産量　7, 149, 150, 223, 224

タ
大気汚染　12, 13, 91, 262
堆積有機物　6, 70, 119, 128, 129, 138, 164, 198, 243, 269
脱窒　8, 69, 102, 209, 228, 231
ダム　18, 54, 89, 90, 108
団粒構造　134, 136

チ
地位指数　158
地下水　8, 19, 46, 98, 106, 135, 207-209, 213-217
地下部現存量　158, 164
地球化学図　261
地上部現存量　69, 77, 81, 153, 154, 158
窒素固定　8, 76, 104, 136, 209, 230, 260
窒素循環　83, 102, 227, 232
窒素負荷（沈着）　14, 19, 25
窒素飽和　19, 284
チップ材　94-96
地表流侵食　55, 57-59
チャネル　159
中型土壌動物　176
超塩基性岩　123, 261
鳥類　170, 194, 239

テ
泥炭土　45, 46, 117, 118, 120
トランスポーター　159
テンシオメータ　271, 272
テンションフリーライシメータ　271, 272
転流　70, 209, 238

ト
動的平衡状態　172, 206, 269, 284
倒木更新　169
独立栄養　228, 229, 231
独立栄養呼吸　221, 223, 224
土壌pH　17, 18, 85, 132, 182, 246-248, 255, 262, 263, 269, 274
土壌汚染　260
土壌改良　96, 97
土壌孔隙　8, 133-135, 144, 147, 214
土壌構造　118, 128, 131, 133, 134, 136, 138, 177
土壌侵食　49-62, 66, 136
土壌生成　93, 121, 136, 200
土壌生成因子　125-129, 136, 200-202, 237
土壌層位　128, 129, 138, 182
土壌微生物　127, 134, 136, 227, 228, 238 252, 277-280, 283
土壌有機物　6, 7, 93, 94, 96, 134, 137, 174, 209, 229
土壌溶液　80, 132, 158, 160, 207, 209, 244, 248, 270
都市緑地　88-98
土性　133, 134, 201

ナ
内部循環　12, 102, 207, 227, 229, 232, 233
軟腐朽菌　175

ニ
二次林　77-84, 163, 164

ネ
熱帯泥炭　46
熱帯林　4-7, 41, 43, 44, 47, 117, 166, 167, 188, 190, 191, 238, 239, 284

ハ
バイオマスエネルギー　73
ハイポレイックゾーン　217
白色腐朽菌　175, 190, 191
パッチダイナミックス　172

ヒ
非海塩　15-17
東アジア酸性雨モニタリングネットワーク
　（EANET）　16
微小動物　176, 178
非成帯性土壌　117
微生物食者　26, 177, 179, 180
必須養分元素　104, 227, 236, 244, 249, 259, 276

フ
ファイトレメディエーション　265
風化　104, 117, 126, 130, 131, 136-138, 200, 207, 209, 230, 239, 240, 244, 248, 270, 274, 279
富栄養化　19, 23, 231, 232, 236
腐植化　179, 197, 198
腐植食物網　182, 183, 185
腐植層　→堆積有機物
物質収支　76, 86, 208, 216, 269-274
物質生産　140-161
不動化　193-195, 209, 228-230, 283→有機物
フラックス　214
プロット（土壌）スケール　212, 214
プロトンポンプ　159
分解呼吸量　→従属栄養呼吸
分解者　24, 26, 89, 95, 132, 164, 168, 174-185, 189, 190, 220, 222
分解者機能群　180
分解速度　23, 26, 71, 164, 165, 167, 168, 170, 175, 187-190
分解速度定数　188, 189

ヘ
閉鎖的な循環　210, 227, 237
ベースライン　35, 37, 38

ホ
母材　116, 126, 136, 202, 239
北方林　5, 6, 40, 41, 43, 189
ポドゾル　117, 120, 128, 240

マ
膜輸送　145, 159, 160

ミ
水ポテンシャル　134, 144-148, 154, 155, 214

ム
ムル　26, 164, 179, 200

モ
木質リター　67, 71, 163, 164, 168, 189, 192
モダー　25, 26, 179, 200
モル　25, 26, 119, 128, 164, 179, 200

ヤ
焼畑農法　31, 33, 34

ユ
有機化　193, 228, 251, 225, 270
有機態イオウ（S）　252, 253
有機態窒素（N）　160, 227-229, 231, 273, 274
有機物分解　26, 131, 132, 182, 194
遊離酸化物　253, 256

ヨ
陽イオン　105, 107, 131, 132, 159, 231, 245-248, 255, 256
陽イオン交換　198, 245, 272, 274
陽イオン交換容量CEC　68, 93, 131
溶存態　102, 106, 107, 240,
溶存有機物　105
溶脱　83, 126, 128, 165, 170, 177, 187, 191, 193, 194, 209, 212, 224, 237, 248
養分還元量　69, 70, 183
葉面積指数　155, 221

ラ
落葉分解　23, 26, 175, 190-193
落葉変換者　26, 177-180

落葉・落枝　　22, 53, 67, 94, 163, 168, 170, 172, 227, 237, 252
ランドスケープ　　22

リ

リグニン－窒素比(L/N比)　　194, 195
リグノセルロース指数(LCI)　　191, 192
リター　　162-172→落葉落枝
リターバッグ　　23, 170, 187, 188, 190
リターフォール　　54, 68, 70-72, 83, 84, 105
リター分解　　→落葉分解
流域スケール　　212, 213, 216, 217
粒子状　　102, 231, 239
粒状構造　　134

緑化　　55, 53, 59, 61, 88-98
林床植生　　66, 120, 123
林地肥培　　→施肥
林道　　57, 214, 215
林内雨　　55, 58, 83, 239, 272
林野土壌分類　　119, 120, 127, 129

レ

レッドフィールド比　　101, 102, 277

ロ

路面侵食　　57, 58

執筆者紹介 (執筆順)

清野　嘉之　Kiyono, Yoshiyuki
森林総合研究所植物生態研究領域（Ⅰ-4）

高橋　輝昌　Takahashi, Terumasa
千葉大学大学院園芸学研究科（Ⅰ-9）

小林　政広　Kobayashi, Masahiro
森林総合研究所立地環境研究領域（Ⅱ-12）

米田　健　Yoneda, Tsuyoshi
前鹿児島大学農学部（Ⅱ-14）

菱　拓雄　Hishi, Takuo
九州大学農学部附属演習林（宮崎演習林）（Ⅱ-15）

大園　享司　Osono, Takashi
京都大学生態学研究センター（Ⅱ-16）

鳥居　厚志　Torii, Atsushi
森林総合研究所関西支所（Ⅱ-17）

浅野　友子　Asano, Yuko
東京大学大学院農学生命科学研究科（Ⅲ-19）

上村真由子　Jomura, Mayuko
日本大学生物資源科学部森林資源科学科（Ⅲ-20）

福島慶太郎　Fukushima, Keitaro
首都大学東京　都市環境学部（Ⅲ-21）

井手淳一郎　Ide, Jun'ichiro
九州大学持続可能な社会のための決断科学センター（Ⅲ-22）

浦川梨恵子　Urakawa, Rieko
東京大学大学院農学生命科学研究科（Ⅲ-23）

谷川　東子　Tanikawa, Toko
森林総合研究所関西支所（Ⅲ-24）

竹中　千里　Takenaka, Chisato
名古屋大学大学院生命農学研究科（Ⅲ-25）

馬場　光久　Baba, Mitsuhisa
北里大学獣医学部生物環境科学科（Ⅲ-26）

廣部　宗　Hirobe, Muneto
岡山大学大学院環境学研究科（Ⅲ-27）

大手　信人　Ohte, Nobuhito
京都大学大学院情報学研究科（Ⅲ-28）

編著者紹介

丹下　健　Tange, Takeshi
東京大学大学院農学生命科学研究科（Ⅰ-1，Ⅱ-13）

高橋　正通　Takahashi, Masamichi
森林総合研究所企画部（Ⅰ-2，Ⅱ-12）

金子　真司　Kaneko, Shinji
森林総合研究所立地環境研究領域

荒木　誠　Araki, Makoto
森林総合研究所水土保全研究領域

金子　信博　Kaneko, Nobuhiro
横浜国立大学大学院環境情報研究院（Ⅰ-3）

佐藤　保　Sato, Tamotsu
森林総合研究所森林植生研究領域（Ⅰ-4）

松浦陽次郎　Matsuura, Yojiro
森林総合研究所国際連携推進拠点（Ⅰ-5，Ⅱ-11）

森下　智陽　Morishita, Tomoaki
森林総合研究所四国支所（Ⅰ-5）

三浦　覚　Miura, Satoru
森林総合研究所立地環境研究領域（Ⅰ-6）

戸田　浩人　Toda, Hiroto
東京農工大学大学院農学研究院（Ⅰ-7，Ⅰ-10）

德地　直子　Tokuchi, Naoko
京都大学フィールド科学教育研究センター（Ⅰ-8，Ⅲ-18，Ⅲ-28）

森のバランス──植物と土壌の相互作用

2012年4月5日　第1版第1刷発行
2015年11月5日　第1版第2刷発行

編　者　森林立地学会
発行者　橋本敏明
発行所　東海大学出版部
　　　　〒257-0003　神奈川県秦野市南矢名3-10-35
　　　　TEL 0463-79-3921　FAX 0463-69-5087
　　　　URL http://www.press.tokai.ac.jp/
　　　　振替　00100-5-46614
印刷所　港北出版印刷株式会社
製本所　株式会社積信堂

Ⓒ The Japanese Society of Forest Environment, 2012　　ISBN978-4-486-01933-6

Ⓡ〈日本複製権センター委託出版物〉
本書の全部または一部を無断で複写複製（コピー）することは、著作権法上の例外を除き、禁じられています。本書から複写複製する場合は日本複製権センターへご連絡の上、許諾を得てください。日本複製権センター（電話 03-3401-2382）